面向系统能力培养大学计算机类专业规划教材

物联网应用系统设计

鲁宏伟 刘 群 编著

清华大学出版社
北 京

内容简介

本书是面向物联网工程专业，主要目的是为"物联网应用系统设计"课程提供一本实用的参考教材。全书共8章，系统地分析了物联网应用系统的特点、物联网应用系统的体系结构、物联网业务的分类、物联网相关的标准、物联网系统设计过程。在此基础上，结合具体的物联网应用系统对开发的完整过程进行了详细的介绍。为了便于读者对相关知识的理解和掌握，还通过附录的形式给出了开发过程中需要编写的开发文档的实例。

本书可供高等院校物联网工程类、计算机类本科生和专科生使用，对从事物联网系统开发的科研和工程技术人员也有学习参考价值。

图书在版编目(CIP)数据

物联网应用系统设计/鲁宏伟，刘群编著. —北京：清华大学出版社，2017(2025.1重印)
(面向系统能力培养大学计算机类专业规划教材)
ISBN 978-7-302-46956-8

Ⅰ. ①物… Ⅱ. ①鲁… ②刘… Ⅲ. ①互联网络－应用－系统设计 ②智能技术－应用－系统设计 Ⅳ. ①TP393.4 ②TP18

中国版本图书馆CIP数据核字(2017)第074135号

责任编辑：张瑞庆 赵晓宁
封面设计：常雪影
责任校对：梁 毅
责任印制：宋 林

出版发行：清华大学出版社
网 址：https://www.tup.com.cn，https://www.wqxuetang.com
地 址：北京清华大学学研大厦A座 **邮 编**：100084
社 总 机：010-83470000 **邮 购**：010-62786544
投稿与读者服务：010-62776969，c-service@tup.tsinghua.edu.cn
质量反馈：010-62772015，zhiliang@tup.tsinghua.edu.cn
课件下载：https://www.tup.com.cn，010-83470236
印 装 者：三河市龙大印装有限公司
经 销：全国新华书店
开 本：185mm×260mm **印 张**：18.25 **字 数**：435千字
版 次：2017年7月第1版 **印 次**：2025年1月第10次印刷
定 价：45.90元

产品编号：068923-02

FOREWORD

前言

物联网由于其广阔的应用前景和巨大的经济效益而受到世界各国的普遍关注，我国也在《"十二五"国家战略性新兴产业发展规划》中明确将物联网作为重要任务和重大工程。作为高等院校的物联网工程专业，培养学生进行物联网应用系统的综合设计能力是一个非常重要的任务。

全书共8章。第1章主要介绍物联网系统的特点、物联网体系结构、物联网业务的分类、物联网相关的标准、物联网系统设计和开发过程等。第2章介绍物联网应用系统开发过程中进行需求分析的重要性、需求分析的特点、需求分析的内容和方法、如何编写高质量的需求分析文档，并结合智能家居的开发实例介绍了需求分析的具体内容。第3章概述物联网设计基本内容、接口设计和数据库设计，介绍物联网应用系统的总体设计，并结合智能家居设计实例详细描述系统功能模块设计和软件模块结构设计。概要设计经复查确认后进入物联网系统的详细设计阶段，第4章详细介绍物联网设计基本内容、面向对象设计和用户界面设计，结合智能家居设计实例具体介绍了细化用户功能设计和数据结构设计等工作。网络层是设计开发物联网系统的重点和难点，第5章介绍物联网通信网络、网络层的基本拓扑结构、基于网关的网络层设计、基于IPv6的网络层设计以及应用案例。物联网应用系统中，往往包含一些硬件模块和部分软件组件。第6章介绍物联网设备选型的一些基本原则和传感器设备选型、射频标签选型和中间件选型等内容。第7章介绍物联网系统集成在物联网产业链中的作用、系统集成的主要特点和分类以及系统集成方案的选择。第8章介绍了物联网系统测试的基本概念、软件测试、硬件测试、无线传感器网络测试等内容。

相关开发文档的编写是物联网应用系统开发过程中非常重要的环节，为了便于更加深入理解和应用前面各章介绍的内容，本书通过附录的形式列举了"智能照明系统"开发过程中需要编写的"系统需求分析报告""系统概要设计报告""系统详细设计报告"以及"系统测试报告"，同时还给出了学生在完成该系统设计后编写的"课程设计总结报告"样例。

本书由鲁宏伟、刘群共同编写，附录列举的若干报告是华中科技大学计算机学院部分物联网工程专业学生（张云远、霍亮、常祥雨、张梦雪、殷淑君）完成的综合课程设计报告。本书在编写的过程中，参阅了大量的书籍、刊物和学位论文中的一些内容，其中包括从互联网上获得的许多资料，而这些资料难以一一列举出来，在此向所有这些资料的作者表示衷心的感谢。最后感谢所有对本书的写作和出版提供帮助的人们。

由于作者的水平和学识有限，本书难免存在不足之处，恳请各位专家和读者不吝指正。读者在阅读本书的过程中如有反馈信息，请发邮件至 luhw@hust.edu.cn。

本书为读者提供相关教学资料，可从清华大学出版社的网站（www.tup.tsinghua.edu.cn）下载。

编　者

2017年1月

前言

编 者

C O N T E N T S

目 录

CONTENTS

目录

CONTENTS

C O N T E N T S

CONTENTS

C O N T E N T S

第1章　概述

本章的主要知识点包括物联网系统的特点、物联网系统体系结构、物联网业务的分类、物联网相关的标准和物联网系统设计过程等。

1.1　物联网系统的特点

物联网是一个基于互联网和传统电信网等信息载体，让所有能够被独立寻址的普通物理对象实现互联互通的网络。它具有普通对象设备化、自治终端互联化和普适服务智能化的重要特征。

简单地讲，物联网系统可以视为传统互联网系统的延伸或者扩展。这种延伸和扩展可以从两个方向展开：一是输入端，传统互联网的信息来源主要是计算机终端的键盘和鼠标，而物联网系统则把输入扩展到各种各样的信息采样节点，这些节点除了传统的计算机终端，也可以是智能手机的终端以及用于获取各种不同信息的传感器节点；二是应用，物联网系统将传统的互联网应用延伸到了人类生活的各个角落。

物联网是一种复杂多样的综合网络系统，根据信息生成、传输、处理和应用过程可以把互联网分为感知识别层、网络构建层、管理服务层和综合应用层。

1. 感知识别层

感知识别层由大量具有感知和识别功能的设备组成，可以部署于世界任何地方、任何环境之中，被感知和识别的对象也不受限制。感知识别技术是物联网的核心技术，是联系物理世界和信息世界的纽带，主要作用是感知和识别物体，采集并捕获信息，关键技术不仅包括射频识别技术、无线传感器等信息自动生成设备，也包括各种智能电子产品的人工信息生成、设备的功耗、物体标签信息的浓缩和写入、物体信息代码的分类匹配等。

近年来，各类可联网电子产品层出不穷，智能手机、个人数字助理、多媒体播放器、上网本、笔记本、平板电脑等迅速普及，人们可以随时随地接入互联网分享信息。信息生成方式多样化是物联网区别于其他网络的重要特征。

2. 网络构建层

网络构建层将感知识别层数据接入互联网。互联网及下一代互联网（包含 IPv6 技术）是物联网的核心网络。

各种无线网络则提供随时随地的网络接入服务。各种不同类型的无线网络合力提供便捷的网络接入，是实现物物互联的重要基础设施。无线个域网包括蓝牙技术（802.15.1 标准）、ZigBee 技术（802.15.4 标准），无线局域网包括现在广为流行的 Wi-Fi 技术（802.11 标准），无线城域网包括现有的 WiMAX 技术（802.16 标准），无线广域网包括现有移动通信网络及其演进技术（3G、4G 通信技术）。

物联网在接入层面需考虑多种异构网络的融合与协同。多个无线接入环境的异构性体现在：一是无线接入技术的异构性，各无线网络传输机制、覆盖范围、传输速率、提供的服务、面向的业务和应用各不相同；二是组网方式的异构性，存在单跳式无线网络、多跳式无线自组网络和网状网等，网络控制方式不同；三是终端的异构性、业务的多样化及IC技术的发展，终端包含手机、计算机以及各种信息、娱乐、办公终端和嵌入式终端等，不同终端具有不同的接入能力、移动能力和业务能力；四是频谱资源的异构性，不同频谱的传输特性不同，各种频段的无线技术也不相同；五是运营管理的异构性，不同运营商针对不同业务和客户群设计开发不同的管理策略和资源策略。

3. 管理服务层

在高性能计算和海量存储技术的支撑下，管理服务层将大规模数据高效、可靠地组织起来，为上层行业应用提供智能的支撑平台。管理服务层的主要特点是"智能"。有丰富翔实的数据，运筹学理论、机器学习、数据挖掘、专家系统等"智能化"技术得以广泛应用。管理服务层还有一个关键问题就是信息安全和隐私保护，这将是物联网推广和普及所要面临的重大挑战。

4. 综合应用层

互联网从最初的计算机通信发展至今，其应用范围不断扩展，如图1.1所示，现在正朝着物物互联迈进，网络应用的激增，呈现出多样化、规模化、行业化的特点。综合应用层需要把物联技术与行业技术相结合，应用层的关键技术在于根据具体的需求和环境，选择合适的感知技术、联网技术和信息处理技术。

全面感知、可靠传送、智能化处理是物联网的核心能力，作为一个庞大、复杂的综合信息系统，物联网体系架构中的各层面都涉及许多关键技术。从关键技术层面看，物联网感知互动、信息安全和应用服务相关技术是物联网的重点，也是学术界和产业界关注的焦点。

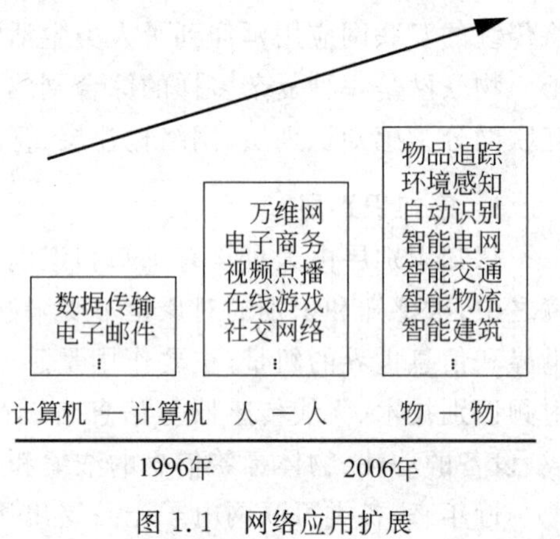

图1.1 网络应用扩展

1.2 物联网体系结构

网络体系结构主要包括网络的组成部件以及这些部件之间的相互关系。根据应用者关心的网络系统的角度不同，可以划分为不同类型的网络体系结构。例如，从网络的功能角度看，可以得到网络的功能分层体系结构；从网络管理角度看，可以得到网络管理体系结构。

下面主要从物联网系统功能角度分析其体系结构。

1.2.1 物联网三维体系结构

从系统功能的角度看，物联网系统可以很简单，也可以非常复杂。一个简单的物联网系统可能就是由若干信息采集节点和一些简单的应用组成的。例如,由标签和管理标签的数据库组成的物品管理系统就可以视为一个简单的物联网应用系统。这类系统的结构非常简单。但对于一个复杂的物联网系统而言,就不能简单地采用分层网络体系结构描述。

物联网系统可以视为由3个维度构成的一个系统,这3个维度分别是信息物品、自主网络和智能应用(见图1.2)。信息物品表示这些物品是可以标识或感知其自身信息,自主网络表示这类网络具有自配置、自愈合、自优化和自保护能力,智能应用表示这类应用具有智能控制和处理能力。这3个物联网的维度是传统网络系统不具备的维度(包括自主网络的维度),却是连接物品的网络必须具有的维度;否则,物联网就无法满足应用的需求。

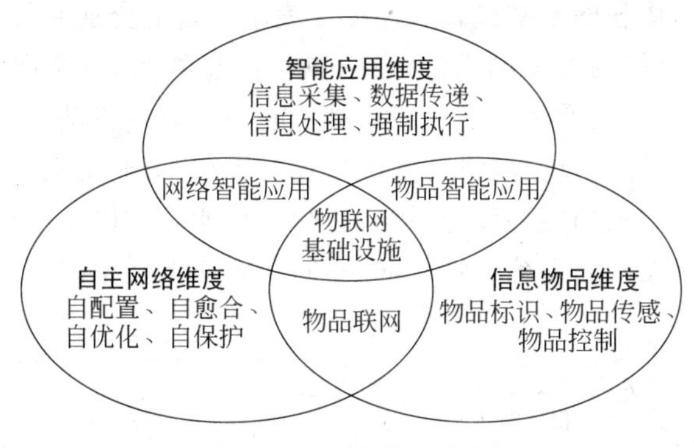

图1.2 三维体系结构

信息物品、自主网络与智能应用3个功能部件的重叠部分就是具有全部物联网特征的物联网系统,可以称为物联网基础设施。现实世界中没有物联网系统,物联网系统仅仅是一组连接物品的网络系统总称,如智能交通系统、智能电网、智慧城市可以统称为物联网系统。这里的物联网基础设施表示服务于具体物联网系统的支撑系统,可以提供包括不同应用领域的物品标识、物品空间位置识别、物品数据特征验证和隐私保护等服务,这几个部分组成了公共物联网的核心。

物联网是由物品连接构成的网络,无法采用传统网络体系结构的单一的分层结构进行描述。物联网首先需要包括物品的功能维度,这是传统网络不具备的维度。连接到物联网的物品可以称为信息物品,这些物品具备的基本功能包括:具有电子标识、可以传递信息;构成物联网的网络需要连接多种物品,这类网络至少具有自配置和自保护的功能,属于一类自主网络;物联网的应用都是与物品相关的应用,这些应用至少具备自动采集、传递和处理数据,自动进行例行的控制,属于一类智能应用。

自主网络属于现有网络的高级形态,如果不进行自配置、自愈合、自优化和自保护的处理,就简化成为一般的网络,可以采用网络分层模型描述。智能应用如果完全通过人机交互界面进行处理,则智能应用也就可以简化成为一般的网络应用。如果物联网不再直接连接物品,而是通过人机交互界面输入物品的信息,也就不再需要标识物品和自动传递物品信息,这样,物联网也就可以简化成为一般的网络系统,可以采用现代网络分层体系结构进行描述。所以,现有的互联网体系结构可以看作3个维度的物联网体系结构的特例。

运用物联网的三维体系结构模型可以分析和评价一个物联网的特征,可以判断一个网络系统是否属于物联网系统。例如,一个网络系统仅仅连接和感知了物品,但是,并不具有智能应用,这就不属于一个完整的物联网。所以,传感器网络就不属于一个完整的物联网,它仅仅具有信息物品和自主网络的特征。

1.2.2 三类功能部件的关系

物联网的3个功能维度就是物联网系统的3类组成部件,这些组成部件通过具体的物联网系统相互关联,如通过智能交通系统或者智能电网可以关联这3类组成部件,这样整个物联网的体系结构实际上构成了一个立体的结构。3类物联网组成部件采用3个立柱表示,3个立柱的每个水平层面代表了一个具体的物联网系统,3个立柱重叠的公共部分就是贯通各个具体物联网系统的物联网基础设施。图1.3表示了智能交通系统的层面和智能电网的层面,这两个系统都是具体的物联网系统,各自具有信息物品、自主网络与智能应用3个维度的组成部件。例如,智能交通系统的信息物品功能部件包括机动车、非机动车和行人的标识以及这些物品的信息采集;自主网络功能部件包括机动车、非机动车和行人的自主接入网络、自主优化网络;智能应用功能部件包括车辆、行人智能导航以及交通信号灯的自动控制。这些功能组成部件是智能交通系统中特有的,不同于智能电网中同类型的功能部件。

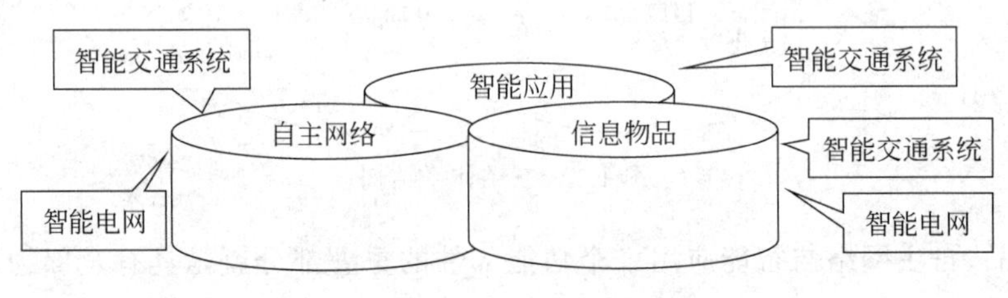

图1.3 物联网与具体物联网系统

物联网不同于互联网,不存在通用的物联网系统,在实际应用中可以看到智能交通系统、智能电网、智能仓储等系统,这些系统可以抽象地称为物联网系统,所以,物联网必定是与应用领域相关的。在特定的应用领域,可以具体定义、设计和实现信息物品、自主网络和智能应用类的功能部件。

物联网体系结构中3类功能部件之间都存在相互的关系,这3类功能部件之间的相互关系不同于互联网分层体系结构定义的功能部件之间的相互关系,这3类功能部件之间已经不再是一个分层的服务调用和服务提供的关系。如图1.4所示,信息物品需要依赖自主网络提供的接入网络服务,使得信息物品成为物联网系统可以识别、访问的物品;智能网络需要依赖于自主网络提供的数据传递、远程服务访问功能,实现网络环境下的数据传递和服务调用;自主网络需要依赖信息物品的标识,自动选择相关的网络接入协议和配置协议,提

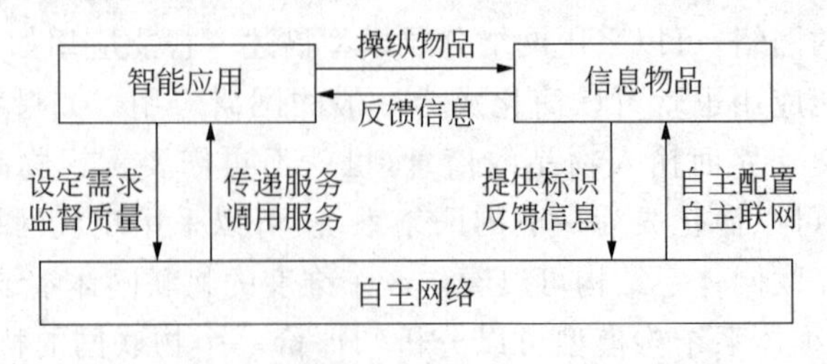

图1.4 物联网3类功能部件的交互关系

供接入信息物品的服务;自主网络需要依赖智能应用的需求,确定相应的服务质量以及可能的定制服务;智能应用需要依赖于信息物品的数据语义,进行相关的处理和决策,确定对于信息物品的操作;信息物品依赖于智能应用的需求,确定提供信息的类型以及可以执行的相关操作。

从以上对物联网体系结构组成的3类功能部件的相互之间关系可以看出,物联网体系结构具有以下特征,即物品可标识、应用智能化、网络自主化。

1.3 物联网业务分类及系统架构

1.3.1 业务分类

物联网的分类有很多种,按照物联网系统的技术特征,可以把物联网业务分为4类,即身份相关业务、信息汇聚业务、协同感知型业务和泛在服务。

1. 身份相关业务

身份相关类业务是利用一定的可以标识身份的技术,用于物体识别、产品识别、用户识别和企业识别或跟踪的服务。这类业务在金融支付方面应用颇多,如手机钱包、防伪业务、电子折扣券、银行卡业务、VIP业务和票务服务等。

传统的身份识别主要依赖于RFID(Radio Frequency IDentification)、二维码、条形码、指纹等技术。RFID称为无线射频识别技术,经常用于物品或动物的追踪,它的识别距离较长,无须准确读取,读取处理速度快且效率高。二维码与指纹识别技术在近年来发展较快,在科技以及互联网产品上的应用增长尤为迅速,如二维码支付与手机指纹解锁等。

对于不同应用实现的方式可能各有不同,一般方法是:在物上贴上RFID标签,读写设备通过读取RFID标签中的信息,特别是ID信息,再通过这个ID信息借助互联网获取进一步的信息。

2. 信息汇聚业务

物联网终端采集、处理并经通信网络上报数据,由物联网平台处理,提交给具体的应用和服务。信息汇聚型业务的全过程都需要平台的统一管理,整个系统包括M2M(参见下文介绍)终端、网络、平台、应用、运营系统。有时考虑到网络以及终端数量的不同,也会接入网关设备。

具体的应用类型,如自动抄表、电梯管理、物流和交通管理等。

3. 协同感知型业务

协同感知型业务与信息汇聚型业务的最大不同之处在于,在信息汇聚型业务中,终端只需要执行数据采集、数据处理、数据上报等任务,而终端之间是不需要通信的。协同感知类业务则不同,它强调的是终端与终端之间、终端与人之间的协同处理与通信,这种通信能力在可靠性、时延等方面可能有更高要求,对物联网的智能化要求也更为突出,是应用于更高层的物联网业务。同时,协同感知也是一种具有自学能力的系统,平台接收到数据后,除了简单的处理,还能根据处理的结果预测未来状况并反馈相应的决策信息,因而这类应用通常有非常具体的要求,如应用场景、需求、架构、通信协议等。

从长远来看,协同感知型业务是物联网发展的趋势。但是正因为包含甚广、运行复杂,协同感知型业务存在着相当多的技术亟待突破,如任务驱动的大规模自治组网技术、上下文感知技术、移动通信网络与无线传感器网络无缝融合技术以及海量信息处理技术等。相信随着物联网时代的推进,这些问题会逐步得到重视并得以解决。

4. 泛在服务

这类服务以无所不在、无所不包、无所不能为基本特征,以实现任何时间、任何地点、任何人、任何物都能顺畅通信为目标,是人类通信服务的极致。

“5C+5Any”是泛在网络的关键特征,5C 分别是融合、内容、计算、通信、连接;5Any 分别是任意时间、任意地点、任意服务、任意网络、任意对象。

总体含义是:通过底层全连通的、可靠的、智能的网络以及融合的内容技术、微技术和生命技术,将通信服务扩展到教育、智能建筑、供应链、健康医疗、日常生活、灾害管理、安全服务和运输等行业,并为人们提供更好的服务。

1.3.2 系统架构

根据应用场景的不同,物联网应用主要分为 3 类,即基于 RFID 的应用、基于传感网络的应用和基于 M2M 的相关应用。

1. 基于 RFID 的应用架构

电子标签可能是 3 类技术体系中最能够把“物”改变成“智能物”的设备,它是穿孔卡、键盘和条形码等应用技术的延伸,它们都属于提高“输入”效率的技术。

基于 RFID 比较简单的应用是仓储管理信息系统,下面结合这一系统说明这类应用的架构。

在基于 RFID 的仓储管理信息系统中,RFID 系统作为仓储管理系统的数据采集终端,实现货物信息的自动采集,为仓储业务处理提供数据信息支持,系统的体系结构采用 C/S(Client/Server,客户端/服务器)与 B/S(Browser/Server,浏览器/服务器)分层混合结构,主要包括物理层、中间件层及仓储管理层,系统的总体结构框架如图 1.5 所示。

1) 物理层

物理层主要是根据仓储库存管理系统的应用需要将 RFID 阅读器及其他仓储物流设备在仓库中进行部署与管理,实现数据采集及对仓储物流设备的监控与驱动控制等。由于 RFID 阅读器读标签的频率非常高,从仓库出入库 RFID 阅读器标签数据采集实际出发,RFID 数据采集系统选择采用 C/S 结构。

C/S 结构中,业务逻辑和用户界面结合构成应用程序的客户端,数据的存储与管理由单独的程序实现。在 C/S 架构下,系统中将有大量的数据包在客户端和服务器端传输,其对网络传输速度有较高的要求,适于在局域网中使用。RFID 数据采集系统涉及电子标签数据的大量传输与逐一鉴别,仓储数据库一般采用集中控制管理方式,若采用 B/S 结构,将鉴别大量数据的业务逻辑置于服务器端,势必造成大量数据包在网络间的传输,影响系统的处理效率,而基于 RFID 技术的优势就在于系统能自动快速识别验证货物标签信息,为保证系统的快速反应,将业务逻辑整合于客户端,服务器只负责数据的处理与维护。鉴于此,在仓储内

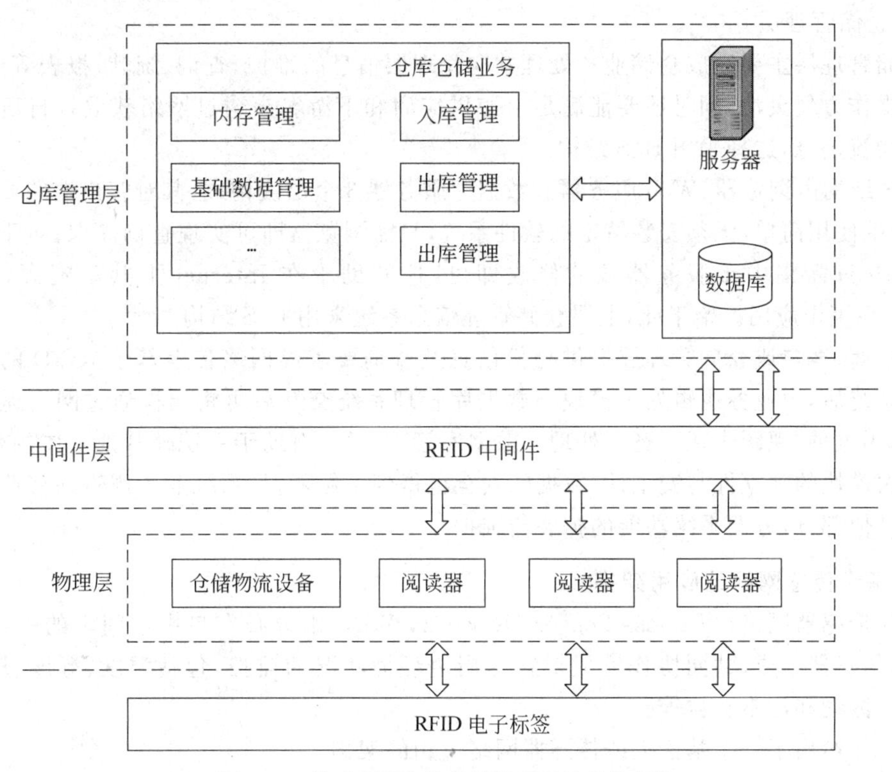

图 1.5 基于 RFID 的仓储管理系统总体架构

部的局域网中 RFID 数据采集系统一般选择采用 C/S 结构。

2）中间件层

中间件层主要实现 RFID 数据采集系统与仓储管理系统的集成。根据目前现有的仓储系统集成方式，RFID 系统与仓储管理信息系统的集成主要有以下几种策略。

(1) 将 RFID 采集到的数据通过信息交换平台，进入仓储管理系统。这种方式需要在交换平台中建立中间交换表，实现交换数据共享。

(2) 在现有的仓储管理系统开发方式下实现功能扩展和开发。这种方式需要在仓储管理系统中建立数据交换接口，供仓储管理系统开发使用。

(3) 将 RFID 采集到的数据通过标准的数据库链接方式，对 RFID 服务器和仓储管理系统服务器的数据进行交换。

RFID 系统的中间件将 RFID 阅读器采集的标签数据过滤处理后将其存储于数据库，此数据库主要存储标签数据信息。由于在仓储仓库业务操作中 RFID 阅读器在短时间内采集大量的标签信息，此数据库的数据量极大，但其只是暂时存储数据，起缓冲作用，不用长期或永久性存储标签数据。仓储管理系统的数据库根据实际需要定时提取标签信息数据库中的更新数据，并删除标签信息数据库中已提取的数据信息，以提高标签信息数据库的数据处理效率。仓储系统数据库为主数据库，标签信息数据库为临时数据库。主数据库与临时数据库采用标准的数据库链接方式，在主数据库中创建到临时数据库的链接，然后在主数据库中更新临时数据库中的内容，同时将临时数据库中已经被提取更新的数据删除。

3）仓储管理层

仓储管理层主要完成仓储业务处理并向管理层信息的维护、查询、统计、报表等运用，要求管理操作方便灵活，同时还要能满足上游供应商和下游客户通过网络获取各自所需的货物及其物流信息，选择采用B/S结构。

B/S结构由浏览器、Web服务器和数据库服务器3个层次构成，其对客户端的要求比较低，客户端使用简单，无须安装特定的软件系统，只需浏览器即可实现查询需求；对于系统程序的维护，只需集中于服务器端的修改即可，这有助于在Internet上共享资源，适合在Internet环境中应用。鉴于此，上层仓储管理信息系统采用B/S结构。

供应商、客户或仓储管理层提供身份信息及查询要求经网络传至基于RFID的仓储管理信息系统后，由业务逻辑处理模块与数据库管理系统交互后再将结构通过网络返回至查询者，采用这种“视图表现—逻辑处理—数据库管理”模式有助于系统外其他主体的行为，保证各层次模块的独立性与安全性，数据的安全也得到了保障，且系统业务逻辑的修改不会影响系统其他部分，方便系统功能的扩展与维护。

2. 基于传感网络的应用架构

无线传感器网络（Wireless Sensor Network，WSN）由分布在自由空间里的一组“自治的”无线传感器组成，共同协作完成对特定周边环境状况的监控，包括温度、湿度、压力、声音、位移、振动和污染颗粒等。

图1.6给出了一个基于无线传感器网络应用的架构。

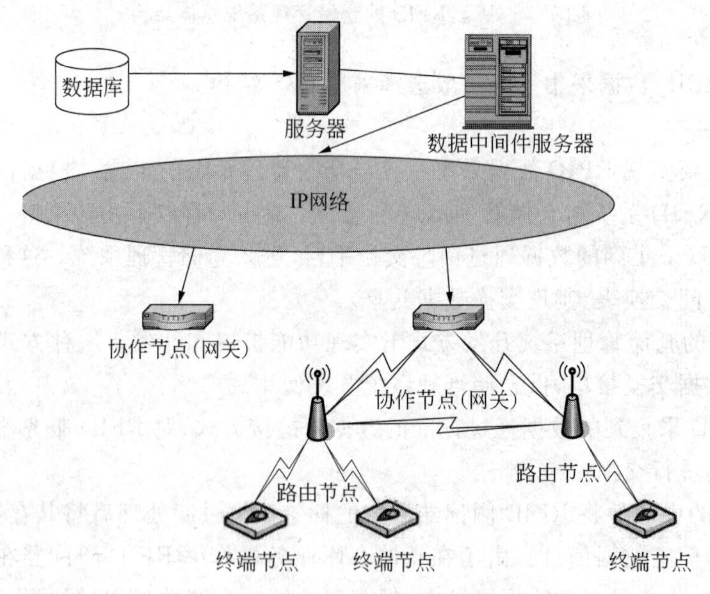

图1.6　基于无线传感器网络应用

图1.6中每个部件的说明如下。

(1) 服务器。应用服务器是整个系统软硬件的核心，负责所有设备的管理以及设备状态的监视和对设备的控制。

(2) 数据中间件服务器。数据中间件服务器负责接收与暂存各个传感节点发送的数据，当服务器需要数据时可从中间件服务器提取。

(3) 数据库。数据库负责存储所有设备的基本信息以及监控信息，此外还要保存各节点所采集的数据信息。

(4) 协作节点。协作节点又称为网关，它负责无线网络数据和IP(Internet Protocol)网络数据的转换。

(5) 路由节点。路由节点在无线传感网络中扮演路由的角色，路由节点既可以采集数据又可以转发数据。

(6) 终端节点。终端节点负责采集数据，并将数据发送给路由节点或者协作节点。终端节点不能转发数据。

3. 基于M2M的应用架构

M2M是Machine-to-Machine的简称，也有人理解为Man-to-Machine、Machine-to-Man等，旨在通过通信技术来实现人、机器和系统三者之间的智能化、交互式无缝连接。

M2M是一种以机器终端设备智能交互为核心的、网络化的应用与服务。它使用嵌入式技术，将通信模块植入机器中，并接入到通信网络中，在模块感知采集到数据以后提供给客户，以满足客户多方面的智能化需求。

M2M通信与物联网的核心理念一致，不同之处是物联网的概念、所采用的技术及应用场景更宽泛。而M2M则聚焦在无线通信网络应用上，是物联网应用的一种主要方式。

一个典型的M2M系统如图1.7所示。

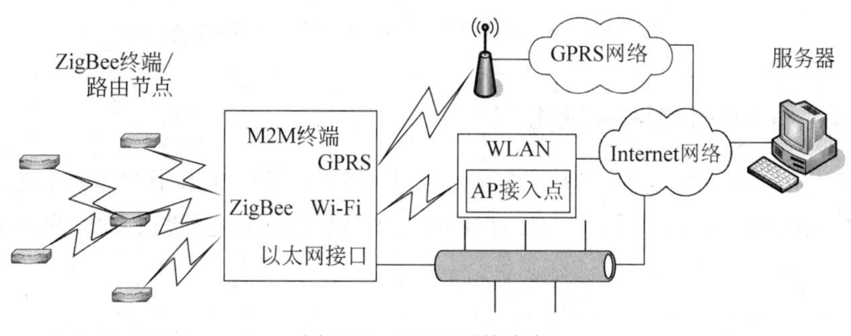

图1.7 M2M系统实例

该系统分为3个部分，即传感器网络(数据采集)、M2M系统(数据整合传输)和服务器端监控中心(数据接收、处理及分析)。

系统的工作流程如下：传感器网络以ZigBee协议为基础，负责采集数据(如温湿度数据)。为了将传感器网络数据传输到远程监控中心，需要M2M系统具备无线传感器网络接入端口，所以也具有ZigBee节点，以接收传感器网络的数据，在此基础上，M2M终端通过GPRS或者Wi-Fi将数据传输到远端服务器。此外，监测中心软件具备实时数据显示、历史数据查询、网络拓扑图显示等功能。

1.4 物联网相关标准

物联网的标准不是某一个行业或仅仅信息通信行业所能够单独完成的，而需要各行各业与信息通信行业共同制订，才能既符合行业需求，也能将最好、最适合的信息通信技术应用于各个行业，因此物联网的标准既包含行业应用和特定行业需求的标准，如电力、交通、医疗等行业标准，又包含信息通信行业的标准，如感知、通信和信息处理等技术标准。

涉及物联网标准的国际组织如图 1.8 所示。

图 1.8　与物联网标准相关的一些国际组织

1.4.1　物联网相关的国际标准组织

ITU-T 专门成立了物联网全球标准化工作组(IoT-GSI)，提出了“物联网定义”和“物联网概述”两个国际建议，并在 2012 年 2 月通过。在“物联网概述”建议草案中给出了物联网的体系架构(见图 1.9)。

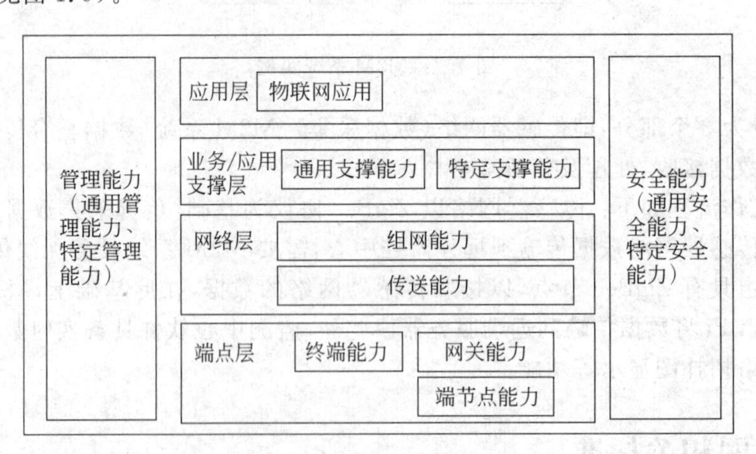

图 1.9　物联网的体系架构

IEEE 主要研究 IEEE 802.15 低速近距离无线通信技术标准，并针对智能电网开展了大量工作。

IEEE P2030 技术委员会成立于 2009 年 5 月，分为电力、信息和通信 3 个工作组，旨在为理解和定义智能电网互操作性提供技术基础和指南，针对 NIST（National Institute of Standards and Technology）智能电网应用各个环节，帮助电力系统与应用和设备协同工作，确定模块和接口，为智能电网相关的标准制订奠定基础。

IEEE 于 2010 年 4 月发布了 P2030 草案。

欧洲电信标准化协会（European Telecommunications Standards Institute，ETSI）是由欧共体委员会于 1988 年批准建立的一个非营利性的电信标准化组织。

ETSI 成立了 M2M 技术委员会，对 M2M 需求、网络架构、智能电网、智能医疗、城市自动化等方面进行了研究，并陆续出台了多个技术规范。

IETF（Internet Engineering Task Force）是 Internet 工程任务组，成立于 1985 年年底。

IETF 制订是以 IP 协议为基础的，适应感知延伸层特点的组网协议。其工作主要集中于 6LoWPAN（IPv6 over Low-power and Lossy Networks）和 ROLL（Routing over Lossy and Low-power Networks）协议两个方面。

6LoWPAN 以 IEEE 802.15.4 为基础，针对传感器节点低开销、低复杂度、低功耗的要求，对现有 IPv6 系统进行改造，压缩包头信息，提高对感知延伸层应用的使用能力。

ROLL 的目标是使公共的、可互操作的第 3 层路由能够穿越任何数量的基本链路层协议和物理媒体。例如，一个公共路由协议能够工作在各种网络，如 802.15.4 无线传感网络、蓝牙个人区域网络以及未来低功耗 802.11 Wi-Fi 网络之内和之间。

3GPP（the 3rd Generation Partnership Project）结合移动通信网研究 M2M 的需求、架构以及对无线接入的优化技术。

其 SA（System Aspects）和 RAN（Radio Access Network）分别针对网络架构、核心网以及无线接入网开展了工作，目前网络架构的增强已经进入实质性工作阶段，而无线接入网的增强仍处于研究阶段。

ZigBee 联盟是一个高速增长的非营利业界组织，成员包括国际著名半导体生产商、技术提供者、代工生产商及最终使用者。目前有超过 150 多家成员公司正积极进行 ZigBee 规格的制定工作。当中包括 8 位推广委员、半导体生产商、无线技术供应商及代工生产商。8 位推广委员分别为 Honeywell、Invensys、Mitsubishi、Freescale、Philips、Samsung、Chipcom 和 Ember。

ZigBee 联盟的 ZigBee 协议基于 IEEE 802.15.4 的物理层和媒体访问控制（MAC）层技术，重点制订了网络层和应用层协议，支持 Mesh 和簇状动态路由网络，在目前的无线传感器网络中得到广泛应用。

1.4.2 中国标准

中国通信标准化协会（CCSA）于 2010 年 2 月专门成立了“泛在网技术工作委员会”（TC10），下设 4 个工作组，对物联网的共性总体标准、应用标准、网络标准和感知延伸等标准进行了全面的研究和行业标准的制订。

表 1.1 列出了此技术工作委员会的组织架构和工作范围。

表 1.1 技术工作委员会的组织架构和工作范围

应 用 层	网 络 层	感知延伸层
应用工作组(WG2):对各种泛在网业务的应用及业务应用中间件等内容进行研究及标准化	网络工作组(WG3):研发网络中业务能力层的相关标准,负责现有网络的优化、异构网络间的交互、协同工作等方面的研究及标准化	感知/延伸工作组(WG4):对信息采集、获取的前端及相应的网络技术进行研究及标准化。重点解决各种泛在感知节点,以多种信息技术(包括传感器、RFID、近距离通信等)、多样化的网络形态进行信息的获取及传递等
总体工作组(WG1):通过对标准体系的研究,重点负责泛在网络所涉及的名词术语、总体需求、框架以及码号寻址和解析、频谱资源、安全、服务质量、管理等方面的研究和标准化		

RFID的无线接口标准中最引人瞩目的是ISO/IEC 18000系列协议,涵盖了125kHz~2.45GHz的通信频率,识读距离由几厘米到几十米,其中主要是无源标签,但也有用于集装箱的有源标签。

1.4.3 NB-IoT标准

基于蜂窝的窄带物联网(Narrow Band Internet of Things,NB-IoT)成为万物互联网络的一个重要分支。NB-IoT构建于蜂窝网络,只消耗大约180kHz的频段,可直接部署于GSM(Global System for Mobile Communication)网络、UMTS(Universal Mobile Telecommunications System)网络或LTE(Long Term Evolution)网络,以降低部署成本,实现平滑升级。

NB-IoT是物联网领域一个新兴的技术,支持低功耗设备在广域网的蜂窝数据连接,也被称为低功耗广域网(LPWA)。NB-IoT支持待机时间长、对网络连接要求较高设备的高效连接。据称NB-IoT设备电池寿命可以提高到至少10年,同时还能提供非常全面的室内蜂窝数据连接覆盖。

NB-IoT标准正处于不断发展中。2014年5月,华为提出了窄带技术NB M2M;2015年5月融合NB OFDMA形成了NB-CIOT;同年7月,NB-LTE与NB-CIOT进一步融合形成NB-IOT;2016年6月16日,在韩国釜山召开的3GPPRAN全会第七十二次会议上,NB-IoT作为大会的一项重要议题,其对应的3GPP协议相关内容获得了RAN(Radio Access Network)全会批准,标志着受无线产业广泛支持的NB-IoT标准核心协议的相关研究全部完成。标准化工作的成功完成也标志着NB-IoT即将进入规模化商用阶段。

国内NB-IoT行业标准预计2016年年底发布,2017年年初有望规模商用。2016年6月底,华为在2016世界移动通信大会上,正式面向全球发布了端到端NB-IoT解决方案,致力协助运营商利用NB-IoT技术,为即将启动的IoT规模化商用提供全面的技术和商业支撑。这次发布的NB-IoT解决方案将于2016年9月正式上市,华为计划于第四季度开展规模商用试验,并将于2016年12月底正式启动大规模商用。

从下游应用来看,目前华为正在联手国内智能水表厂商,牵头实施智慧水务项目。另外,华为已与福州市政府、福建省经信委、智润公司,共同签署合作备忘录,将在NB-IoT产品研发、业务试点等方面进行合作,加速NB-IoT应用落地。

1.4.4 LTE-V 标准

LTE-V 是由大唐、华为、LG 主推的基于 LTE 蜂窝网络技术的智能网联汽车标准。该标准的推出主要是为了满足智能网联汽车的两个重要应用场景，即行车安全和交通优化。这两个应用场景在网络性能上提出了更高的要求——低时延和高可靠性。随着无人驾驶技术路线即将推出，以及美国 DSRC 部署时间的临近，LTE-V 有望成为我国无人驾驶技术的重要通信标准。

LTE-V 包括车与基站、车与基础设施、车与车，即统称为 V2X。V2X 是车辆主动安全利器，可实现千米范围内行车环境的完全可视化，并达到近 100%的安全可靠性，从而大幅降低对传感器数量和精度要求，是实现自动驾驶的关键路径。从应用前景来看，交通安全、交通管理和地理信息服务领域有望率先启动。

根据 3GPP 最近发布的计划，LTE V2V Core part 已在 2016 年 9 月完成，LTE V2X Core part 将在 2017 年 3 月完成。LTE V2V Core part 完成后，芯片厂商和硬件厂商有望在 2016 年内推出初步的测试产品。随着试点城市的逐步增加，我国有望在 2018—2019 年度开始正式商用。

1.5 物联网应用领域

物联网能有效地整合通信基础设施和行业基础设置等资源，使信息通信资源服务于各行各业，提高各行业的业务系统信息化水平，改善基础设施资源利用效率。

物联网可以广泛地应用于包括物流、医疗、家居、城管、环保、交通、公共安全、农业、校园以及军事等领域。

1. 现代物流

现代物流打造了集信息展现、电子商务、物流载配、仓储管理、金融质押、园区安保和海关保税等功能于一体的物流园区综合信息服务平台。在现代物流中，物联网技术可应用于车辆定位、车辆监控、航标遥测管理、货物调度追踪等。现代物流中"虚拟仓库"的概念需要由物联网技术来支持，从神经末梢到整个运行过程的实时监控和实时决策也必须由物联网来支持。

2. 智能医疗

智能医疗系统建议使用的家庭医疗传感设备，对家中患者或老人的生理指标进行自测，并将生成的生理指标通过固定网络或无线网络传输到护理人或有关医疗单位。

物联网在智能医疗中的主要应用包括查房、重症监护、人员定位及无线上网等医疗信息化服务。通过物联网，医生可以通过随身携带的具有无线网络功能的个人终端，更加准确、及时、全面地了解患者的详细信息，使患者能够得到及时、准确的诊疗。

3. 智能家居

智能家居系统融合自动化控制系统、计算机网络系统和网络通信技术于一体，将这种家庭设备(如音/视频设备、照明系统、窗帘控制、空调控制、安防系统、数字影院系统和网络家电等)通过智能家庭网络联网实现自动化。

智能家居通过在家庭环境中配置各类传感器,通过接入宽带网络实现家庭设备(如冰箱、空调、微波炉、电视、电话和电灯等)的远程操控。

4. 智能农业

智能农业产品通过实时采集温室内温度、土壤温度、CO_2 浓度、湿度信号以及光照、叶面湿度、露点温度等环境参数,自动开启或者关闭指定设备。可以根据用户需求,随时进行处理,为设施农业综合生态信息自动监测、对环境进行自动控制和智能化管理提供科学依据。通过模块采集温度传感器等信号,经由无线信号收发模块传输数据,实现对大棚温/湿度的远程控制。

智能农业还包括智能粮库系统,该系统通过将粮库内温/湿度变化的感知与计算机或手机的连接进行实时观察,记录现场情况以保证粮库的温/湿度平衡。

5. 智能校园

智能校园是通过信息化手段,实现对各种资源的有效集成、整合和优化,实现资源的有效配置和充分利用,实现教育和校务管理过程的优化、协调,实现数字化教学、数字化学习、数字化科研和数字化管理。

6. 数字城市

数字城市包括对城市的数字化管理和城市安全的统一监控。前者基于 3S(GIS、GPS、RS-遥感)等关键技术,开发和应用空间信息资源,服务于城市规划、城市建设和管理。后者基于宽带互联网的实时远程监控、传输、存储和管理业务,实现对城市安全的统一监控、统一存储和统一管理。

7. 数字环保

数字环保指用信息化手段和移动通信技术手段来处理、分析和管理整个城市的所有环保业务和环保事件信息,促进城市管理的现代化的信息化措施。

数字环保由环境监管信息集成系统、环境数据中心、环境地理信息系统、移动执法系统、环境在线监控系统、环境应急管理系统及综合报告系统组成。

通过远程环境管理平台、环境自动监控系统和电子政务网络平台,收集、整理环保信息资源,建成环境电子信息资源库,为环保部门和社会提供广泛、完善的环境数据查询服务。

8. 智能交通

智能交通是一个基于现代电子信息技术面向交通运输的服务系统。它的突出特点是以信息的收集、处理、发布、交换、分析、利用为主线,为交通参与者提供多样性的服务。

智能交通系统是将先进的信息技术、数据通信传输技术、电子传感技术、控制技术及计算机技术等有效地集成运用于整个地面交通管理系统而建立的一种在大范围内、全方位发挥作用的,实时、准确、高效的综合交通运输管理系统。它可以有效地利用现有交通设施、减少交通负荷和环境污染、保证交通安全、提高运输效率,因而,它日益受到各国的重视。

9. 公共安全

物联网可用于危险区域、危险物品、危险人物的监控和管理。

10. 军事应用

随着军事信息化变革的逐步深化,信息化军事系统已经由最初的"C2"系统阶段(指挥、控制)发展到了"C4KISR"系统阶段(指挥、控制、通信、计算机、杀伤、智能、监视(Surveillance)和侦察(Reconnaissance))。

通过集中化信息融合平台将各类战场信息汇总分析形成基于多兵种类型、多维度空间、复合参数指标、复合专家决策的信息化战略数据网络系统。

物联网技术的军事化应用可满足战场的多层面信息收集、识别、传输、挖掘、决策等功能体系要求,为加快现代信息化军事变革提供了有力的支持。

1.6 物联网产业分析

物联网的产业链结构主要包括系统设备提供商、芯片制造商、RFID与传感器制造商、系统集成商、电信运营商、平台提供商、科研机构及咨询机构、银行和风险投资商8个环节,物联网产业链各方构成如图1.10所示。

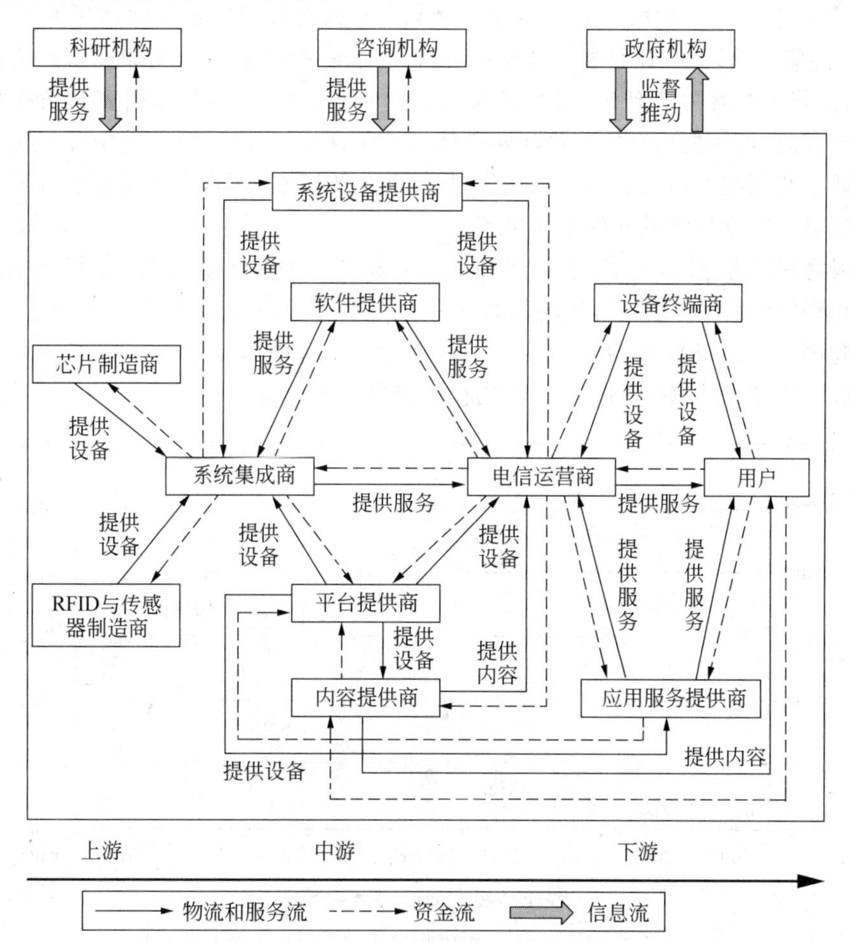

图1.10 中国物联网产业链结构

作为物联网全球推动者,美国在《2005 年对美国利益潜在影响的关键技术》中把物联网列为 6 种关键技术之一,并将以物联网技术为核心的"智慧地球"计划上升至国家战略层面。全球一些重要国家和地区,也将物联网的发展确定为国家战略重点,开展了物联网领域的规划布局。

2009 年欧盟发布了《欧盟物联网行动计划》,并提出加强欧盟政府对物联网的管理,并发布了欧盟 2010 年、2015 年、2020 年这 3 个阶段《物联网战略研究路线图》,并系统提出了物联网在汽车、航空航天、医药、能源等 18 个主要应用领域和感知、物联网架构、通信和组网及数据处理等 12 个方面需突破的关键技术。

2004 年日本政府提出了以发展泛在网络社会的 U-Japan 计划。2009 年上升为 I-Japan 战略计划,提出到 2015 年通过数字化技术使行政效率化、标准化和透明化,同时推动电子病历、远程医疗、远程教育等应用,强化了物联网在行政、交通、医疗、教育和环境监测等领域的应用。

我国政府也高度重视物联网的研究和发展,2009 年是中国的"物联网元年",温家宝总理在 8 月 8 日无锡视察时发表重要讲话,提出"感知中国"的战略构想,无锡市率先建立了"感知中国"研究中心,中国科学院、运营商、多所大学在无锡建立了物联网研究所。2009 年 11 月 1 日,温家宝总理在"让科技引领中国可持续发展"的讲话中再次强调新兴战略性产业非常重要,并指示要着力突破传感网、物联网关键技术。2010 年吴邦国委员长视察无锡物联网产业研究院,表示要培育发展物联网等新兴产业,确保我国在新一轮国际经济竞争中立于不败之地。我国政府高层的一系列报告、指示和相关措施表明,大力发展物联网产业将成为今后一项具有国家战略意义的重要决策。

据中国物联网研究发展中心统计(见图 1.11),2011 年中国物联网产业市场规模为 2632.6 亿元,比 2010 年增长了 42.5%,年增幅较上一年下降了 9.4 个百分点。该中心预测,2012 年中国物联网产业市场规模约为 3650 亿元,至 2016 年,中国物联网整体市场规模将达到 10550 亿元,年复合增长率超过 30%,市场投资前景巨大。

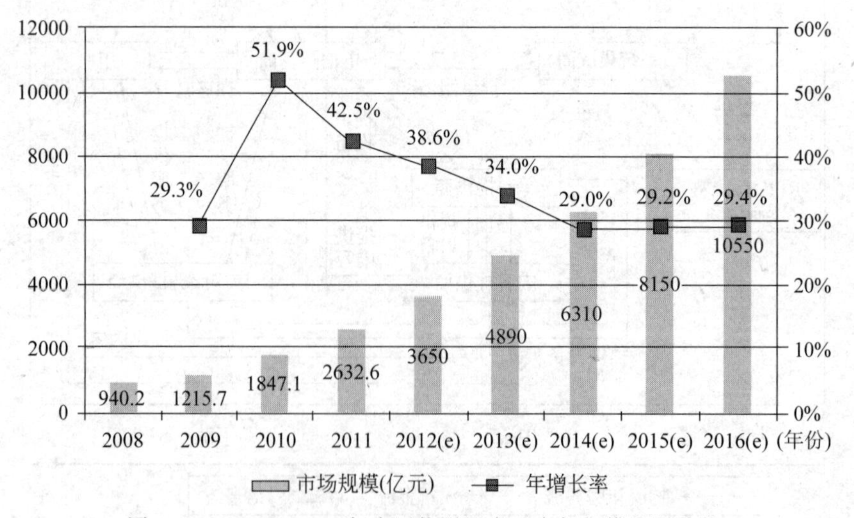

图 1.11　2008—2016 年中国物联网产业市场规模发展趋势

物联网具有广泛的应用，但各行各业发展并不均衡。从整体上看，物联网还处于初级阶段，技术、产品、准入市场还不成熟。以安防、家居、电力、交通、医疗、物流为代表的物联网重点应用行业开始逐渐接受物联网概念并得到应用。但不同行业在物联网政策倾向、技术、市场等方面的差异，造成物联网的细分市场发展差距很大。

1.7 中国物联网产业链发展趋势

中国物联网产业链发展趋势主要有3个方面。

(1) 规模化发展。随着世界各国对物联网技术、标准和应用的不断推进，物联网在各行业领域中的规模将逐步扩大，尤其是一些政府推动的国家型项目，如美国智能电网、日本I-Japan、韩国物联网先导应用工程等，将吸引大批有实力的企业进入物联网领域，大大推进物联网应用进程，为扩大物联网产业规模产生巨大作用。

(2) 协同化发展。随着产业和标准的不断完善，物联网将朝协同化方向发展，形成不同物体间、不同企业间、不同行业乃至不同地区或国家间的物联网信息的互联互通互操作，应用模式从闭环走向开环，最终形成可服务于不同行业和领域的全球化物联网应用体系。

(3) 智能化发展。物联网将从目前简单的物体识别和信息采集，走向真正意义上的物联网，实时感知、网络交互和应用平台可控可用，实现信息在真实世界和虚拟空间之间的智能化流动。

(4) 结合我国优势、优先发展重点行业应用以带动物联网产业。物联网仍处于起步阶段，物联网产业支撑力度不足，行业需求需要引导，距离成熟应用还需要多年的培育和扶持，发展还需要各国政府通过政策加以引导和扶持，因此未来几年我国将结合自身的优势产业，确定重点发展物联网应用的行业领域，尤其是电力、交通、物流等战略性基础设施以及能够大幅度促进经济发展的重点领域，将成为物联网规模发展的主要应用领域。

1.8 物联网应用实例

如前所述，物联网的应用非常广泛，为了配合后面章节的介绍，在这一小节里，以智能家居作为典型应用案例介绍物联网应用系统。

1.8.1 智能家居概述

"智能家居"这一概念最早起源于20世纪80年代。1984年，美国联合科技公司建成全球首栋"智能型建筑"，开启了全世界建造智能家居的序幕。到如今30多年过去了，智能家居的丰富性和多元化有了很大提升，但并没有出现革命性的进步。究其原因，主要是由于智能家居的范畴非常大，大到目前全世界没有一家企业可以自称是智能家居的榜样和标准，能够单打独斗把这一事情做成功。

智能家居是一个居住环境，是以住宅为平台安装有智能家居系统的居住环境，实施智能家居系统的过程就称为智能家居集成。

智能家居集成是利用综合布线技术、网络通信技术、安全防范技术、自动控制技术和音/

视频技术将与家居生活有关的设备集成。

1.8.2 智能家居产业发展阶段

中投顾问在《2016—2020 年中国智能家居市场投资分析及前景预测报告》中指出，智能家居行业还处于成长期，还没有规模化效应。

虽然目前智能家居研发和生产的企业众多，但由于市场认可度低，产品技术不成熟，产品质量不稳定，尤其是家庭网络系统方面没有形成统一的技术框架和标准，各个品牌的设备自成一派，各种产品难以互通互联，使用者的智能家居系统出现问题，需要更换配件时，只能选择开发商提供的同类品牌产品，不能更换其他厂家的产品，这给用户带来了诸多不便，使得智能家居企业开发的产品和系统仅仅停留在体验阶段，无法实现产业化、规模化，整个行业也难以得到持续、健康的发展，限制了智能家居行业的壮大。

智能家居市场被称为下一个千亿元级别的市场。巨大的市场空间，引来了互联网巨头的强势介入。

2014 年 1 月，谷歌宣布以 32 亿美元现金收购智能家居设备商 Nest，这成为谷歌历史上第二大收购，激起了市场对于智能家居概念的极大关注。

2014 年，苹果公司也发布了 HomeKit 智能家居平台。

2014 年末，美的与小米达成战略合作协议，除资本层面外，小米与美的将在智能家居及其生态链、移动互联网进行多种模式的战略合作，包括双方在智能家居、电商、物流和战略投资等领域的对接。

2015 年年初，海尔与魅族的跨界合作终于落地，魅族入驻海尔 U 智能家居平台，海尔将向魅族开放其 U 平台 SDK(Software Development Kit，软件开发包)，使魅族手机可控制所有海尔智能家居产品，同时魅族也将向海尔开放 Apps 系统级别的权限。

由于海尔与美的代表目前国内白色家电的两大主导阵营，与智能手机厂商结盟合作意味着智能家居生态链已经开始形成。

而阿里巴巴作为中国互联网的领先企业，其拥有众多的中小企业资源，阿里云系统(YunOS)与海尔 U-Home、魅族 LifeKit 打通，融合上下游软硬件服务商，可以支持多达上百种智能设备，将在智能家居生态圈中发挥“联动”的作用。

自 2014 年以来，奇虎 360 频频出手布局智能家居领域，如与 TCL 联手推出智能空气净化器、与奥克斯启动智能空调上的战略合作等。

智能家居的发展将经历以下 3 个阶段。

第一阶段是设备增加 Wi-Fi 模块，手机成为智能设备的控制器或远程控制器。

第二阶段是家庭的自动化，通过传感器来控制智能家居设备，而手机已从控制中心变成了设置中心。

第三阶段是人和机器的交互，通过语言实现人工智能后，智能设备会自动学习而无须手机。

1.8.3 智能家居的组成

一般认为，根据其功能，可以将智能家居分为 3 个部分，即智能家电、智能照明和家庭安防。图 1.12 所示一个典型的智能家居结构。

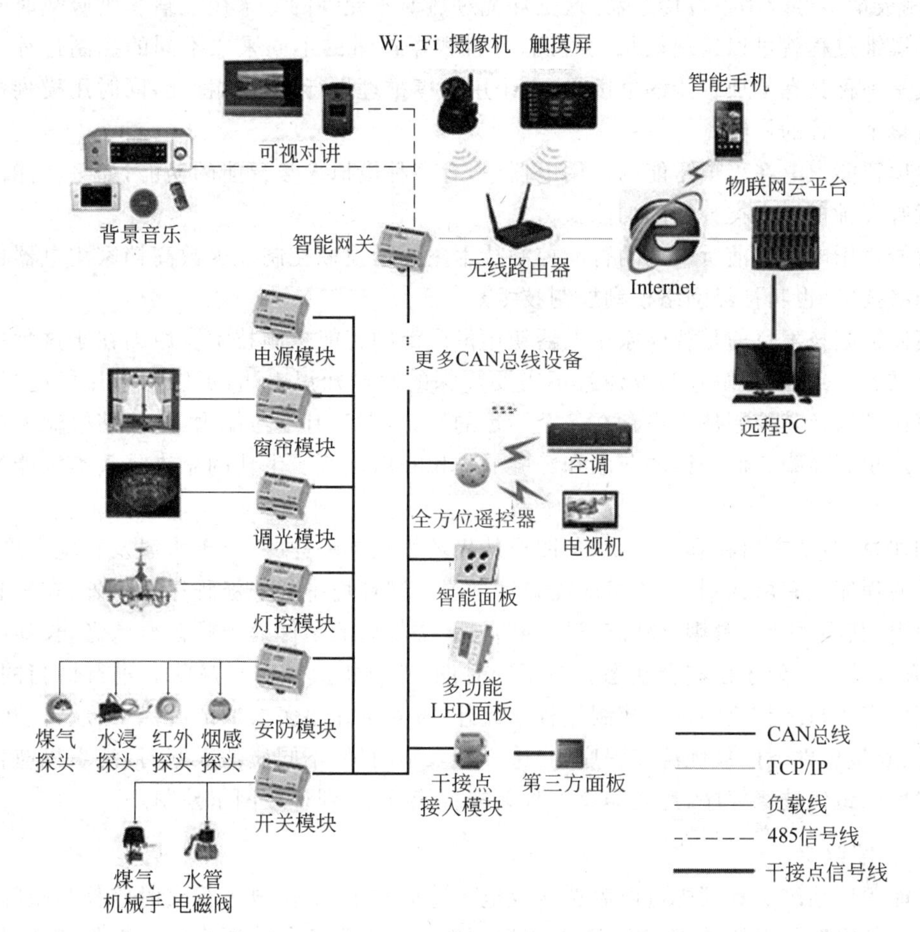

图 1.12 智能家居结构

1. 智能家电

传统家用电器有空调、电冰箱、吸尘器、电饭煲、洗衣机等，新型家用电器有电磁炉、消毒碗柜、蒸炖煲等。

无论是新型家用电器还是传统家用电器，其整体技术都在不断提高。

家用电器的进步，关键在于采用了先进控制技术，从而使家用电器从一种机械式的用具变成一种具有智能的设备，智能家用电器体现了家用电器最新技术面貌。

智能家电产品分为两类：一类采用电子、机械等方面的先进技术和设备；另一类模拟家庭中熟练操作者的经验进行模糊推理和模糊控制。

随着智能控制技术的发展，各种智能家电产品不断出现。例如，把计算机和数控技术相结合，开发出的数控冰箱、具有模糊逻辑思维功能的电饭煲、变频式空调和全自动洗衣机等。

智能家用电器的智能程度不同，同一类产品的智能程度也有很大差别，一般可分成单项智能和多项智能。

单项智能家电只有一种模拟人类智能的功能。

例如，模糊电饭煲中，检测饭量并进行对应控制是一种模拟人智能的过程。在电饭煲中，检测饭量不可能用重量传感器，这是环境过热所不允许的。采用饭量多则吸热时间长这种人的思维过程就可以实现饭量的检测，并且根据饭量的不同采取不同的控制过程。这种电饭煲是一种具有单项智能的电饭煲，它采用模糊推理进行饭量的检测，同时用模糊控制推理进行整个过程的控制。

多项智能家电在多项智能的家用电器中，有多种模拟人类智能的功能，如多功能模糊电饭煲就有多种模拟人类智能的功能。

智能家用电器目前所采用的智能控制技术主要是模糊控制。少数高档家用电器也用到神经网络技术（也叫神经网络模糊控制技术）。

模糊控制技术目前是智能家用电器使用最广泛的智能控制技术。原因在于这种技术和人的思维有一致性，理解较为方便且不需要高深的数学知识表达，可以用单片机进行构造。不过模糊逻辑及其控制技术也存在一个不足的地方，即没有学习能力，从而使模糊控制家电产品难以积累经验。而知识的获取和经验的积累并由此所产生新的思维是人类智能的最明显体现。

例如，一台洗衣机在春、夏、秋、冬四季外界环境是不一样的，由于水温及环境温度不同，洗涤时的程序也有所区别，洗衣机应能自动学习不同环境中的洗涤程序。另外，在洗衣机早期应用中，其零件处于紧耦合状态，过了磨合期，洗衣机的零件处于顺耦合状态，长期应用之后，洗衣机的零件处于松耦合状态。在不同时期，洗衣机应该对自身状态进行恰当的调整，同时还应产生与之相应的优化控制过程。此外，洗衣机在很多次数的洗涤中，应自动学习特定衣质、衣量条件下的最优洗涤程序，当用户放入不同量、不同质的衣服时，洗衣机应自动进入学习后的最优洗涤程序，这就需要一种新的智能技术，即神经网络控制。

2. 智能照明

智能照明系统是利用先进电磁调压及电子感应技术，对供电进行实时监控与跟踪，自动平滑地调节电路的电压和电流幅度，改善照明电路中不平衡负荷所带来的额外功耗，提高功率因数，降低灯具和线路的工作温度，达到优化供电目的的照明控制系统。

智能照明系统建设的目的和意义如下。

(1) 良好的节能效果带来可观的经济效益。

(2) 通过软启技术延长灯具寿命。

(3) 改善工作、生活环境，提高工作效率，提升生活档次。

(4) 实现多种照明效果。

(5) 提高管理效率，减少维护成本。

智能照明主要包括以下功能。

(1) 灯光调节。用于灯光照明控制时能对电灯进行单个独立的开、关、调光等功能控制，也能对多个电灯的组合进行分组控制，方便用不同灯光编排组合形式营造出特定的气氛。

(2) 智能调光。随意进行个性化的灯光设置；电灯开启时光线由暗逐渐到亮，关闭时由亮逐渐到暗，直至关闭，有利于保护眼睛，又可以避免瞬间电流的偏高对灯具所造成的冲击，能有效延长灯具的使用寿命。

(3) 延时控制。在外出的时候,只需要按一下"延时"键,在出门后 30s,所有的灯具和电器都会自动关闭。

(4) 控制自如。可以随意遥控开关屋内任何一路灯;可以分区域全开、全关与管理每路灯;可手动或遥控实现灯光的随意调节,还可以实现灯光的远程电话控制开关功能。

(5) 全开、全关。可以实现一键全开和一键全关的功能。

(6) 场景设置。回家时,在家门口用遥控器直接按"回家"场景。

在典型的家庭智能照明系统中,光强传感器、颜色传感器组成信息感知层,通过总线、ZigBee 等通信手段将环境光照信息发送给智能光照系统的主控节点,光照控制中心比对采集到的光照属性与用户设置的光照模式,以最小能耗的原则调控照明设备工作使之达到理想的光照效果。

系统还可以通过部署红外传感器来获取家中人员位置信息,并预测主人的下一步动作(如从客厅走回卧室),来自动切换照明模式,以避免"长明灯"现象。

3. 家庭安防

在城市生活中,火灾或煤气泄漏、入室抢劫以及盗窃是 3 类最为常见的安全事故。为保障自身的生命和财产安全,许多家庭安装了防盗网或者烟雾报警器等安全防护设备。但是这些设备往往孤立运行,缺乏系统联动性,作用效果极为有限。如用于火灾防范的烟雾报警器,当用户外出时根本无法通知邻居或是小区物业人员协助抢险。将物联网技术应用于家庭安防,能够使小区安防和家居安防结为一体,具有快速响应、判断精确的优势,是未来家庭安防的重要发展方向。

智能家庭安防系统通常由前端探测器、家庭控制器、网络信号传输系统和控制中心的控制系统等构成,分别对应物联网系统的感知层、网络层与应用层。按照前端探测对象的不同,智能家居系统还包括意外事故预防系统、家庭防盗系统、远程监控系统 3 个子系统。

1) 意外事故预防系统

家庭意外事故预防主要是防火与防煤气泄漏。防火功能需要依赖安装在厨房的温度传感器和安装在客厅、卧室等的烟雾传感器、温度传感器来监视房间内的火灾迹象。

如检测到火灾发生后,传感器将异常信号发送给家庭控制器,控制报警设备发出声光报警信号,随着险情的升级,报警信号会被迅速传达至小区安防中心以及消防部门。

有害气体监测功能与家庭防火功能类似,通过安装在厨房的有害气体探测器,监视煤气管道、灶具有无煤气泄漏。如有煤气泄漏,家庭服务器会发报警信号并通知相关人员。同时,家庭服务器还会自动关闭燃气管道电磁阀。

2) 家庭防盗系统

在家庭防盗系统中,首先需要通过门禁手段控制进入大楼的人员身份,其次还需要使用入侵检测技术确保房间安全。

门禁是一种传统的家庭安防手段,其发展经历了从早期的门锁管理到后来的基于 IC (Integrated Circuit)卡的电子门禁系统等多个阶段。将物联网技术引入家庭门禁系统之后,家庭门禁系统变得更加智能化,可以利用更加丰富的感知信息判断人员身份,如基于生物特征的人脸识别。

智能家庭门禁系统由前端的身份认证模块、自动门锁、家庭网络和家庭控制中心 4 个部分组成。其中身份认证模块负责识别访客的身份，常用的技术手段有生物特征识别和RFID射频技术。

入侵检测系统使用多种安防类传感器监视防护区域，实现对非法入侵者的检测、识别与报警。入侵检测系统的防护区域分成两部分，即住宅周界防护和住宅内防护。住宅周界防护是指在住宅的门、窗上安装门窗磁传感器、压力传感器以及在围墙上安装红外探测器来检测住宅周围的非法入侵情况；住宅内区域防护是指在主要通道、重要的房间内安装红外探测器，监测家庭内部的异常人员活动情况。当家中有人时，住宅周界防护的报警设备会设防，住宅内区域防护的报警设备会撤防。当家人出门后，住宅周界防护的报警设备和住宅区域防护的报警设备同时设防。当有非法侵入时，家庭控制器会发出声光报警信号，通知家人及小区物业管理部门。另外，通过程序还可以设定报警点的等级和报警器的灵敏度。

3）远程监控系统

通过远程监控系统，用户可以通过互联网实时查看家中状况。家庭的视频监控系统一般由摄像头、家庭监控服务器和小区监控中心服务器组成。

家庭监控服务器连接一个或多个摄像头，分别对准特定场景，如门锁、窗口、家庭内的某个房间，采集现场视频信号，同时对视频进行数字化处理，并能够通过网络将实时监控视频发送给用户；利用运动检测技术，可以准确地判断是否有异常事件发生；当夫妻双方都是上班族，家中有小孩、老人需照看时，主人只要打开手机实时视频监控就可以随时检查儿童、老人的起居情况。

1.9 物联网系统设计和开发过程

一个完整的物联网系统通常由软件和硬件两部分组成，其设计和开发过程如图1.13所示。

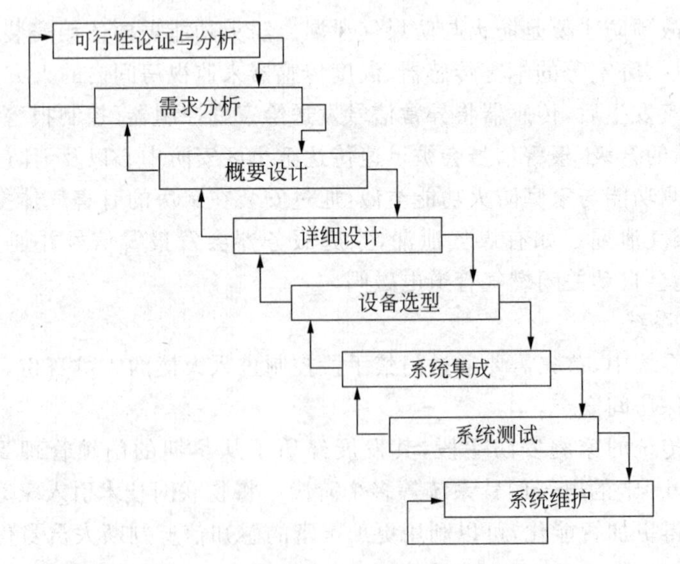

图1.13 物联网系统设计和开发过程

1. 可行性论证与分析

可行性论证和分析是在系统设计与开发前，对拟开发的系统进行全面的技术分析和论证，并对其做出可行或不可行的一种科学方法。可行性分析可以看作是一个简略的系统分析和设计过程。简略就是不必深入到系统的具体细节。在简略分析和设计的基础上，综合论证系统开发的必要性。

具体到物联网系统，则是通过了解用户业务过程中存在哪些需要解决的问题，分析和论证哪些问题可以通过物联网工程项目来解决而哪些不能。如果不能解决，是否可以通过调整业务流程或业务重组的方式解决。

2. 需求分析

以项目清单的方式列举用户对物联网工程项目应用的各种可能需求，分析存在的问题，为项目设计、开发、实施、运行以及售后服务提供依据。

明确各企业、各部门的责任，从而成为客户、系统集成商以及 RFID/MIS(Management Information System)产品供应商之间的项目合作、验收和提供质量保障的依据，也可以作为设备供应商和集成商沟通的依据和基础。

3. 总体方案设计

总体设计的对象是系统的总体，包括系统的总体方案及其实现技术途径，并通过可行性研究和技术经济论证，确保项目在规划、设计、制造和运行各个阶段，总体性能最优。这样可以避免因规划、研制和运用的缺陷造成人力、物力和财力的浪费。

方案应当包括以下内容：产品概述；设计依据与执行标准；系统组成和功能框图；系统硬件、软件结构；系统支持业务；接口及兼容性；性能和技术指标；系统组网能力；可靠性设计及环境适应性；操作维护管理。

4. 功能设计

系统功能模块设计是根据需求分析以及系统总体设计方案中各子系统的开发要求，提供详细的设计依据，以用户为定位基准，切实满足用户的真正需求，为系统要实现的功能指明方位，使开发人员快速地理解系统的设计要求。

功能设计报告需要征得用户的同意，既作为最后质量保证的依据，也作为设备供应商和系统集成商沟通的依据。

5. 设备选型

根据生产工艺要求和市场供应情况，按照技术上先进、经济上合理、生产商适用的原则以及可行性、维修性、操作性和能源供应等要求进行调查和分析比较，以确定设备的优化方案。

性能指标是设备选型必须考虑的因素。

6. 系统集成

系统集成是在系统工程科学方法的指导下，根据用户需求，优选各种技术和产品，将各个分离的子系统连接成为一个完整、可靠、经济和有效的整体，并使之能彼此协调工作，发挥整体效益，以达到整体性能最优。

7. 系统测试

系统测试,是将已经确认的计算机软件、硬件、外设、网络等其他元素结合在一起,进行信息系统的各种组装测试和确认测试,系统测试是针对整个产品系统进行的测试,目的是验证系统是否满足了需求规格的定义,找出与需求规格不符或与之矛盾的地方,从而提出更加完善的方案。系统测试发现问题之后要经过调试找出错误原因和位置,然后进行改正。是基于系统整体需求说明书的黑盒类测试,应覆盖系统所有联合的部件。对象不仅仅包括需测试的软件,还要包含软件所依赖的硬件、外设甚至包括某些数据、某些支持软件及其接口等。

8. 系统维护

系统维护的目的是保证系统正常、可靠地运行,并能使系统不断得到改善和提高,以充分发挥作用。

系统维护就是为了保证系统中的各个要素随着环境的变化始终处于最新的、正确的工作状态。

系统维护的内容可分为以下几类。

(1) 系统应用程序维护。

(2) 数据维护。

(3) 代码维护。

(4) 硬件设备维护。

按照软件维护的不同性质,可以划分为下面4种类型。

(1) 纠错性维护,诊断和修正系统中遗留的错误。

(2) 适应性维护,使系统适应环境变化而进行的维护工作。

(3) 完善性维护,扩充原有系统的功能,提高其性能。

(4) 预防性维护,对可能将要发生变化或调整的现仍可正常运行的系统进行维护。

1.10 小结

通过本章的学习,可以了解物联网应用系统的特点、各种业务类型的系统架构和相关的国际标准。

开发一个完整的物联网应用系统,需要了解系统设计和开发的完整过程,根据物联网业务的特点,确定系统的架构。同时,还要充分认识到一个典型的物联网应用系统并不是简单地将信息采集节点通过有线或无线网络连接起来,而是要充分体现系统的智能特性。

第 2 章　物联网系统需求分析

本章的主要知识点包括市场需求分析、技术需求分析、安全需求分析以及结合具体案例编写需求分析报告说明书。

2.1　需求分析概述

需求分析是系统开发早期的一个重要阶段。它在问题定义和可行性研究阶段之后进行。需求分析的基本任务是开发人员和用户一起完全弄清用户对系统的确切要求。这是关系到系统开发成败的关键步骤，也是整个系统开发的基础。

因而在开发一个物联网应用系统之前，完善的需求分析是必不可少的。

2.1.1　需求分析的特点

需求是指用户对目标系统在功能、性能、设计约束等方面的期望。通过对需要解决的问题及其环境的理解与分析，对所涉及的信息、功能及系统行为建立模型，将用户需求精确化、完全化，最终形成需求规格说明。

该阶段工作有以下特点。

(1) 用户与开发人员很难进行交流。需求分析是对用户的业务活动进行分析，明确系统应该“做什么”。但是在初始阶段，开发人员和用户双方可能都不能准确地提出系统要“做什么”。这是因为开发人员不是用户问题领域的专家，不熟悉用户的业务活动和业务环境，也不可能在短期内搞清楚；而用户又不熟悉涉及技术方法的相关问题，使得双方交流时存在障碍。

(2) 用户需求是动态变化的。对于一个大型复杂的系统，开始时用户很难精确完整地提出功能和性能方面的要求，而只能提出大概、模糊的功能需求，所以需要长时间反复认识才能逐步明确。有时候进入到设计、编程阶段才能明确，甚至到开发后期还会提出一些新的要求，这无疑给系统的开发带来很大的困难。

(3) 需求变更的代价呈非线性增长。需求分析是系统开发的基础，假定在该阶段发现一个错误，解决它需要用一个单位的时间，到设计、编程、测试和维护阶段则可能需要多倍的时间。

2.1.2　需求分析的重要性

需求分析之所以重要，就是因为它具有决策性、方向性和策略性的作用。其重要性主要体现在以下几点。

(1) 需求分析是获得用户需求的有效途径。系统开发的目的是为用户服务的，为了开发出能真正满足用户需求的产品，首先必须理解用户的需求。对需求的理解是系统开发获得成功的前提条件。

(2) 需求分析是决定项目成功的关键因素。需求分析是项目的开端,也是项目建设的基石。

(3) 需求分析是系统分析和系统设计的桥梁。需求分析过程是确定用户需求的过程。用户知道自己的需要,却不知道如何通过相关技术加以实现;而系统设计人员和工程师往往缺乏理解实际业务的运行过程和商业过程的技巧。通过专门训练的系统分析员能够填补商业领域和技术之间的鸿沟。他们能够从持有关键信息的用户那里获得可用的信息,并把这些用户信息转化为清晰完整的形式,而这些形式则是进行下一步系统设计的基础。

(4) 需求分析是控制项目质量的重要阶段。物联网系统一般由软件和硬件两部分组成,在其整个生命周期的每个阶段都需要采用科学的管理方法和先进的技术手段,而且在每个阶段结束之前,都需要从技术和管理两个角度进行严格的审查,合格之后才能进行下一个阶段的工作。需求分析阶段是项目的开始阶段,也是质量控制的开始,如果这个阶段出了问题,对后面的各个阶段会产生非常重要的影响。

2.1.3 需求是创新的源泉

需求是创新的动力源泉,而创新通常包含理论创新和应用创新。

理论创新是指人们在社会实践活动中,对出现的新情况、新问题,作新的理性分析和理性解答,对认识对象或实践对象的本质、规律和发展变化的趋势作新的揭示和预见,对人类历史经验和现实经验作新的理性升华。简单地说,就是对原有理论体系或框架的新突破,对原有理论和方法的新修正、新发展,以及对理论禁区和未知领域的新探索。

应用创新,则是以用户为中心,置身用户应用环境的变化,通过研发人员与用户的互动挖掘需求,通过用户参与创意提出到技术研发与验证的全过程,通过用户体验等方式,发现用户的现实与潜在需求,通过各种创新的技术与产品,推动技术创新(或更广义的科技创新)。

对于物联网系统而言,更强调的是应用创新。

应用创新的核心是发现用户的"痛点"。什么是"痛点"? 痛点的本质,是用户的刚性需求,是未被满足的刚性需求。未被满足的、最强烈的需求,有以下4个切入点。

(1) 有没有——未被满足的需求,是同行业目前没有人解决的,但是用户依然非常需要解决的问题。

(2) 更便宜——你能不能把满足用户需求的成本压低,能不能提供更便宜的产品和服务,甚至能不能提供免费的产品。

(3) 更快——你能不能把满足用户需求的效率提高,提高效率意味着为客户节省时间,提升了用户体验,提升效率也意味着单位时间生产的产品更多,降低了成本。另外,用户最讨厌的是复杂。互联网用户体验三要诀:别让我想;别让我等;别让我烦。排名第一位的,就是别让我想,人们讨厌学习,讨厌复杂的东西(当然,极客、发烧友除外)。

(4) 更好——你能不能把满足用户需求的品质提高,说白了,就是你能不能大幅度提高产品的用户体验。

周鸿祎在其《我的互联网方法论》一书中提到类似的观点,创业就一定是创新,而创新,你要么发明一个东西，要么把贵的东西变便宜，要么把复杂的东西变简单，互联网产品给客户带来的价值无非如此。这也就是刘强东说的："这是我们永远不变的一个框架，我们做的所有的投资，我们发展的一切一切都围绕着三点，要么降低成本，要么提高效率，要么提高用户体验，如果跟这3个没关系的，我们坚决不做。"

2.1.4　需求分析的任务

需求分析的任务不是确定系统怎样完成工作，而是确定系统必须完成哪些工作，也就是对目标系统提出完整、准确、清晰和具体的要求。

(1) 确定系统的运行环境。硬件环境的要求，如外存种类、数据的输入方式、数据通信接口等。软件环境的要求，如应选哪种操作系统、数据库系统等。

(2) 系统性能的要求。如系统所需的存储容量、安全性、可靠性、期望的响应时间要求，也就是从终端输入数据到系统后，系统在多长时间内可以有反应等。

(3) 系统功能。确定目标系统具备的所有功能。

2.2　需求分析的过程

需求分析的过程：获取用户需求→分析用户需求→编写需求文档→评审需求分析。如果评审通过，则需求分析过程结束；否则要返回到相应的步骤进行修改。

为了完成需求分析的目标，一般需要在开发团队中抽调专门的人员开展上述工作。具体的参与人员如图2.1所示。

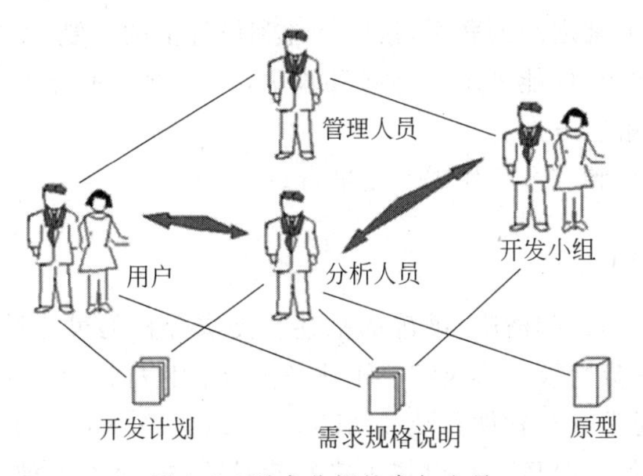

图2.1　需求分析的参与人员

2.2.1　获取用户需求

需求阶段必须充分、细致地了解用户目标、业务内容和流程等，这是对需求的采集过程，是进行需求分析的基础准备。获取用户需求要了解所有用户类型及潜在类型，确定系统的整体目标和工作范围。

获取用户需求要完成的主要工作如下。

(1) 依据分析阶段确定合适的用户方配合人员。在需求调研前，应该对用户方配合人员进行分类,使之和分析的各个阶段相对应。

(2) 多方位描述同一需求。有些需求贯穿了从基层人员到高层领导的需要,此类需求应该从各个角度、各个方位进行描述,综合之后才能得到完整的表达;否则可能会漏掉一些信息。

(3) 清晰化每一数据项。由于需求是设计的基础,弄清所有数据项的来龙去脉对于设计是必不可少的,不能有模糊不清的内容。同时,通过对数据项来源的分析,可以使分析人员更清楚地看到数据的流动情况,也会发现一些新的需求点。

(4) 充分挖掘潜在需求。由于分析人员对软、硬件技术非常熟悉,一些由于技术带来的潜在需求对于用户来说很难被发现。

对用户进行访谈和调研,交流方式可以是会议、电话、电子邮件、小组讨论、模拟演示等。需要注意的是,每次交流都要有记录,对于交流的结果可以进行分类,便于后续的分析活动。

在具体的实践中,通常采用折中的方法,即适当地计划好面谈,但不要过于详细,允许有一定的灵活性。一般按照以下原则进行准备。

(1) 所提问的问题应该循序渐进,从整体的方面开始提问,接下来的问题应有助于对前面问题更好的理解和细化。

(2) 不要限制用户对问题的回答,这有可能会引出原先没有注意的问题。

(3) 提问和回答在汇总后应能够反映用户需求的全貌。

2.2.2 分析用户需求

分析用户需求的主要工作是对问题的分析和方案的综合。分析人员通过细化需求中的各种功能,找出系统各元素之间的联系、接口特性和设计上的限制,分析是否满足功能要求、是否合理。依据功能需求、性能需求和运行环境需求等,剔除不合理的部分,增加需要的部分,最终综合成系统的解决方案。

在这个步骤中,分析和综合工作需反复进行。

2.2.3 编写需求文档

已经确定的需求应当得到清晰、准确的描述。需求分析的最终结果是用户开发小组对将要开发的产品达成一致协议。协议综合了业务需求、用户需求和系统功能需求。

由于物联网系统通常涉及软件和硬件两部分,所以文档中可以将两者独立地进行描述。通常,系统中涉及的硬件一般只需从市场上进行直接采购,而无须独立开发,但硬件的需求一般与系统的性能有较大的关联,所以应重点描述相关的应用环境和接口,这将会涉及后期的设备选型。软件需求则是需求分析中比较复杂的内容,所以应该重点描述。

编写软件需求文档需要注意以下几个问题。

(1) 需求说明要全面。用户往往只提功能性需求,而对非功能性需求只字不提,但需求编写人员不能遗漏这部分内容。非功能性需求是指性能、安全性、可靠性和可维护性等,这些功能可能不影响用户的业务功能,但若系统运行不稳定,常常是因为非功能性需求考虑不周造成的。

(2) 功能细节描述要准确。

(3) 需求说明书要将用户的想法提炼成可实现的功能。要尽量忠实于用户的想法，即使用户的某些需求在技术上实现起来有难度，也不能任意删减，可以在需求评审时和用户进行沟通，并将建议的替代方案介绍给用户，征得用户同意。

2.2.4 需求分析评审

需求分析直接关系到产品的方向，所以需求分析的质量至关重要。针对完成的需求报告文档，可以先进行内部评审和同行评审，然后是用户评审。项目组内部评审或同行评审主要是根据公司规范和评审人员自身的经验，对需求分析中不明确、不合理、不符合逻辑、不符合规范的地方予以修正。用户评审主要是对描述的软件功能是否真正符合需求，能否帮助用户解决问题等方面做出评定，所以需求分析时用户的意见永远是第一位的。

作为需求分析阶段工作的复查手段，在需求分析的最后一步，主要对功能的正确性、完整性和清晰性以及其他需求予以评审。评审的主要内容如下。

(1) 系统定义的目标是否与用户的要求一致。

(2) 系统需求分析阶段提供的文档资料是否齐全。

(3) 与所有其他系统的重要接口是否都已经描述。

(4) 所开发项目的数据流与数据结构是否完整。

(5) 所有图标是否清楚，在不进行补充说明的情况下能否正确理解。

(6) 主要功能是否已经包括在规定的软、硬件范围内，是否都充分说明。

(7) 设计的约束条件和限制条件是否符合实际。

(8) 开发的技术风险是什么。

(9) 是否考虑系统需求的其他方案。

(10) 是否考虑到将来可能会提出的需求。

(11) 是否详细制定了验收标准，这些标准能否对系统定义成功地进行确认。

(12) 有没有遗漏、重复或不一致的地方。

(13) 用户是否审查了初步的用户手册。

(14) 系统成本进度估算是否受到了影响等。

2.3 需求分析内容

开发物联网应用系统的目的是为用户服务，因而需求分析的核心内容是系统的功能需求，也就是前面提到的明确系统应该“做什么”。除了功能性需求，在需求分析阶段还需要进行必要的市场需求分析、技术需求分析和安全需求分析。

2.3.1 市场需求分析

市场需求分析的目的是对某一特定的物联网项目(如智能交通、智能医疗、智能仓储管理等)进行市场需求调研、分析和数据处理，以此作为某一特定物联网产品开发、决策的依据，也用来指导物联网企业的生产和销售。

客观地分析和评价项目的价值体系以及可以预期的投资价值体系，尽可能地给出定量的分析表格，分析物联网工程实施的意义和价值。

市场需求分析的具体内容包括以下几点。

(1) 某一物联网产品或项目在某一范围(全国或全球)内的消费者的数量或用户个数、不同行业的数量或用户数量、不同地区的数量或用户数量以及发展方向。

(2) 每年需求的递增或者递减的比例。

(3) 根据以上调研数据作出对某一物联网产品或项目的应用市场前景的预测。

2.3.2 技术需求分析

技术需求分析的内容比较广泛，包括以下内容。

1. 业务流程需求

需要认真调研、细致分析客户的业务流程以及业务过程中的工作流和物流等客观存在的业务现状，找出薄弱环节。如果有必要，还需对现有的业务流程做出相应的重组，以适应物联网工程管理的需要。

对业务流程的所有改动必须和客户方人员反复研讨，并取得他们的签字认可。

2. 产品特性与环境适应性需求

电磁波的特性决定了其应用的局限性，如金属材料、液态物质和电磁噪声污染等都会对传感器正确识读产生影响。因此，对物联网工程应用环境的调查和分析是十分必要的。

3. 系统集成需求

针对客户的业务流程和工作流程，如何整合适度的数据信息与信息管理系统融合，需要考虑到数据的格式、通信的方式、中间件的选择、硬件的连接和系统调试等问题。

4. 业务系统对接的需求

充分利用现有的设备布局，尽量不改变现有的设备系统是实施的原则之一，如果必须改变或是一个小小的改动可能会带来很大的效果时，也需要对系统布局进行必要的改进。

5. 系统升级的需求

系统也可能会遇到需要软件或者硬件升级的问题。要密切注意设备供应商的产品升级通知，使自己的系统时刻保持较新的技术状态和最好的工作性能。

6. 测试评估需求分析

系统实施完毕，需要对系统软件进行测试，需要采用一定的测试程序以及不同的测试方法进行测试，只有经过严格测试的系统才是成熟的系统。

7. 系统维护需求

主要通过系统的平均无故障工作时间来表示系统工作的可靠性。

8. 环境和行业条件及标准需求

特殊的环境和行业条件对系统的选择和安装也有一定的要求，如气候等。不同的应用环境还需要考虑不同的应用标准许可，如涉及人的一些场合对电磁辐射就应该有较严格的要求。

2.3.3 安全需求分析

物联网系统的安全主要包括读取控制、隐私保护、用户认证、不可抵赖性、数据保密性、通信层安全、数据完整性和随时可用性等。其中隐私性和可信度(数据完整性和保密性)在物联网系统中尤其应受到关注。

2.4 需求分析方法

需求的最基本来源是进行需求调查和需求收集。而在这个过程中,很重要的两个原则就是要学会做减法和加法。

初始的需求调查和需求收集虽然是有目的性、有针对性的去收集,也会反馈回来大量的需求数据,更别说无目的性的收集需求了。需求分析人员要做的就是从这些林林总总的需求当中找出可实现的、有价值的需求,排除那些无意义、不可实现的需求,或者是当前暂时先不实现,或者是这个产品不实现但可以利用在别的产品上的,总之与当前产品无关的需求,都需要排除掉,这个过程就是在做减法。

需求分析人员要根据产品的愿景、设计理念等去捕捉到有价值的需求,这个筛选的过程是围绕着最终实现的功能去做的,并不是胡乱筛选。比如说,收集到 10 个功能需求,觉得其中有两个是没必要做的,或者是可以以后再做的,就把这两个需求功能先排除掉,先做剩下的 8 个功能需求。应该来说,做减法是需求分析人员最基本的素养。

当收集到的需求数据无法满足现有产品的设计时,一种方式是重新做一轮需求调查;另一种方式是靠需求分析人员的能力去找出新的需求来完善产品的设计;还有一种方式就是做加法的过程。需求分析人员依靠自身的工作经验和对产品设计理念的理解,可以提出新的需求,这些新的需求不一定就是最终的需求,但需求分析人员要有能力去总结发现。因为人们在考虑问题的时候往往都是不全面的,所以才有"三个臭皮匠顶个诸葛亮",把所有的意见综合在一起,很有可能就是个非常棒的"痛点"。这里做加法主要还是要依靠自身的经验来决定,比如要做 5 个功能需求,需求分析人员觉得应该再加上报表统计的功能,这就是在做加法。一般需要具有一定的分析能力,还要掌握一些分析工具才行,如 UML(Unified Modeling Language)等。做加法更多要看需求分析人员自身的知识储备。

常用的需求分析方法主要有 3 种,即原型化方法、面向过程的结构化方法和面向对象方法。

2.4.1 原型化方法

对于一些大型的项目,在开发的早期用户往往对系统只有一个模糊的想法,很难完全准确地表达对系统的全面要求,开发人员对于所要解决的应用问题认识更是模糊不清。经过详细的讨论和分析,也许能得到一份较好的需求规格说明,但却很难期望该需求规格说明能将系统的各个方面都描述得完整、准确、一致,并与实际环境相符。很难通过它在逻辑上推断出(不是在实际运行中判断评价)系统运行的效果,以此达到各方对系统的共同理解。随着开发工作向前推进,用户可能会产生新的要求,或因环境变化,要求系统也能随之变化;开发者又可能在设计与实现的过程中遇到一些没有预料到的实际困难，需要以改变需求来解脱困境。因此，规格说明难以完善、需求的变更以及通信中的模糊和误解都会成为开发顺利推进的障碍。尽管在传统软件生存期管理中通过加强评审和确认，全面测试来缓解上述问题，但并不能从根本上解决这些问题。

在形成一组基本需求之后，通过快速分析方法构造出待建的原型版本，然后根据用户在使用原型的过程中提出的意见对原型进行修改，从而得到原型的更新版本，这一过程重复进行，直至得到满足顾客需求的系统。

总体来说，原型化方法是用户和系统开发人员之间进行的一种交互过程，适用于需求不确定性高的系统。它从用户界面的开发入手，首先形成系统界面原型，用户运行用户界面原型，并就同意什么和不同意什么提出意见，它是一种自外向内型的设计过程。

2.4.2 面向过程的结构化方法

面向过程的结构化方法认为，大千世界是由一个个相互关联的小系统组成的。正如人体的DNA，整个人体就是由这样的小系统依据严密的逻辑形式组成的，环环相扣，井然有序。面向过程的结构化方法还认为每个小系统都有着明确的开始和明确的结束，开始和结束之间有着严谨的因果关系。只要将这个小系统中的每一个步骤和影响这个小系统走向的所有因素都分析出来，就能完全定义这个系统的行为。

结构是指系统内各个组成要素之间的相互联系、相互作用的框架。

如果要分析这个世界，并用计算机来模拟它，首要的工作是将这个过程描绘出来，把它们的因果关系都定义出来；再经过结构化的设计方法，将这些过程进行细化，形成可以控制的、范围较小的部分。

通常，面向过程的分析方法是找到过程的起点，然后顺藤摸瓜分析每一个部分，直至达到过程的终点：这个过程中任何一部分都是过程链上不可分割的一环。然而随着需求越来越复杂，系统越来越庞大，功能点越来越多，采用面向过程的分析和设计也变得越来越困难。

2.4.3 面向对象方法

面向对象方法将世界看作一个个相互独立的对象，相互之间并无因果关系，它们平时是“鸡犬之声相闻，老死不相往来”的。只有在某个外部力量的驱动下，对象之间才会依据某种规律相互传递信息。这些交互构成了这个生动世界的一个“过程”。在没有外力的情况下，对象则保持着“静止”的状态。

从微观角度说，这些独立的对象有着一系列奇妙的特性。例如，对象有着坚硬的外壳，从外部看来，除了它用来与外界交互的消息通道之外，对象内部就是一个黑匣子，什么也看不到，这被称为封装。再如，对象可以结合在一起形成新的对象，结合后的对象具有前两者特性的总和，这称为聚合；对象可以繁育，产下的孩子将拥有父辈全部的本领，这称为继承；对象都是多面派，它会根据不同的要求展现其中的一个面，这就是接口；多个对象可能长着相同的脸，而这张脸背后却有着不同的行为，这就是多态。

面向对象方法与面向过程方法根本的不同，就是不再把世界看作是一个紧密关联的系统，而是看成一些相互独立的小零件，这些零件依据某种规则组织起来，完成一个特定的功能。原来,过程并非这个世界的本源,过程是由通过特定规则组织起来的一些对象“表现”出来的。

面向对象和面向过程的这个差别导致了整个分析设计方法的革命。分析设计从过程分析变成了对象获取,从数据结构变成了对象结构。

2.4.4 用例建模

用例建模是使用用例的方法来描述系统的功能需求的过程。用例模型主要包括以下两部分内容。

1. 用例图

确定系统中所包含的参与者、用例以及两者之间的对应关系,用例图描述的是关于系统功能的一个概述。

用例图由参与者(Actor)、用例(Use Case)、系统边界和箭头组成,用画图的方法来完成。

参与者不是特指人,是指系统以外的,在使用系统或与系统交互中所扮演的角色。因此参与者可以是人、可以是事物,也可以是时间或其他系统等。还有一点要注意的是,参与者不是指人或事物本身,而是表示人或事物当时所扮演的角色。比如:小明是图书馆的管理员,他参与图书馆管理系统的交互,这时他既可以作为管理员这个角色参与管理,也可以作为借书者向图书馆借书,在这里小明扮演了两个角色,是两个不同的参与者。参与者在画图中用简笔人物画来表示,人物下面附上参与者的名称(见图 2.2)。

用例是对包括变量在内的一组动作序列的描述,系统执行这些动作,并产生传递特定参与者的价值的可观察结果。或者可以这样去理解,用例是参与者想要系统做的事情。对于对用例的命名,可以给用例取一个简单、描述性的名称,一般为带有动作性的词。用例在画图中用椭圆来表示,椭圆下面附上用例的名称(见图 2.3)。

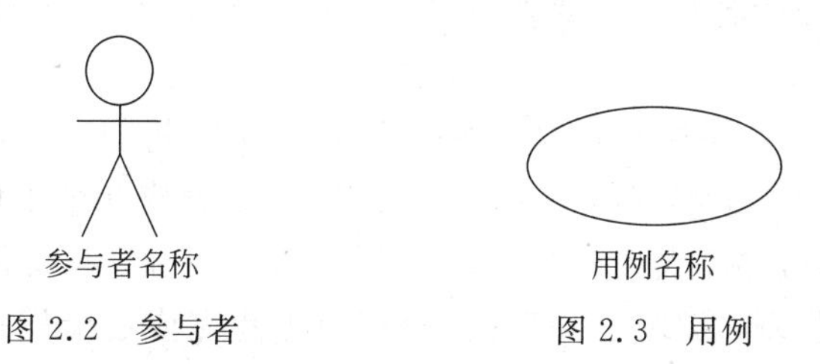

图 2.2 参与者　　图 2.3 用例

系统边界是用来表示正在建模系统的边界。边界内表示系统的组成部分,边界外表示系统外部。系统边界在画图中用方框来表示,同时附上系统的名称,参与者画在边界的外面,用例画在边界里面。因为系统边界的作用有时不是很明显,所以在画图时可省略。

箭头用来表示参与者和系统通过相互发送信号或消息进行交互的关联关系。箭头尾部用来表示启动交互的一方,箭头头部用来表示被启动的一方,其中用例总是要由参与者来启动。

2. 用例规约

针对每一个用例都应该有一个用例规约文档与之相对应,该文档描述用例的细节内容。

用例图只是简单地用图描述了一下系统，但对于每个用例，还需要有详细的说明，这样就可以让别人对这个系统有一个更加详细的了解，这时就需要写用例描述。

对于用例描述的内容，一般没有硬性规定的格式，但一些必需或者重要的内容还是必须要写进用例描述里面的。用例描述一般包括简要描述、前置条件、基本事件流、其他事件流、异常事件流和后置条件等。

下面简要介绍各个部分的含义。

简要描述：对用例的角色、目的的简要描述。

前置条件：执行用例之前系统必须要处于的状态，或者要满足的条件。

基本事件流：描述该用例发生的事情，没有任何备选流和异常流，而只有最有可能发生的事件流。

其他事件流：表示这个行为或流程是可选的或备选的，并不是总要执行它们。

异常事件流：表示发生了某些非正常的事情所要执行的流程。

后置条件：用例一旦执行后系统所处的状态。

在用例建模的过程中，通常的步骤是先找出参与者，再根据参与者确定与每个参与者相关的用例，最后再细化每一个用例的用例规约。

2.5 需求分析过程中需要注意的问题

要完成一个好的需求分析，需要排除以下一些不好的情况。

(1) 创意和求实。毋庸置疑，每个人都会为自己的一个新的想法而激动万分，特别是当这个想法受到一些根本不知道你原本要干嘛的人的惊赞时。但是请注意，当你激动得意的时候，你可能已经忘了你原本是在描述一个需求，而不是在策划一个创意、创造一个概念。很多刚开始做需求分析的人员都或多或少会犯这样的错误，陶醉在自己的新想法和新思路中，却违背了需求的原始客观性和真实性原则。永远别忘了，需求不是空中楼阁，是实实在在的一砖一瓦。

(2) 解剖的快感。几乎所有开发软件的人，做需求分析的时候，一上来就会把用户告诉你的要求，完完整整地作个解剖，切开分成几个块，再细分成几个子块，然后再条分缕析。可是当用户迷惑地看着你辛辛苦苦做出来的分析结果时问你：我想作一个数据备份的任务，怎么做？这时，你会发现，需要先后打开 3 个窗口才能完成这个任务。永远别忘了，分解是必需的，但最终的目的是为了更好地组合，而不是为了分解。

(3) 角度和思维。经常听到这样的抱怨："用户怎么可以提出这样苛刻的要求呢？"细细了解就会发现，用户只不过是要求把一个需要两次点击的功能，改成只有一次点击。但这样会导致改变需求及编码甚至重新测试，增加了工作量。可是，如果换个角度来想，这个功能开发的时候只用了几次、几十次，可是用户每天都要用几百次甚至几千次几万次，改动一下就减少了一半的工作量，对他来说，这样的需求难道是苛刻的吗？永远别忘了：没有任何需求是不对的，不对的只是你的需求分析。试着站在用户的思维角度想想，你的需求分析就会更加贴近用户、更加合理。软件应该是以人为本的。

(4) 程序员逻辑。从程序员成长为系统分析员是一个普遍的轨迹，但并不是一个好的程序员就必然能成为一个好的系统分析员。一些程序员的固化逻辑，使得他们在做需求分析的时候往往钻进了牛角里。比如：1/0 逻辑（或者是说黑白逻辑），认为不是这样就是那样，没有第三种情况。可实际情况往往是，在一定的时候是这样，其他时候又是那样。又如，穷举逻辑，喜欢上来就把所有一二三可能的情况列举出来，然后一个一个分别处理，每个占用 1/3 的时间；可是实际的情况往往是，1/3 的情况占了 99%的比例，其他两种情况一年都不会遇到一次。实际中还有很多这样的例子，这里就不一一列举了。永远别忘了，需求分析和程序设计不尽相同，合理、可行是才是最重要的。跳出程序设计的圈子，站在系统的角度上来看问题，你的结论会截然不同。

2.6 需求规格说明书

高质量的需求规格说明书是后期进行系统设计和开发的基础，也是项目完成后进行审核或验收的重要依据，那么高质量的需求规格说明书应该具备什么样的特征呢？

2.6.1 高质量需求叙述的特性

1. 正确

每个需求必须精确描述要交付的功能。正确性依据于需求的来源，如真实的客户或高级别的系统需求说明书。

只有用户的代表能够决定用户需求的正确性，这就是为什么在检查需求时要征求他们或他们代理意见的关键所在。不包含用户的需求检查就会导致开发人员的“这是没有意义的”“这可能是他们的意思”等众所周知的猜测。

2. 可行性

在已知的能力、有限的系统及其环境中每个需求必须是可实现的。为了避免需求的不可行性，在需求分析阶段应该有一个开发人员参与，这个开发人员应该能检查在技术上什么能做什么不能做，哪些需要额外的付出或者其他的权衡。

3. 必要性

每个需求应载明什么是客户确实需要的、什么要顺应外部的需求以及接口或标准。跟踪每个需求回溯到出处，如用例、系统需求、规章或来自其他用户的意见。如果你不能表示出处，可能需求只能是个镀金的例子，而没有实际意义。

4. 优先权

为了表明在一个详细的产品版本中应包含哪些要点，需要为每个需求、特征或用例分配实现的优先权。

用户及其代理都应用强烈的责任建立优先权。如果所有的需求都被视为同等重要，那么由于在开发中，预算削减、计划超时或组员的离开导致新的需求时，会产生很多不必要的问题。

根据优先权可以将需求划分为必须有、可以有和可以延迟等几个级别。

2.6.2 高质量需求说明书的特征

1. 完整

完整性也是一个需求应具备的,需求中不应该遗漏要求和必需的信息。

在说明书中将需求以分层目录方式组织,将帮助评审人员理解功能性描述的结构,使他们很容易指出遗失的东西。

2. 一致性

一致性需求就是不要与其他的需求或者高级别的系统需求发生冲突。

需求中的不一致必须在开发前得到解决,修改需求时一定要谨慎,如果只审定修改的部分,没有审定与修改相关的部分,就可能导致不一致性。

3. 可修改性

当每个需求的要求修改了或维护其历史更改时,必须能够审定说明书。

每个需求必须相对于其他需求有独立的标示和分开的说明,便于清晰的查阅。良好的组织可以使需求易于修改,如将相关的需求分组、建立目录表和索引以及前后参照。

4. 可追踪

应能将一个需求与其原始材料相对应,如高级需求、用例、用户的提议等。能够将需求与设计元素、源代码,用于构造实现和验证需求的测试相对应。

2.7 需求分析实例

物联网系统有其独特的地方,不同的物联网应用系统有着不同的需求。

第1章以"智能家居"为例介绍了物联网应用系统的构成,而在智能家居系统中,基于智能手机的移动终端控制软件是系统中一个非常重要的组成部分。

本书参考了某专业学位论文①中基于智能手机的移动终端控制软件开发的具体过程,并以此为例介绍需求分析的过程。本书的后面章节将结合该实例描述设计过程的其他阶段。

2.7.1 智能家居系统结构

通过第1章的介绍已经清楚了智能家居系统一般由3个部分构成,即智能家电、智能照明和家庭安防。事实上,这3个部分仅仅是智能家居系统的一个"节点",而一个完整的智能家居系统则是由这些"节点"构成的一个网络系统。

随着我国房地产业的发展,大量的住房都是以小区的形式"聚居"在一起,因此智能家居系统的开发和应用需要结合这一特点。某企业开发的智能家居系统,就是以住宅小区的物业管理人员和业主为服务对象。物业管理人员可以通过该系统管理小区业主信息和物业资费信息、发布小区公告和物业通知等。小区业主可以通过该系统控制家居设备、缴纳水电费、接收安防警报、实时监控家中场景等。

---

① 李涛,基于Android的智能家居APP的设计与实现,苏州大学硕士学位论文,2014.4.

系统主要包括5个组成部分，分别是家庭中控、楼栋门口机、平台服务器、社区服务器以及移动终端，其组成结构如图2.4所示。

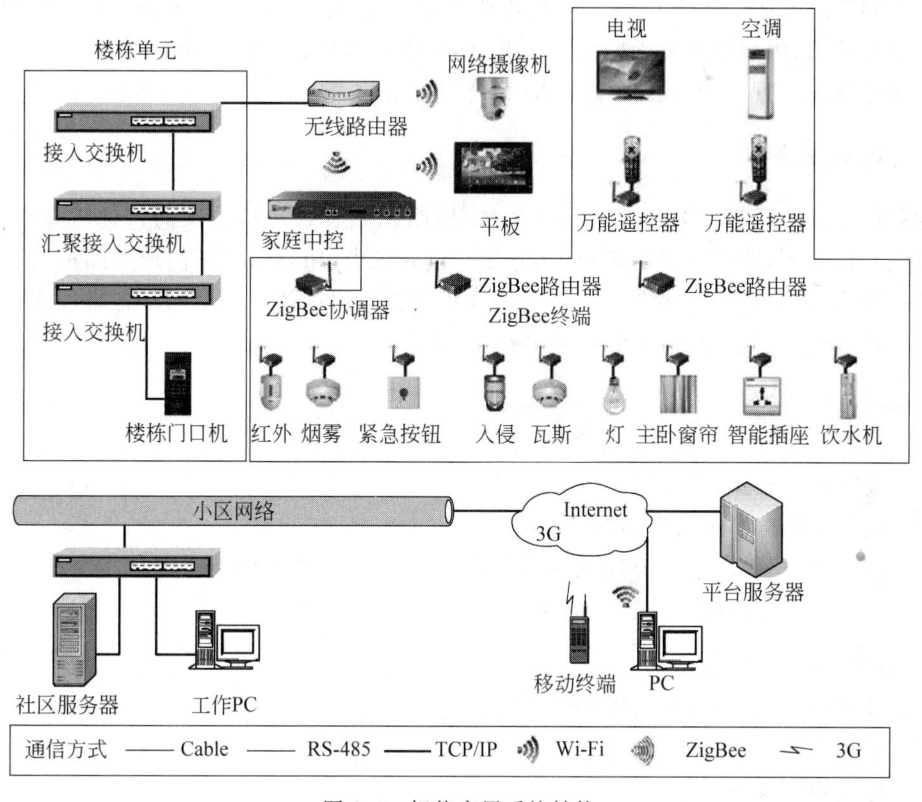

图2.4　智能家居系统结构

这5个部分的主要功能分别如下。

(1) 家庭中控。其主要提供配置管理、设备控制、工作状态指示等功能。此外，还负责推送安防警报，响应设备类型、数量和状态等信息，是家居设备的控制核心。

(2) 楼栋门口机。其主要提供可视对讲、无应答处理、Web配置管理、门锁控制等功能，是楼宇对讲的重要组成部分。

(3) 平台服务器。其主要提供用户管理、消息推送、P2P①(Peer to Peer)通信支持、P2P授权通信等功能，是某企业智能家居系统的中心管理平台。

(4) 社区服务器。其主要提供楼宇对讲、社区保姆、社区购物、社区论坛等功能，是社区便民服务的管理平台。

(5) 移动终端。其主要提供设备控制、信息服务和数据查询等功能，是指基于主流操作系统的智能手机。移动终端扩展了家居设备的操控范围，是智能家居系统不可或缺的组成部分。

这五大组件虽然是独立的个体，分属不同平台，担当不同角色，但是通过互联网、移动互

① 对等网络，即对等计算机网络，是一种在对等者(Peer)之间分配任务和工作负载的分布式应用架构。

联网、物联网相互协作,共同构成了一个完整的智能家居系统。

移动终端作为智能家居系统的重要组成部分,需要开发相应的终端软件,以下称为“智能家居 APP”。开发智能家居 APP 的首要任务就是进行需求分析。需求包括 3 个不同的层次——业务需求、用户需求和功能需求。此外,每个系统还有各种非功能需求。

下面将从 4 个方面介绍智能家居 APP 需求分析的内容。

2.7.2 业务需求

业务需求描述了为什么要开发一个系统,即组织或者客户高层次的目标。业务需求通常来自项目投资人、购买产品的客户、实际用户的管理者、市场营销部门或产品策划部门。

智能家居 APP 的核心服务是随时随地远程操控家居设备。通过对小区业主的调查,可以归纳出移动终端智能家居 APP 的业务需求如下。

1. 核心业务需求

(1) 远程操控业主住宅内的多种设备,如电灯、空调、窗帘等。

(2) 接收并处理安防警报。

(3) 接收并处理小区公告、物业通知。

(4) 管理安防警报、小区公告、物业通知等消息和设备操作记录。

(5) 一键操作情景模式和联动防区。

2. 辅助业务需求

(1) 提供 APP 各项功能和数据信息的快速入口。

(2) 提供 APP 设置和升级功能。

(3) 提供用户管理功能。

智能家居 APP 提供的不同服务,为小区业主带来了以下诸多的便利。

(1) 利用移动互联网的便捷性和灵活性,随时随地远程操控家居设备。

(2) 通过情景模式一键操作,增强了用户体验,提高了工作效率。

(3) 通过安防警报,业主不用担心煤气泄漏、小偷入室等突发情况。

(4) 通过小区公告、物业通知等消息,业主可以及时了解社区新闻资讯。

(5) 基于本 APP 全方位的家居服务,业主可以合理地安排作息时间,增强了家居生活的舒适性和安全性。

2.7.3 用户需求

用户需求是用户的目标,描述了用户要求系统必须完成的任务,也就是说,用户需求描述了用户能使用系统来做些什么。场景描述(又称为需求场景)和事件—响应表、用例模型、用例图等都是表达用户需求的有效途径。

1. 场景描述

场景描述就是通过设计一些具体的应用场景描述用户的需求。下面通过智能家居控制系统的几个典型场景,了解如何通过场景描述阐述用户需求。

1）回家

虽然每组灯光都安装了墙壁手动开关，但整套单元房的灯光控制根本无须手动操作，智能家居控制系统统一协调各房间的灯光效果。当傍晚您回到家时，在出入区的控制面板上输入正确密码撤销安防状态后，客厅、餐厅的主灯及走廊的照明灯自动亮起，并将亮度调为100%，方便刚回家后的您换鞋、更衣。同时启动咖啡壶、热水器，并将空调的温度设定为从16℃提高到22℃（或在夏天时从30℃降到20℃）。使您更衣完毕后，可以在舒适的温度下喝上一杯香喷喷的咖啡，然后冲一个热水澡了。当然，咖啡壶和热水器等家用电器的启动、空调的温度设定也可以在您到家之前进行，或以时间编程自动实现（如在下午五点定时启动），或当您驾车拥堵在路上时通过手机以电话命令方式启动，或当您在办公室时打开IE浏览器从互联网启动。后两种远程控制方式执行的前提是智能家居控制系统验证并接受了您远程输入的密码。

2）晚餐

晚餐的时间到了，只需轻点触摸屏上的晚餐图标，智能家居控制系统将为您关闭客厅的主灯，打开暗光源，并将走廊、卧室和卫生间的灯光调到30%的亮度，以节约能源。同时，所有房间的窗帘、百叶窗都将关闭。而在餐厅里，则关闭暗光源，将主灯调为50%，营造出温馨的进餐环境。

3）娱乐

新闻联播开始了，只需轻点触摸屏上的娱乐图标，智能家居控制系统将带您进入娱乐时光：关闭客厅主灯，将四周的射灯调节为30%的亮度，降下电视幕帘，启动电视节目至中央一套的新闻联播。节目开始了！您还可以将新闻联播的影音信号传送到任何一个安装了扬声器、电视或监视器的房间。或者，当您在看电视时，您的孩子在自己的房间观看喜爱的DVD电影，而您的夫人在主卧里欣赏优美的MP3歌曲。只要将您的房间铺设了综合布线，就可以实现DVD、CD、MP3和录像机等影音设备集中安放，而信号却可以传送到所有的房间。

4）休息

夜深了，您已经上床就寝了，只需轻点床头触摸屏的“休息”图标，就可以关闭所有的灯光，安然入睡了。此时，您的智能家居系统开始了夜间的工作模式。伴随着灯光的全部关闭，智能家居控制系统将您的家中设为夜间安防状态：所有的门窗传感器、幕帘传感器都已进入工作状态，餐厅、客厅的红外移动探测器也进入安防状态。这时，除卧室和卫生间，其他区域一旦有人活动，或门窗被打开，都将启动智能家居的报警系统：开启所有的灯光起到威慑作用、闪烁大门外面的照明灯光以提示保安人员、物业中心接到报警信号并打入证实电话、拨打预置的电话号码报警。夜里，您可能感到口渴想到厨房取杯饮料，只需轻点触摸屏的“忽略”图标，就可以撤销厨房的安防设置。当您重新回到卧室后，再单击“恢复”图标，厨房又进入安防状态了。

5）起床

清晨，伴随电子闹钟的悠扬乐曲，您应该起床了。抬手在床头的触屏上轻点“清晨”图标，关掉电子闹钟，打开电视至早间新闻，在洗漱、进餐的同时了解天气和路况信息。当您轻点“清晨”图标时，您也同时通知智能家居系统，启动咖啡壶、电饭煲等厨房电器，为您准备早餐。如果是在冬季，当您轻点“清晨”图标时，智能家居系统还启动了车库的加热设备，为您出行用车做好准备。

6）上班

现在，您就要离家上班了。无须到处查看，只需在出入区的控制面板上点击“上班”快捷键，再输入您的密码，就可以放心上班去了。智能家居系统在设防的同时将会根据预先设定，关闭所有的灯光和相应的电器电源，并将空调设为节能模式。

7）度假

当您外出度假时，智能家居系统会担负起照顾居室的重任：监控家中所有的安防传感器，在异常状态时发出报警；管理家中空调的室内外机，控制相应的出风口，在冬季保护水管道以防冻裂；根据日光和降水状态控制绿地的浇灌时间；在有火情发生时切断煤气管道阀门；在自来水管道漏水时或温度降至0℃以下时关闭阀门；当有传感器被触发时启动相应位置的摄像头记录下当时的情景；智能家居系统还将在夜间按您的作息时间表进行灯光的开、关，模拟有人在家的效果，防止夜贼的光顾。

通过这些具体场景的描述，为下一步确定功能需求奠定了基础。

2. 用例建模

用例建模描述系统外部参与者所理解的系统功能，是用户需求的最佳实践，也可以用作软件测试阶段的参考标准。

用例模型包括用例图和用例描述。用例描述一般使用用例规约说明，针对关键用例还要建立动态模型——活动图，来表示其业务流程。活动图是UML[①]（Unified Modeling Language，统一建模语言）对系统动态行为建模的常用工具，它描述活动的顺序，展现从一个活动到另一个活动的控制流，是静态模型——用例图强有力的补充。

绘制用例图只是完成了用例建模最基本、最简单的一步，用例建模的核心在于编写用例文档，用例文档又称为用例规约或用例描述。顾名思义，用例文档是用于描述用例的文档，每一个用例对应于一个用例文档，在用例文档中需要用文字的方式描述用例的执行过程，即执行者与系统的交互过程。

用例文档需要通俗易懂，不仅项目的开发人员能够理解，用户以及客户也能够看懂用例文档。一个完整的用例文档包括用例编号、用例名、执行者、前置条件、后置条件、基本路径、扩展路径、字段列表、业务规则、非功能需求和设计约束等组成部分。

智能家居APP的主要用户是住宅小区业主和物业管理人员。这里围绕小区业主和物业管理人员，通过用例来描述系统需求。

下面先针对用户需求建立用例图模型，然后通过用例规约和活动图详细描述用例模型中的关键用例。

针对智能家居APP的用户需求，设计用例图模型时，要通过和小区业主以及物业管理人员的充分交流，进行广泛调研，同时还应参考市场上同类产品的相关功能。设计的用例图模型如图2.5所示。

图2.5中几个主要的用例说明如下。

---

① 参见4.2.2小节的详细介绍。

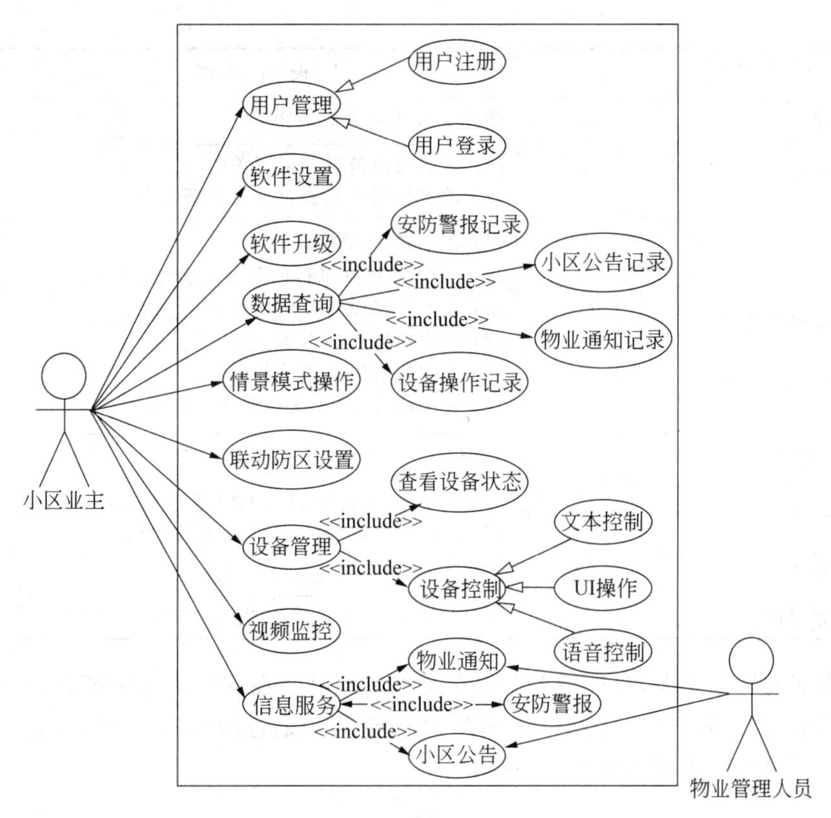

图 2.5　智能家居 APP 用例

(1) 用户管理用例，主要指用户设置、用户注册与登录等和用户相关的信息处理。

(2) 软件设置用例，主要指智能家居 APP 中各种参数的设置。

(3) 软件升级用例，主要指智能家居 APP 可以自动或者手动升级到最新版本。

(4) 设备管理用例，查看家中各类设备的开关状态，并能远程操控这些家居设备。

(5) 视频监控用例，主要指通过网络摄像头实时监控家中场景。

下面以设备管理用例、信息服务用例和数据查询用例为例进行详细介绍。

1) 设备管理

设备管理用例是智能家居 APP 用例模型中的核心部分。通过设备管理功能，小区业主可以随时随地查看家中各类设备的开关状态，并能远程操控这些家居设备，充分享受智能化、信息化带来的便利。同时设备管理是情景模式和联动安防区域功能的基础。

设备管理用例的用例规约如表 2.1 所示。

表 2.1　设备管理用例的用例规约

用 例 名 称	设 备 管 理
用例描述	小区业主远程操控家居设备
参与者	小区业主
状态	通过审查

续表

用 例 名 称	设 备 管 理
前置条件	业主登录智能家居 APP
后置条件	(1) 家居设备被打开或者关闭 (2) 设备控制界面显示设备最新状态
基本操作流程	(1) 业主登录 APP (2) APP 连接到平台服务器或者家庭中控 (3) 业主选择设备控制功能项 (4) 业主选择具体设备类型 (5) 业主查看设备当前状态 (6) 业主通过 UI 开关或者语音控制设备
备用操作流程	APP 无法识别业主语音,重新执行
异常流	(1) 业主不是合法用户,APP 拒绝登录,用例结束 (2) 设备控制失败,提示业主检查网络
涉及的实体	小区业主账号、家居设备、日志
补充说明	所有设备操作记录,都应当保存到数据库中

智能家居发展到今天,在市场上有很多类似的产品。在这些产品中都会包含设备控制这一核心功能,但不同产品的实现方式有很大不同,可以通过活动图展示对应的实现方式。

设备管理对应的活动图如图 2.6 所示。

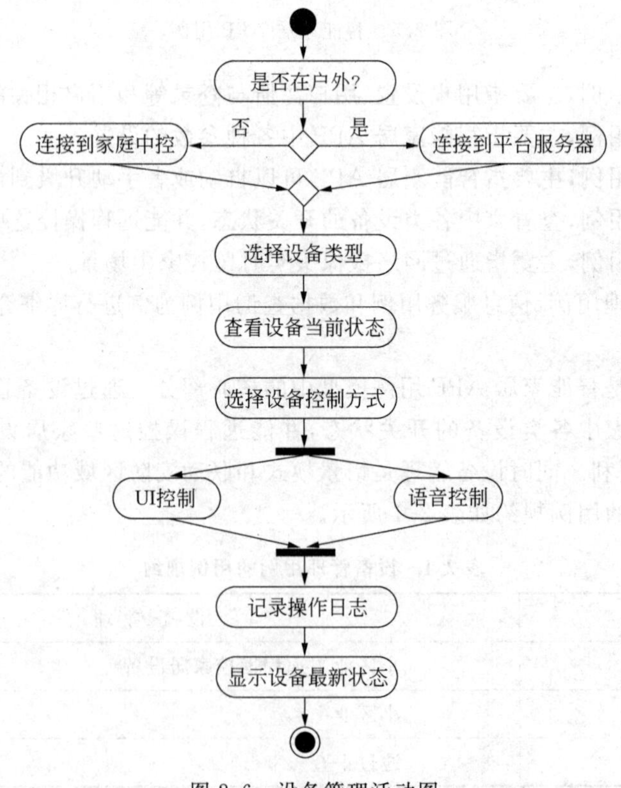

图 2.6 设备管理活动图

2）信息服务用例

信息服务用例是智能家居 APP 用例模型的重要组成部分。通过信息服务功能，小区业主可以获取小区公告，了解社区新闻资讯，丰富业余生活；可以获取物业通知，及时获悉水电费等信息，防止出现断水断电等情况；可以获取安防警报，及时处理突发情况，增强家居生活的安全性。

信息服务用例的用例规约如表 2.2 所示。

表 2.2　信息服务用例的用例规约

用 例 名 称	信 息 服 务
用例描述	小区业主管理各类信息记录
参与者	小区业主
状态	通过审查
前置条件	业主登录智能家居 APP
后置条件	业主可以重新设置是否接收推送消息
基本操作流程	（1）业主登录 APP （2）业主设置接收推送消息 （3）业主被动接收安防警报、小区公告和物业通知 （4）业主管理信息服务记录
备用操作流程	（1）业主不需要推送服务，则无法接收信息服务 （2）业主及时处理安防警报
异常流	APP 无法正常接收推送消息，提示业主检查网络
涉及的实体	小区业主账号、安防警报、小区公告、物业通知
补充说明	所有设备操作记录，都应当保存到数据库中

信息服务活动图如图 2.7 所示。

3）数据查询

数据查询用例是智能家居 APP 用例模型的辅助功能部分。数据查询是智能家居 APP 的入口，可以帮助用户快速获得需要的信息。通过该功能，小区业主可以搜索功能项。例如，输入“设备管理”，就会显示出设备管理的功能项，业主点击后就会进入设备管理界面。小区业主可以搜索具体的设备名称或者设备类型。例如，输入“灯”或者“灯 1”，就会显示设备列表，业主可以直接操作设备，也可以查看设备操作记录。小区业主可以搜索小区公告、物业通知和安防警报。例如，输入“公告”，就会显示小区公告列表，业主点击后可以查看公告详情。小区业主可以直接操控家居设备，如输入“开灯 1”就会直接打开灯 1。

数据查询用例的用例规约如表 2.3 所示。

作为智能家居 APP 的入口程序，数据查询功能应该能够搜索 APP 的大部分数据，并且提供对应的管理功能，从而方便小区业主进行多种操作，有效提升用户体验。

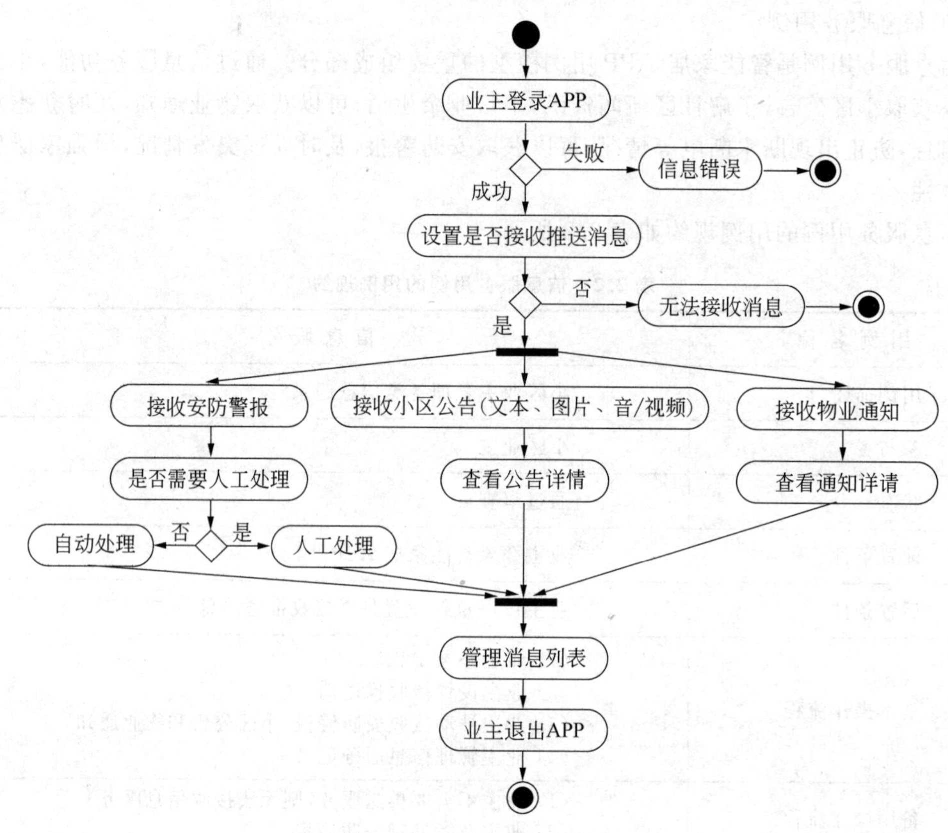

图 2.7　信息服务活动图

表 2.3　数据查询用例规约

用例名称	数据查询
用例描述	智能家居 APP 的入口
参与者	小区业主
状态	通过审查
前置条件	业主登录智能家居 APP
后置条件	提示设备操作成功或者显示查询结果列表
基本操作流程	(1) 业主登录 APP (2) 业主输入关键字 (3) APP 分析关键字 (4) APP 查询功能项、家居设备、信息服务记录等
备用操作流程	(1) 关键字是设备控制命令,则通过命令控制家居设备 (2) 数据查询无结果,重新执行
异常流	数据查询失败,提示业主检查网络
涉及的实体	小区业主账号、功能项、信息服务记录、设备操作记录
补充说明	无

数据查询活动图如图 2.8 所示。

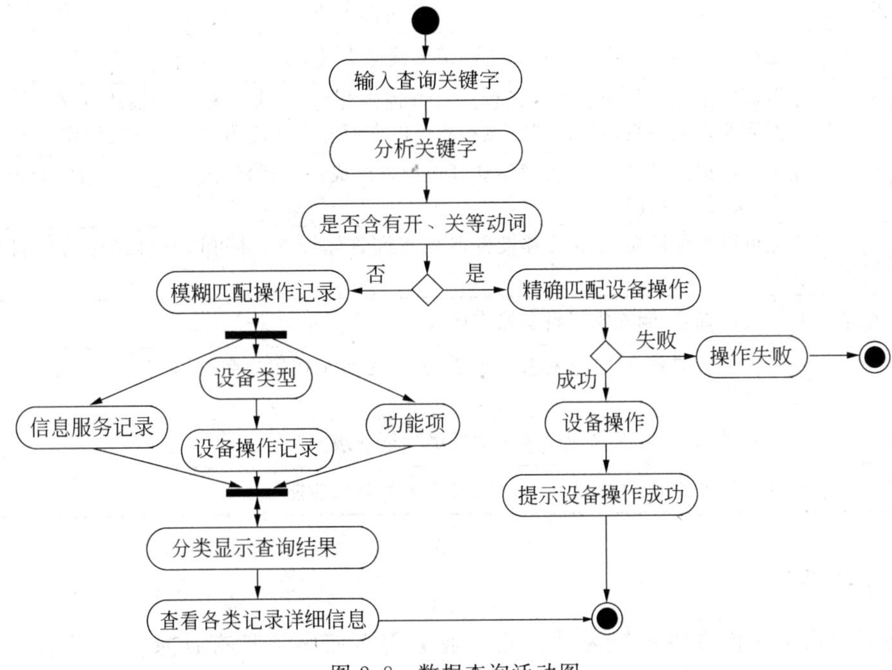

图 2.8 数据查询活动图

2.7.4 功能需求

功能需求表示开发人员必须在软件产品中实现的功能，用户可以利用这些功能完成各自的任务，从而满足业务需求。

根据 2.7.3 小节对智能家居 APP 的用例建模，对主要用例的描述以及对关键用例的活动图分析，可以把智能家居 APP 分为信息服务、设备管理、数据查询和软件设置四大模块，详细的功能模块划分将在设计阶段介绍，这里仅仅描述这些模块的基础功能项(见表 2.4)。

表 2.4 智能家居 APP 基础功能

功 能 项	功 能 描 述
接收安防警报	当住宅发生突发情况时，家庭中控会控制 ZigBee 终端及时处理，并把消息推送给小区业主
管理安防警报	业主可以查询、删除安防警报记录
接收小区公告	业主可以接收小区管理人员发送的公告信息
管理小区公告	业主可以查询、查看、删除小区公告
接收物业通知	业主可以接收物业管理人员发送的水电费账单信息
管理物业通知	业主可以查询、查看、删除物业通知
查看设备状态	业主可以实时查阅家居设备的开关状态
远程操控设备	业主可以通过 UI 按钮、文本命令或语音控制家居设备

续表

功能项	功能描述
视频监控	业主可以通过智能手机选择家中的某个摄像头,进行实时监控
情景模式	业主可以把相关的家居设备设置成一个逻辑分组,并进行相应的操作配置。业主可以根据需要设置多组情景模式。该功能可以方便业主在使用时进行一键操作
联动防区	业主可以把网络摄像头、传感器和其他设备组成一个逻辑分组,同一分组内的设备相互协作,实现安全管理
查询控制设备	业主可以根据设备类型或者设备名称查询具体设备,并可以直接操作结果列表中的设备
管理操作记录	业主可以查看、删除家居设备操作记录
软件设置	软件设置负责对 APP 各种参数的管理,如是否记住用户名、是否自动登录、是否接收推送消息等
软件升级	智能家居 APP 可以自动或者手动升级到最新版本
用户管理	通过平台服务器,小区业主可以完成注册和登录功能

2.7.5 非功能需求

非功能性需求是指应用系统为满足用户业务需求而必须具有且除功能需求以外的特性。它一般和系统的状态有关而与系统需要提供的功能无关,是功能性需求的有力补充。

非功能性需求包括系统的性能、系统安全、可靠性、界面友好性、可适应性和可复用性等。

下面介绍本软件的非功能性需求。

1. 性能需求

通俗地讲,性能就是系统的计算和响应速度。用户对性能的要求没有止境,但现实却是残酷的。性能受到许多因素的影响,包括业务需求、系统架构、编程语言、数据库设计和算法设计等。因此,在设计实现智能家居 APP 时,应当尽可能地识别并解决这些性能问题,以满足用户的苛刻要求。

2. 系统安全需求

系统的安全性可以从以下 3 个方面来考虑。首先是运行平台的安全性,包括智能家居 APP 所依赖的软硬件环境的安全性、开发平台的安全性、第三方组件的安全性等。其次是应用系统本身的安全性,对 APP 所涉及的功能都是和单一用户绑定的,因此 APP 必须多次验证用户的合法性,防止黑客的恶意攻击。最后是用户数据的安全性,包括小区业主账号的安全和信息服务数据的保密。

3. 可靠性需求

可靠性是对软件的基本要求。如果智能家居 APP 经常无法响应,或毫无理由的崩溃,则不可能满足业主的需要。因此,可靠性是设计系统时必须要着重考虑的问题。

4. UI 界面友好性需求

UI 界面应当布局合理,美观大方,易操作,用户体验性良好。

5. 可适应性需求

由于采用 Android 操作系统的手机种类繁多,且尺寸和分辨率大不相同,因此智能家居 APP 必须考虑多机型的适配问题,尽可能适用于更多的智能手机。

6. 可复用性需求

除了上述非功能性需求外,在开发过程中,为了方便和简化其他 APP 的开发,还应当在开发智能家居 APP 的过程中,对一些基础功能模块进行封装,提炼出可复用的中间件,为其他 APP 的开发提供基础。

2.8 小结

好的需求分析对系统开发是至关重要的。通过本章的学习,可以了解需求分析任务、需求分析的过程、需求分析的内容和方法以及如何完成一份高规格的需求分析文档。

第3章　物联网系统概要设计

完成物联网应用系统的需求分析报告后，进入了系统设计阶段。简单地说，系统设计就是将需求分析报告中所描述的功能转化为可执行的解决方案，并把解决方案反映到设计文档里。

因此，物联网系统设计阶段分以下几个步骤的工作。

(1) 概要设计。根据数据流图，确定系统各主要组成部分之间的关系。

(2) 详细设计。根据控制规格说明、状态转换图和加工规格说明，将体系结构的组成部分，转换成为组成部分的过程性描述。

(3) 接口设计。根据数据流图，定义软件和硬件内部各组成部分之间、软件与其他协同系统之间及软件与用户之间的交互方式。

(4) 数据库设计。将数据对象描述中的数据、实体联系图中描述的数据对象和关系以及数据字典中描述的详细数据内容，变换成为实现软件需要的数据结构。

本章的主要知识点包括概要设计基本内容、接口设计和数据库设计，介绍物联网系统的总体设计以及结合实例详细描述智能家居的系统功能模块设计和软件模块结构设计。

3.1　概要设计概述

3.1.1　基本概念

概要设计又称为系统总体设计，是系统设计者根据需求分析文档形成该应用系统的整体框架的过程，结果常常以数据定义、数据结构和各个模块的功能描述、数据接口及模块之间的调用关系等形式进行呈现。这是一个在用户需求和系统设计之间架起的桥梁，是将用户目标和需求转换成为具体设计的重要阶段。

这个阶段的主要目的不是各功能模块的详细实现，设计时会大致考虑并照顾模块的内部实现，但不过多纠缠于此。主要集中于划分模块、分配任务、定义模块间的调用关系。模块间的接口与参数传递在这个阶段要定义得十分细致、明确，应编写严谨的数据字典，避免后续设计产生不解或误解。

通常概要设计不是一次就能做到位，需反复进行结构调整。典型的调整是合并功能重复的模块，或者进一步分解出可以复用的模块。在此阶段，应最大限度地提取可以重用的模块，建立合理的结构体系，节省后续环节的工作量。

显然，概要设计建立的是目标系统的逻辑模型，其任务的关键是把数据流图转化为结构图，因此，概要设计文档是将系统总体设计中形成的有关系统构架、软件结构和数据结构等信息写入其中，最重要的部分是分层数据流图、结构图、数据字典以及相应的文字说明等。此后以概要设计文档为依据，各个模块的详细设计就可以并行展开。

3.1.2 设计任务

概要设计的主要任务是根据需求分析确定系统的整体架构，设计其中的硬件结构、软件结构和数据结构。设计硬件结构的具体任务是确定系统相关功能所需要的硬件环境以及这些硬件之间的相互关系。设计软件结构的具体任务是将一个复杂系统按功能进行模块划分，建立模块的层次结构及调用关系，确定模块间的接口及人机界面等。数据结构设计包括数据特征的描述、确定数据的结构特性以及数据库的设计。具体如下。

(1) 应把各功能需求转变为一种体系结构，该体系结构描述其顶层结构并标示各个功能模块。应确保包含所有的功能模块，并得到进一步细化以便于详细设计。

(2) 应编制关于功能模块的外部接口，以及各功能模块之间接口的顶层设计，并形成文档。

(3) 应编制数据库的顶层设计，并形成文档。

(4) 应编制用户文档的最初版本，并形成文档。

(5) 应确定系统集成的初步测试需求和进度安排，并形成文档。

(6) 应根据评价准则评价各功能模块的体系结构、接口和数据库设计，评价结果应形成文档。

3.1.3 设计原则

概要设计总体原则和方法是由粗到细的、互相结合的原则，定性分析和定量分析相结合的方法、分解和协调的方法以及模型化方法，同时考虑应用系统的一般性、关联性、整体性和层次性。

1. 抽象

抽象就是抽出事物的本质特征，并将注意力集中到这里，暂时忽略细节，也就是说，从简单的框架开始，隐含物联网应用系统中的细节。常用的抽象方法有 3 种。

(1) 过程抽象。它是对软件要执行的动作进行抽象。设计过程的每一步(或阶段)，都是对解决方法中某个抽象层次的一次细化。

(2) 数据抽象。它是通过选择特定的数据类型及其相关功能特性的办法，仅仅保持抽取数据的本质特性所得到的结果，从而使其与细节部分的表现方式分开或把它们隐藏起来。

(3) 控制抽象。与过程抽象和数据抽象一样，可以包含一个程序控制机制而无须规定内部细节。

2. 逐步求精

这是一种自顶向下的设计策略，利用人类的认知过程规则，将系统体系结构按照自顶向下的方式，对各个层次的过程细节和数据细节逐步求精，直到能够用程序设计语言的语句实现为止，最终确立整个系统的体系结构。求精是一个细化过程，从高级抽象级别定义的功能描述开始，仅仅是概念性陈述，并没有提供内部工作情况与结构。求精只是设计者细化原始描述，随着后续的求精工作的完成会提供越来越多的细节。

3. 模块化

模块是构成应用程序的基本构件，模块化将整个程序划分成为具有独立命名、独立访问的部分。模块性就是指系统由这些若干独立、离散部分组成的离散程度,即模块化的程度。表明改变一个组成部分时对另外组成部分有多大影响。模块划分应从该模块的设计编程和调用成本两个方面考虑,如果模块庞大,涉及的逻辑结构和数据结构较多,设计编程时较为困难;若模块细小,则模块之间的调用关系复杂。图 3.1 是调用成本与模块化的关系。

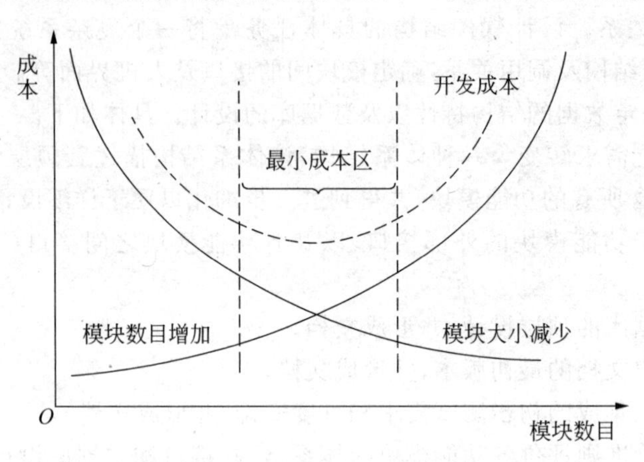

图 3.1 调用成本与模块化的关系

4. 信息隐蔽

信息隐蔽是指每个模块的实现细节对于其他模块来说是隐蔽的。这意味着有效地模块化可通过定义一组独立的模块来实现,这些模块之间只需要交换完成系统功能所必需的信息,因此,模块独立性是概要设计中直接的结果。

模块独立性是指系统中每个模块具有单一的功能,并与其他模块没有太多联系,它通常由内聚度和耦合度两个准则来度量。

内聚度是指单个程序模块所执行的诸多任务在功能上互相关联的程度,它从低到高可分 7 种,如图 3.2 所示。

(1) 偶然内聚度:一个模块执行几个在逻辑上几乎没有关系的任务。

(2) 逻辑内聚度:一个模块执行几个在逻辑上互相关联的任务。

(3) 时间内聚度:一个模块要完成几个任务,这些任务要在同一时间段内完成。

(4) 过程内聚度:各工作单元间有一定关系,且必须按规定次序执行。

(5) 信息内聚度:所有工作单元都集中于一个数据结构的同一单元内。

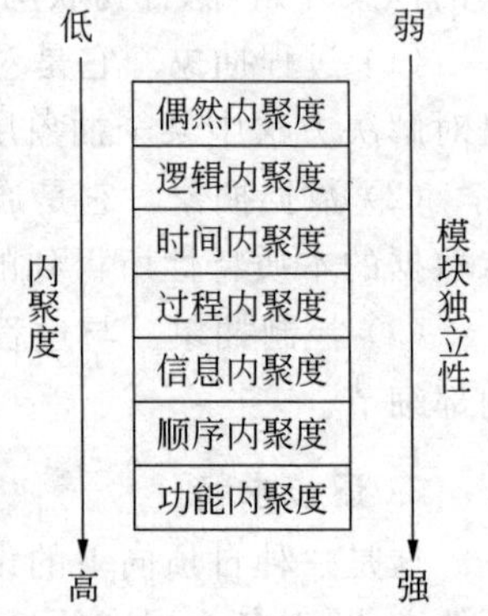

图 3.2 模块的内聚度

(6) 顺序内聚度:如果一个模块有若干个工作单元,它们都与同一功能紧密联系,又必须顺序执行。

(7) 功能内聚度:一个模块执行一个单一的、独立的功能。

耦合度是指计算机程序中模块之间相互依赖的程度,其从低到高也有 7 种,如图 3.3

所示。

(1) 非直接耦合度：模块间没有直接关系，它们之间的联系完全通过主模块的控制盒调用来实现。

(2) 数据耦合度：模块间仅用参数调用。

(3) 标记耦合度：模块接口传递数据结构的某一部分。

(4) 控制耦合度：模块间传递控制信息。

(5) 外部耦合度：模块通过外部环境相联系。

(6) 公共耦合度：多个模块引用同一个全局数据。

(7) 内容耦合度：一个模块要使用另一个模块内的数据或控制信息。

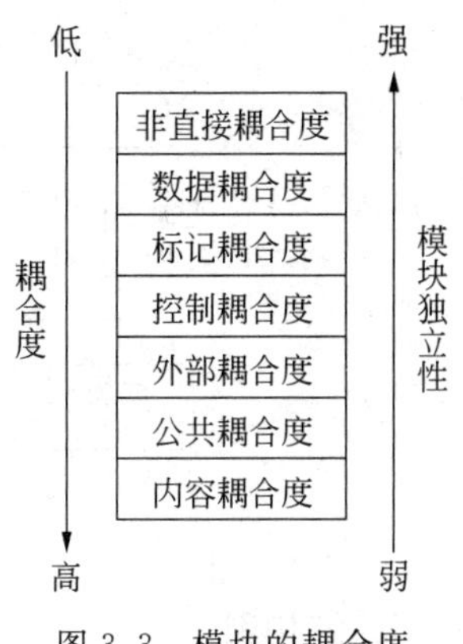

图 3.3 模块的耦合度

在物联网应用系统的概要设计中，要避免偶然内聚度、逻辑内聚度和时间内聚度，多使用功能内聚度或顺序内聚度，倘若能在一个模块中完成一个功能，那么模块独立性就达到了较高的标准。

3.1.4 图形工具

概要设计通常采用层次图、HIPO 图和结构图等图形工具描绘应用系统的组成结构。

1. 层次图

层次图是用来描绘应用系统的层次结构。在层次图中，一个矩形框代表一个模块，矩形框间的连线表示调用关系，其中位于上方的矩形框代表的模块调用位于下方的矩形框代表的模块，最顶层的矩形框代表该系统的主控模块，如图 3.4 所示。

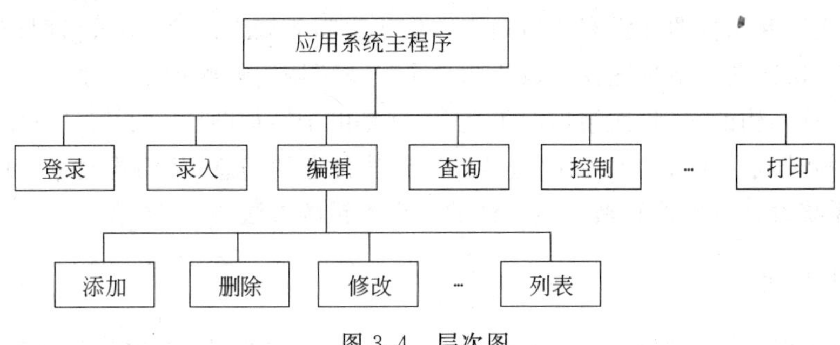

图 3.4 层次图

2. HIPO

HIPO(Hierarchy Input Process Output)图是 IBM 公司发明的“层次图＋输入/处理/输出图”的缩写，为了使层次图具有可追踪性，以模块分解的层次性以及模块内部输入、处理、输出三大基本部分为基础而建立。它既有描述模块层次结构的 H 图(层次图)，又有每个模块输入输出数据、处理功能及模块调用的详细情况的 IPO 图。

在 H 图中除顶层的矩形框之外，在每个矩形框都加入了编号，如图 3.5 所示。H 图只说明了应用系统的组成模块及其控制层次结构，并未说明模块间的信息传递及模块内部的处理。因此，对一些重要模块还必须根据数据流图、数据字典及 H 图绘制具体的 IPO 图。IPO 图在第 4 章详细介绍。

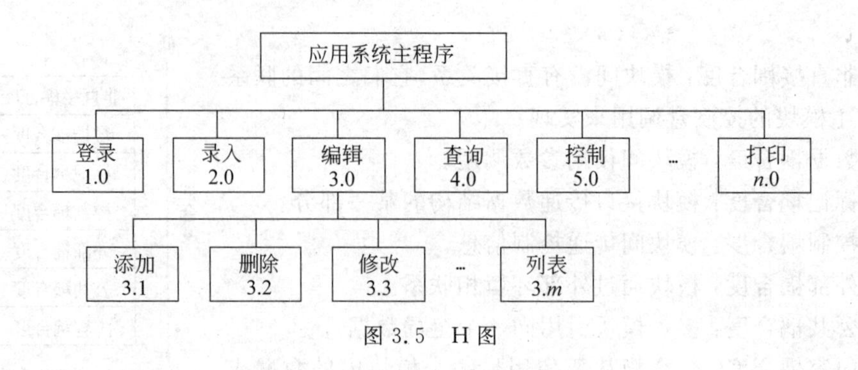

图 3.5　H 图

3. 结构图

结构图与层次图相似，也是描述应用系统设计的有力图形工具，图中一个矩形框代表一个模块，框内注明模块的名称或主要功能，矩形框之间的箭头(或者直线)表示模块的调用关系，参照惯例图中上方的矩形框调用下方的矩形框，如图 3.6 所示。

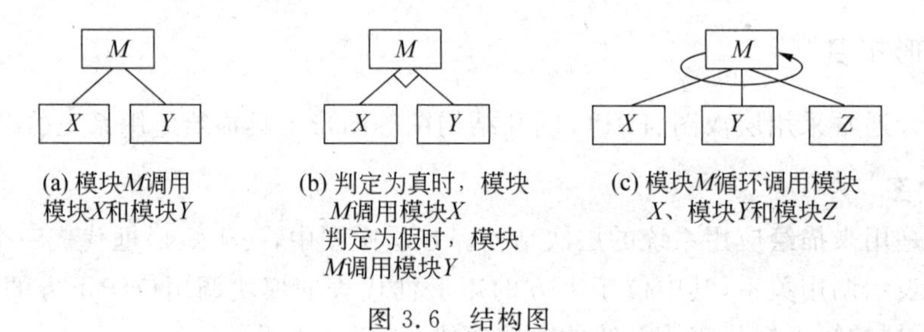

图 3.6　结构图

其实，层次图和结构图并没有严格地表示模块之间的调用次序，也未指明何时调用下层模块。事实上，层次图和结构图仅仅只说明一个模块可调用哪些模块关系。因此，通常层次图作为描述软件结构的文档，而结构图不适合，这是由于结构图包含了信息量太多反而降低了清晰程度；倘若利用 HIPO 图中信息推导出模块传递的信息，从而构建系统的结构图，此可作为检查系统设计正确性和模块独立性的一个不错的方法。

3.1.5　设计方法

概要设计通常采用结构化设计(Structure Design，SD)方法，也称为面向数据流的设计方法，由美国 IBM 公司 L. Constantine 和 E. Yourdon 等人于 1974 年提出，与结构化分析相衔接，依据一定的映射规则，将需求分析阶段得到的数据描述、从系统的输入到输出所经历的一系列变化或处理的数据流图转化为目标系统的结构描述，构成了完整的结构化分析与设计技术。

1. 设计过程

在数据流图中，数据流分为变换型和事务型两种数据流。

1）变换型数据流

根据基本系统模型，信息通常以“外部世界”的形式进入软件系统，经过加工处理后再以“外部世界”的形式离开系统。如图 3.7 所示，信息沿输入通路进入系统，同时由外部形式变换成内部形式，进入系统的信息通过变换中心，经加工处理再沿输出通路变换成外部形式离开软件系统，当数据流图具有这些特征时，这种信息流就叫做变换型数据流。

2）事务型数据流

事务是指非数据变换的处理，它将输入的数据流分散成许多数据流，形成若干个加工，然后选择其中一个路径来执行。这种数据流则是"以事务为中心"，也就是说，数据沿输入通路到达一个处理，这个处理根据输入数据的类型，在若干个动作序列中选出一个来执行。这类数据流应该划为一类特殊的数据流，称为事务型数据流（见图 3.8）。

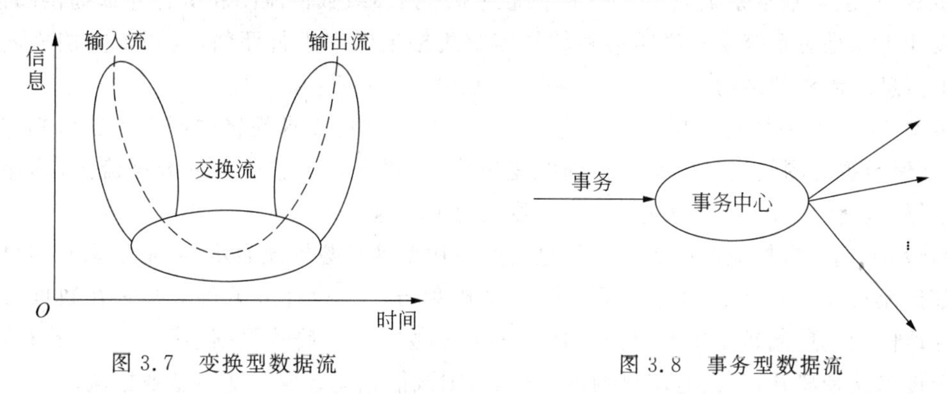

图 3.7　变换型数据流　　图 3.8　事务型数据流

通常，在一个大型应用系统中，可能同时存在变换型和事务型的混合型数据流。面向数据流的设计过程如图 3.9 所示。

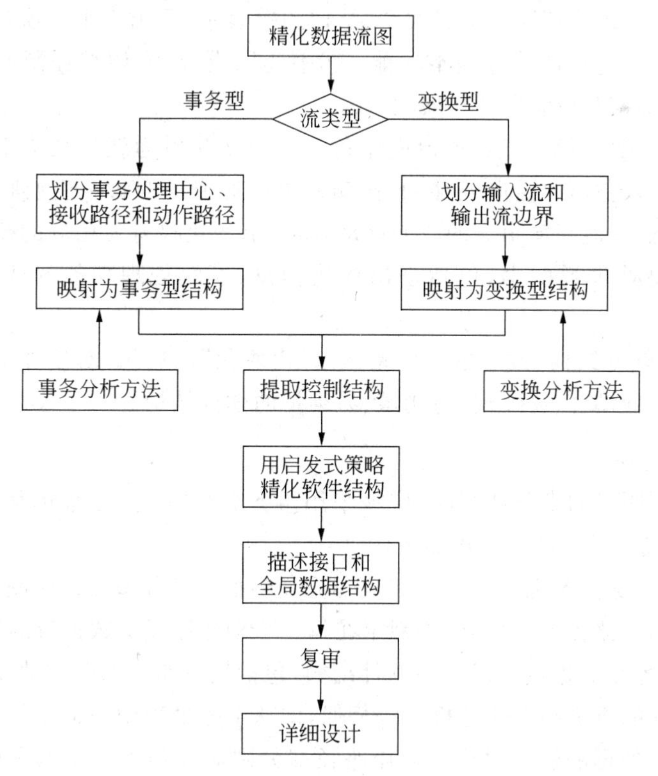

图 3.9　面向数据流的设计过程

2. 变换分析方法

变换分析方法的基本思想描述如下。

(1) 通过一系列的设计步骤,将变换型的数据流图映射为软件结构。

(2) 输入:需求规格说明(数据流图、数据字典和小说明)。

(3) 输出:软件总体结构。

变换分析方法分为以下 7 个步骤。

步骤 1:复审基本系统模型。基本系统模型是指顶级数据流图和所有外部提供的信息,这一设计步骤是对系统规格说明书和软件需求规格说明书进行评估,这两个文档描述软件界面上信息的流程和结构。

步骤 2:复审和精化数据流图。这一步主要是对软件需求规格说明书中分析模型进行精化,确保数据流图给出目标系统正确的逻辑模型,以获得足够详细的数据流图,确保数据流图中每个转换代表一个规模适中、相对独立的子功能。

步骤 3:确定数据流图的类型。信息流都可用变换型数据流表示,但是如果有明显的事务型数据流特征,则还应采用事务型数据流的映射方法。设计人员负责判定在数据流图中占主导地位的信息流是变换型数据流还是事务型数据流。倘若数据沿一个传入路径进来,沿多个传出路径离开,且没有明显的事务中心,则该信息流就属于变换型数据流。

步骤 4:划分输入流和输出流边界。划分输入流部分和输出流部分,孤立变换中心。

步骤 5:执行一级分解。在确保完成系统功能,保持低耦合度、高内聚度的前提下,尽可能减少模块数目。一级分解通常用层次图、结构图等表示,导出 3 个层次的软件结构:①底层模块,用于输入、输出和计算等基本功能;②中间层模块,协调与控制底层模块的工作;③高层模块,用于协调和控制所有从属模块。

步骤 6:执行二级分解。把数据流图中每一个变换映射为软件结构中的模块。从变换中心边界开始沿输入输出通道向外移动,把输入输出通道中的每个变换映射为软件结构中的一个模块;沿着输入流到输出流的方向移动,将每个变化映射为相应的模块。必要时为每一个模块书写简要处理说明书,包括进出模块信息、模块处理功能描述和有关限制和约束等。

步骤 7:精化软件结构,改良软件质量。以"模块化"的思想,对软件结构中模块进行拆合,以追求高内聚、低耦合、易实现、易测试、易维护的软件结构。

3. 事务分析方法

当数据流具有明显的事务特征时,应该采用事务分析方法,其也分为 7 个步骤,其中前 3 步与变换分析方法相同,其余 4 步如下。

步骤 4:识别事务型数据流的各个组成部分。将整个事务型数据流图划分为接收路径、事务处理中心和动作路径 3 个部分,并判定在每一个动作路径上数据流的特征。

步骤 5:把事务型数据流图映射为软件结构,包括接收路径部分和动作路径部分。映射接收路径分支结构的方法和变化分析方法相似,即从事务处理中心的边界开始,把沿着接收路径部分的通路和处理映射成模块。动作路径部分则通过加入一个调用模块,控制下层的所有活动模块,然后把数据流图中每个活动流通路映射成与它的特征相对应的结构。

步骤 6：分解精化事务结构以及每个动作路径。

步骤 7：精化初步软件结构。

4. 启发式设计策略

启发式设计策略能给设计人员有益的启示，帮助设计人员找到改进软件设计、提高软件质量的途径。常用的启发式策略有以下几种。

(1) 改造软件结构，提高内聚度，降低耦合度。

如果在几个模块中发现共有的子功能，一般应将子功能独立出来作为一个模块，以提高模块的内聚度。同时为了减少控制信息的传递，以及对全局数据的引用，降低接口的复杂度，将模块合并，降低模块之间的耦合度。模块的规模以保持模块独立性为原则，一般而言，模块规模在一页左右为宜。

(2) 减少扇出，追求高扇入。

经验表明，设计良好的软件结构通常顶层扇出较高，中间层扇出较低，底层有高扇入到公共模块中去。

(3) 使任意模块的作用域在其控制域内。

作用域是指受模块内部判定影响的所有模块，控制域是指其所有的下属模块，使任意模块的作用域在其控制域内。

(4) 降低模块的接口复杂度和冗余度，提高协调性。

模块接口复杂度是软件发生错误的一个重要原因之一，模块接口应尽可能简单并与模块功能相一致。接口复杂或不一致是高耦合或者低内聚的表征，应重新分析模块的独立性。

(5) 模块功能可预测，避免对模块施加过多限制。

模块功能可预测是指输入恒定，则输出恒定，依据输入数据预测输出结果。另外，如果设计时对模块的局部结构、控制流程以及外部接口等因素限制过多，那么去掉这些限制后会增加维护开销。

(6) 追求单入口、单出口的模块。

当从顶部进入模块并且从底部退出时，软件比较容易理解，也比较容易维护，在设计时不要使模块之间出现内容耦合。

(7) 为满足设计和可移植性要求，把某些软件用包封装起来。

软件设计常常附带一些特殊限制，如要求程序采用覆盖技术。此外，根据模块重要程度、被访问的频率及两次引用的间隔等因素对模块分组。程序中那些供选择或单调的模块应单独存在，以便被高效率地加载。

3.2　接口设计

接口设计是概要设计和数据库设计的补充，从总体说明外部接口和内部接口。外部用户、软/硬件环境与软件系统的接口称为外部接口；已划分出的模块间接口称为内部接口。在需求分析中已明确了开发系统与其他外围系统的接口，这里应将这个接口与划分出的具体模块相联系，对接口命名、顺序、数据类型和传递形式等做出具体规定，也就是将这些接口分配到具体的模块中。接口设计体现在《接口设计说明》中。

在《接口设计说明》中，对所标识的每一个接口，应陈述赋予该接口的项目唯一标识符，应使用名称、编号、版本和文档引用等标识接口实体(系统、配置项、用户等)。标识应说明哪些实体具有固定的接口特性，哪些实体正在被开发或者修改。适当时可使用一个或多个接口图来描述这些接口。

通过项目唯一标识符标识接口，简要地标识接口实体，并且根据需要描述接口实体单方或双方的接口特性。若给定接口实体在本文档中没有提到，但其接口特性需要在本文档描述的接口实体中提到，则这些特性应以假设的形式描述。《接口设计说明》应包含以下内容。

(1) 接口实体分配给接口的优先级别。

(2) 要实现的接口类型，如实时数据传送、数据的存储和检索等。

(3) 接口实体必须提供存储、发送、访问、接收的单个数据元素的特性。例如，名称、标识符、数据类型大小和格式，计量单位，范围或可能值的枚举，准确度和精度，优先级别、时序、频率、容量、序列、其他约束条件，保密性和私密性，来源和接收者等。

(4) 接口实体必须提供存储、发送、访问、接收的数据元素集合体(记录、消息、文件、显示、报表等)的特性。例如，名称、标识符，数据元素集合体中数据元素及其结构，媒体和媒体中数据元素、数据元素集合体的结构，显示和其他输出的视听特性(如颜色、布局、字体、图标和其他显示元素、蜂鸣、亮度等)，数据元素集合体之间的关系，优先级别、时序、频率、容量、序列、其他约束条件，保密性和私密性要求，来源和接收者等。

(5) 接口实体必须提供为接口使用通信方法的特性。例如，项目唯一标识符，通信连接、带宽、频率、媒体及其特性，消息格式化、流控制、数据传送率、周期性/非周期性、传输间隔，路由、寻址、命名约定，传输服务(包括优先级别和等级)，安全性、保密性、私密性方面的考虑等。

(6) 接口实体必须提供为接口使用协议的特性。例如，项目唯一标识符，协议的优先级别、层次，分组(包括分段和重组、路由、寻址)、合法性检查、错误控制和恢复过程，同步(包括连接的建立、维护、终止等)，状态、标识、任何其他的报告特征等。

(7) 其他所需的特性，如接口实体的物理兼容性(尺寸、容限、负荷、电压和接插件兼容性等)。

3.3 数据库设计

数据库是指长期存储在计算机内、有组织、可共享的数据集合。数据库中的数据按一定的数据模型组织、描述和存储，具有较小的冗余、较高的数据独立性和易扩展性，并可为各种用户共享。数据库是应用系统的核心和基础。

数据库设计是建立数据库及其应用系统的技术，是软件设计中的重要内容，对于一个给定的应用环境，构造最优的数据库模式，建立数据库及其应用系统，能够有效地存储数据、满足各种用户的应用需求。

3.3.1 设计原则

数据库是物联网系统的信息服务和数据查询功能的基础。数据库设计的优劣将直接影响到物联网应用系统的速度和功能的正常实现。因此,在设计时应遵循以下原则。

(1) 降低数据冗余。过多的冗余数据不仅会占用更多的物理空间,也会对数据库维护和软件升级带来诸多麻烦。因此,数据库设计时,应当尽量减少数据冗余。

(2) 高效性。考虑到物联网系统硬件的限制,物联网系统在执行数据库操作时,必须减少数据库操作指令数,以提高响应速度。因此,数据库设计时,必须考虑高效性。

(3) 可扩展性。物联网系统还处于初级阶段,功能还在补充与完善,用户需求会经常发生改变。因此,物联网系统的数据库设计应当具备良好的可扩展性。

(4) 安全性。数据是软件系统最珍贵的资源。非法使用数据库有可能使数据遭到破坏、更改或者删除,这将造成严重的不良影响。因此,采取必要的安全措施,确保数据库的安全十分重要。

3.3.2 设计方法

由于信息结构复杂,应用环境多样,在相当长的时期内数据库设计主要采用手工试凑法。这种方法与设计人员的经验和水平有直接关系,数据库设计成为一种技艺而不是工程技术,缺乏科学理论和工程方法的支持,质量难以保证,软件运行后发现各种问题,增加了维护代价。人们经过努力探索,运用软件工程的原理和方法,提出了各种设计准则和规程,都属于规范设计方法。

比较著名的有新奥尔良(New Orleans)方法,将数据库设计分为需求分析、概念设计、逻辑设计和物理设计 4 个阶段。随着研究的深入,数据库设计工具的应用已非常广泛。比较成熟的有 Oracle 公司的 Design 和 Sybase 公司的 Power Designer。工具软件可以自动地或辅助设计人员完成数据库设计的很多工作,特别是大型数据库设计更需要自动设计工具的支持。计算机辅助软件工程(Computer Aided Software Engineering,CASE)工具已开始重视数据库的设计工具问题。

3.3.3 设计步骤

按照规范设计方法,考虑数据库及物联网系统的开发过程,将数据库设计分为 6 个阶段。

1. 需求分析阶段

需求分析是设计过程的基础,需求分析的质量决定了构建数据库的速度与质量。

2. 概念设计阶段

概念设计阶段是数据库设计的关键,通过对用户需求进行综合、归纳与抽象,形成一个独立于具体数据库管理系统的概念模型。

3. 逻辑设计阶段

逻辑设计阶段是将概念结构转换为某个数据库管理系统所支持的数据模型,并对其进行优化。

4. 物理设计阶段

物理设计阶段是为逻辑模型选取一个最适合应用环境的物理结构,主要是存储结构和存取方法的设计。

5. 实施阶段

运用数据库管理系统提供的功能,根据逻辑设计和物理设计的结果建立数据库,组织数据入库,并进行试运行。

6. 运行和维护阶段

物联网系统经过试运行后即可投入正式运行,在正式运行过程中,必须不断地对其进行评价、调整和修改。

3.3.4 数据库设计组成

数据库设计包含概念结构设计、逻辑结构设计和物理结构设计 3 种,如图 3.10 所示。

(1) 概念结构设计是规划应用系统中最基础的数据结构,为各种数据模型的共同基础,它独立于特定的数据库系统。

(2) 逻辑结构设计描述了数据库内部的逻辑结构,为数据库物理结构设计提供便利。

(3) 物理结构是设计数据库的物理数据模型,它包括数据库服务器物理空间中表、字段、索引、视图、存储过程和触发器等,与特定的数据库系统紧密相连。

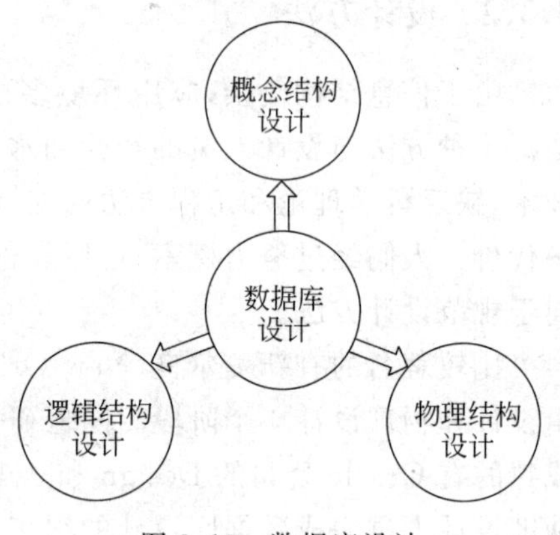

图 3.10 数据库设计

数据库概念结构设计通常采用实体关系图(Entity Relationship Diagram,简称 E-R 图)来表示,E-R 图包含了实体、关系和属性 3 个基本成分,矩形框代表实体,菱形框表示相关实体之间的关系,椭圆则表示该实体(或关系)的属性,并用直线将实体(或关系)与其属性连接起来。

在目前广泛使用的关系数据库中,数据表是数据存储基本单位。数据库逻辑结构设计过程就是将概念结构中的实体、属性和关系映射为数据表结构。在映射过程中,通常遵循以下原则。

(1) 数据库概念结构中"实体"映射为逻辑结果中的"数据表",实体的"属性"为该表中"字段",实体的主关键字可作为该表的主键。

(2) 数据概念结构中对应 1∶1 关系可与它相连的任意一端或两端实体合并组成数据表。

(3) 数据概念结构中对应 n∶1 关系可与它相连的 n 端实体合并组成数据表。

(4) 数据概念结构中对应 n∶m 关系可映射到一张独立数据表,各实体的主键组合成为该数据表的主键。

初步设计数据表结构后,还需引入范式对其进行规范,使得数据在作 insert、update、delete 操作时不会发生异常,同时减少数据的冗余。

设计好数据表后,倘若数据表之间存在关联关系,则采用主键、外键的方法。此外,为了使数据具有更高的安全性，也便于对数据的组织和操作，还可以采用视图方法来进一步完善数据库逻辑结构设计。

完成了数据库逻辑结构设计后，可将这些实施为物理数据库空间上表、字段、主键、索引、存储过程、触发器以及相应的数据字典。

3.4 概要设计与详细设计的衔接

概要设计就是根据目标系统的逻辑模型建立目标系统的物理模型，以及根据目标系统的逻辑功能的要求，考虑实际情况，详细确定目标系统的结构和具体的实施方案。概要设计的目的是在保证实现逻辑模型的基础上，尽可能提高目标系统的简单性、可变性、一致性、完整性、可靠性、经济性、运行效率和安全性。

因此，概要设计就是设计软件的总体结构，包括组成模块、模块的层次结构、模块的调用关系以及每个模块的功能等。同时，还要设计该项目的总体数据结构和数据库结构，即应用系统要存储什么数据、这些数据是什么样的结构以及它们之间有什么关系。概要设计阶段通常得到软件结构图。

到了详细设计阶段，需要考虑系统的过程性，即“先干什么、后干什么”，以及系统各个组成部分如何联系在一起的，即为每个模块完成的功能进行具体的描述，要把功能描述转变为精确的、结构化的过程描述。

因此，概要设计是详细设计的基础，需在详细设计之前完成，概要设计经复查确认后才可以开始详细设计。概要设计须完成概要设计文档，包括系统的总体设计文档以及各个模块的概要设计文档，每一个模块的设计文档独立成册。

详细设计必须以概要设计文档作为蓝本，其更改不得影响到概要设计的方案，详细设计应完成详细设计文档，与概要设计一样，每一个模块的详细设计文档独立成册。

概要设计中重点放在功能描述，对需求的解释和整合，整体划分功能模块，并对每一个模块进行详细的图文描述，让阅读者能够了解系统完成后的结构和操作模式。而详细设计则重点在描述系统的实现方式上，各模块详细说明实现功能所需的类及具体解决方法函数，包括涉及数据库的 SQL 语句等。

概要设计中对象与详细设计中对象具有共享性，但是两者在粒度上有很大差异。概要设计提供一个结构、行为和属性的抽象，详细设计更加具体、更关注细节、更注意底层的实现方案。

概要设计中数据库设计着重点放在描述数据关系上。详细设计中的数据库设计则是一份完整的数据结构文档，包括类型、命名、精度、字段说明、表说明等内容的数据字典。

3.5 物联网系统总体设计

3.5.1 概述

物联网利用传感器技术和网络通信技术，基于感知技术对物理世界的识别，通过网络传输感知的信息，通过应用实现了人与人、人与物、物与物之间的信息交流。随着应用需求的不断发展,各种新技术将逐渐纳入到物联网系统中来。

ITU 在 2005 年的物联网报告中重点描述了物联网的 4 个关键性应用技术,即标识事物的 RFID 技术、感知事物的传感器技术、思考事物的智能技术和微缩事物的纳米技术。物联网技术涉及多个领域,这些技术在不同行业通常具有不同的应用需求和技术形态。一些共性技术包括感知与标识技术、网络与通信技术、计算与服务技术以及管理与支撑技术。

1. 感知与标识技术

感知与标识技术是物联网的基础,负责采集物理世界中发生的物理事件和数据,实现外部世界信息的感知和识别,包括多种发展成熟度差异很大的技术,如传感技术、识别技术等。

传感技术利用传感器和多跳自组织传感网络,协作感知、采集网络覆盖区域中被感知对象的信息。传感器技术依附于敏感机理、敏感材料、工艺设备和计测技术,对基础技术和综合技术要求非常高。目前,传感器在被检测类型、精度、稳定度、可靠性、低成本、低功耗方面还没有达到应用水平,是物联网产业化发展的重要瓶颈之一。

识别技术覆盖物体识别、位置识别和地理识别。对物理世界的识别是实现全面感知的基础。物联网识别技术以二维码、RFID 标识为基础,构建对象标识体系,是物联网的一个重要技术点。从应用需求的角度出发,识别技术首先要解决的是对象的全面标识问题,需要物联网的标准化物体标识体系指导,再融合及适当兼容现有的各种传感器和标识方法,并支持现有的和未来的识别方案。

2. 网络与通信计算

网络是物联网信息传递和服务支撑的基础设施,通过泛在的互联功能,实现感知信息高可靠性、高安全性地传送,主要技术包括接入网与组网、通信与频谱管理等。

物联网的接入与组网技术覆盖泛在接入和骨干传输等多个层面的内容。以互联网协议版本 6(IPv6)为核心的下一代网络,为物联网的发展创造了良好的基础条件。以传感器网络为代表的末梢网络在规模化应用后,面临与骨干网的接入问题,并且其网络技术需要与骨干网络进行充分协调,涉及固定、无线和移动网络及 AD Hoc 组网技术、自治计算与联网技术等。

物联网需要综合各种有线和无线通信技术,其中短距离无线通信技术在物联网中被广泛使用。由于物联网终端一般使用工业、科学、医疗(Industrial, Scientific and Medical, ISM)频段进行通信,例如,全世界通用的免许可证的 2.4GHz ISM 频段,此类频段类包括大量的物联网设备以及现有的无线保真(Wi-Fi)、超宽带(Ultra Wide Band, UWB)、蓝牙等设备,频谱空间极其拥挤,这将制约物联网的实际大规模应用。为提升频谱资源的利用率,让更多物联网业务能实现空间并存,需切实提高物联网规模化应用的频谱保障能力,保证异种物联网的共存,并实现其互联互通互操作。

3. 计算与服务技术

海量感知信息的计算与处理是物联网的核心支撑。服务和应用则是物联网的最终价值体现。主要技术包括海量感知信息计算与处理技术、面向服务的计算技术等。

海量感知信息计算与处理技术是物联网应用大规模发展后所必需的,包括海量感知信息的数据融合、高效存储、语义集成、并行处理、知识发现和数据挖掘等关键技术,以及物联网“云计算”中虚拟化、服务化和智能化技术。核心是采用云计算实现信息存储资源和计算能力的分布式共享，为海量信息的高效利用提供支撑。

物联网的发展以应用为导向，在物联网的语境下，服务的内涵将得到革命性的扩展，不断涌现出的新型应用将使物联网服务模式与应用开发受到巨大挑战，若继续沿着传统的技术路线必定束缚物联网应用的创新。从适应未来应用环境变化和服务模式变化的角度出发，需要面向物联网在典型行业中应用需求，提炼行业普遍存在或要求的核心共性支撑技术，需要针对不同应用需求的规范化、通用化服务体系以及应用支撑环境、面向服务的计算技术等支持。

4. 管理与支撑技术

随着物联网网络规模的扩大、承载业务的多元化和服务质量要求的提高，以及影响网络正常运行因素的增多，管理与支撑技术是保证物联网实现“可运行、可管理、可控制”的关键，包括测量技术、网络管理和安全保障等方面。

测量是解决网络可知性问题的基本方法，可测性是网络研究的基本问题。随着网络复杂性的提高与新型业务的不断涌出，需要高效的物联网测量分析关键技术，建立面向服务感知的物联网测量机制方法。

物联网具有“自治、开放、多样”的自然特性，这些自然特性与网络运行管理的基本需求存在突出的矛盾，需要新的物联网管理模型与关键技术，保证网络系统正常、高效运行。

安全是基础网络中各种系统运行的重要基础之一，物联网的开放性、包容性和匿名性也决定了不可避免地存在信息安全隐患。需要物联网安全关键技术，满足机密性、真实性、完整性、不可抵赖性四大要求，同时还需解决好物联网中用户隐私保护和信任管理问题。

3.5.2 系统架构

物联网应用广泛，系统规划和设计易因角度不同而产生不同的结果，因此需要遵循具有框架支撑作用的系统架构。尽管在物联网系统架构上尚未形成全球统一规范，但目前大多数文献将物联网分为3层，即感知层、网络层和应用层（见图3.11）。

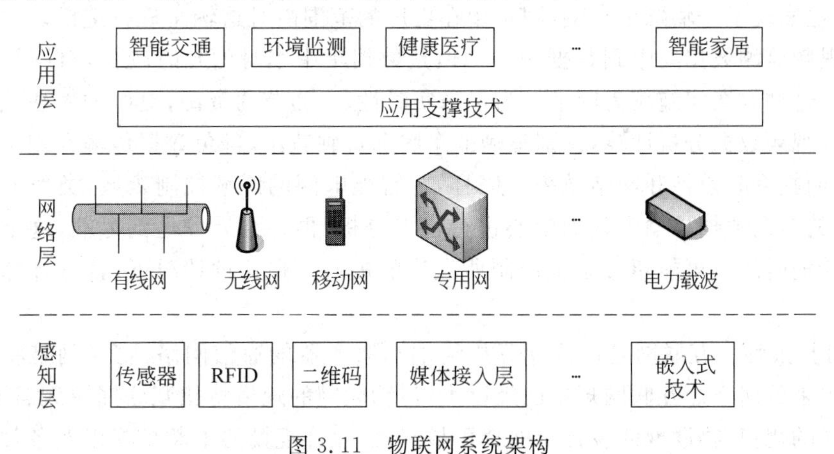

图3.11 物联网系统架构

（1）感知层。这是物联网的第一步，通过二维码、射频识别（Radio Frequency

IDentification，RFID)、摄像头、智能终端、GPS、传感器等进行识别物品、采集信息并传递控制信号。将这些设备装备到公路、铁路、桥梁、隧道、大坝、电网、水网、油气管道、建筑物以及家用电器等真实物体上，如同人的眼睛、鼻子和耳朵，实时感知周围世界，接收外部信息。

(2) 网络层。通过局域网、互联网、移动网、卫星网等多种有线和无线网络，以及网络管理平台，将感知层的各种物体连接在一起，构成物联网中枢，实现感知层与应用服务层之间可靠的传输。

(3) 应用层。将网络传输过来的信息，在服务器或云平台上运行特定应用程序，经过分析与判断后进行决策，向联网的物体发送控制指令，实现某种功能，为用户提供相应的服务，如智能交通系统、环境监测系统、健康医疗系统和智能家居系统等。

3.5.3 设计基本要求

物联网是使用电子技术对物理世界进行感知和控制的网络。这也导致物联网同传统的数值计算系统以及互联网的数据传输网络系统有着不同的特点和需求。

(1) 实时性保证。物联网不同于传统的数值计算，数值计算出现问题本身可能并不会直接造成物理世界大的变化。但物联网中一个控制指令的错误或延时可能会直接导致物理空间的巨大灾难。以智能电网为例，如果一个错误的控制指令被下达到电网中的控制设备，小则导致电能浪费，大则可能造成电网瘫痪。这里的错误既包括错误的指令，也同样包括正确的指令在错误的时间下达到控制设备。换言之，实时性在物联网中要比传统的互联网和数值计算系统有着更高的要求。物联网的设计应将实时性保障作为重要的考虑因素。

(2) 隐私性保证。物联网技术的出现使得信息的采集变得更为容易。对物理空间对象的感知或多或少地会涉及各类人群的隐私。物联网将这些涉及隐私的数据连入网络，使得这些数据有可能被远端各类用户访问。如何保障这些涉及隐私的数据不被滥用和盗用，这是物联网必须考虑的另一个设计因素。

(3) 就近计算。物联网中由于对物理世界的连续感知，产生的数据量也因此是巨大的。传统集中式的数据分析处理对于物联网下的海量数据可能不再适用。以违法车辆追踪为例，如在某地发现了一辆肇事车辆，则希望在更广的范围内对这辆车进行追踪。一种方案是将所有的视频监测数据集中到数据中心。但是数据集中本身的延时较长，对网络的带宽要求也很高。这种方案实施较为困难。为保障实时性，也为节约资源，更好的做法就是在摄像头附近进行视频数据分析计算，识别车辆的车牌和行驶轨迹，避免数据传输和网络带宽导致的延时，从而提升时效性和网络效率。同样，在智能电网的广域控制领域，类似的问题也存在，将所有的监测数据传输到数据中心进行集中分析，再将结果发送到远端，这个过程所需的光信号传输时间就可能超过系统控制所允许的极限。在这种情况下，就近计算也成为一种必然。

(4) 可扩展性。互联网是连接计算机终端和服务器的通信网络，物联网是将物理世界对象连接起来的网络。互联网规模已经巨大，但物联网的规模将比互联网更大若干数量级。为应对这样的规模，物联网的设计应保持可扩展性，允许规模的不断扩展以及各类物理世界对象持续接入。

(5) 易实现性。新的物联网设计应同现有的互联网基础设施和网络资源衔接，保持较好的易实现性;同时也应该支持同现有的各类系统和网络的对接,允许现有的系统可以方便地迁移到物联网之中。

(6) 市场获利及商业价值。物联网作为新型的网络体系,无论是建设规模还是市场潜力都是巨大的,这样规模巨大的工程建设不能仅靠政府投资完成,而应该充分利用市场机制,特别应该发挥数据的价值,允许各类数据提供商以便捷、安全的方式有偿提供数据,在促进数据共享的同时推动物联网的发展。

3.5.4 设计实现方案

物联网是指物品与物品连接的网络,基于不同的网络,就有不同的设计实现方案。下面分析 3 种物联网的实现方案。

方案 1: 依托互联网。即直接依托互联网现有的技术和协议体系,将物理对象用现有的互联网协议接入互联网之中,实现物—网相连。

方案 2: 建设新网。即抛开现有的物联网和现有的协议技术体系,按照物联网的具体要求构建全新的物联网环境和协议体系。

方案 3: 双层网络。即以互联网作为下层通信载体网络,在互联网上搭建物联网服务层,提供物联网所需的各类通用功能和协议,支撑物联网的相互联通。

不同的实现方式有着不同的优、缺点。方案 1 完全利用互联网搭建物联网,实现容易,但对物联网的实时性和就近计算等要求难以满足。方案 2 通过构建全新网络,可以设计理想的网络技术和协议体系,全面满足物联网的各类需求,但是其成本极大,实施困难。方案 3 采用双层结构,利用上层物联网服务层支撑物联网通用需求,利用现有互联网环境作为通信载体,能够较好地平衡物联网具体需求和建设的易实施性。总体的 3 个方案的比较如表 3.1 所示。

表 3.1 物联网实现方式比较

	方案 1	方案 2	方案 3
实时性	差	可行	可行
隐私保护	差	可行	可行
就近计算	不可行	可行	可行
可扩展性	好	可行	好
易实现	好	差	好
市场与利润	差	可行	可行
综合评价	不可行	有一定风险	可行

由此分析可以看出,方案 3(即双层网络方案)具有较好的可实施性。

3.5.5 子层结构图

从系统角度看,物联网划分为感知层、网络层和应用层 3 层架构,在这里分别介绍各自的组成结构。

1. 感知层

感知层从功能来划分可分为数据信息采集和通信子网及相关技术两个子层，如图 3.12 所示。以传感器、二维码、条形码、RFID、视频采集的智能装置等作为信息采集设备，并将采集到的数据通过通信子网的通信模块和网络层中的末梢网交互信息，末梢网络包括传感网、无线个域网、家庭网和工业网等。

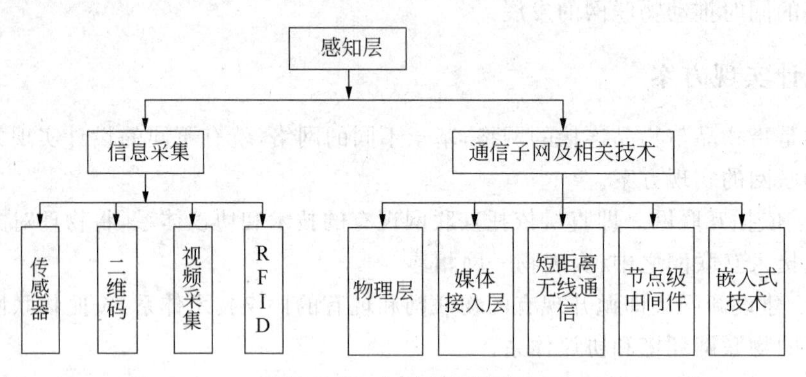

图 3.12　感知层结构框图

传感层主要组成部件有传感器和传感网关，包括多种发展成熟度差异很大的技术，如二维码技术、RFID 技术、温/湿度传感、光学摄像头、GPS 设备、生物识别等各种感知设备。在感知层中，嵌入有感知器件和射频标签的物体形成局部网络，协同感知周围环境或自身状态，并对获取的感知信息进行初步处理和判决，以及根据相应规则积极进行响应，同时通过各种接入网络把中间或最后处理结果接入网络层。

2. 网络层

网络层主要实现信息的传递、路由和控制，通常包括接入网和核心网。网络层可依托公众电信网和互联网，也可以依托行业专用通信网络。但从感知层技术来看，可以采用两种不同的技术路线，一种是非 IP 技术，如 ZigBee 产业联盟开发的 ZigBee 协议；另一种是国际互联网工程任务组(the Internet Engineering Task Force，IETF)与产业联盟倡导的将 IP 技术向下延伸应用到感知延伸层。

采用 IP 技术路线将有助于实现端到端的业务部署和管理，而且无须协议转换即可实现与网络层 IP 承载的无缝连接，简化网络结构，同时广泛基于 TCP/IP 协议栈开发的互联网应用也能够方便地移植，真正实现“无处不在的网络、无所不能的业务”。因此，从整体上看，物联网的网络层可看成层次拓扑结构，即最下层的末梢网、中间的接入网以及上层的核心网，如图 3.13 所示。

核心网和接入网也统称为主干网，可充分利用现有基础设施，因此，在物联网的网络层设计中，可以将重点放在末梢网和物联网网关的设计上。末梢网的组网过程因应用场景而异，可有目的、有计划地部署。详细说明参见第 5 章。

3. 应用层

应用层是物联网和用户的接口，针对不同用户、不同行业的应用，提供相应的管理平台和运行平台，并与不同行业的专业知识和业务模型相结合，实现更加准确和精细的智能化信

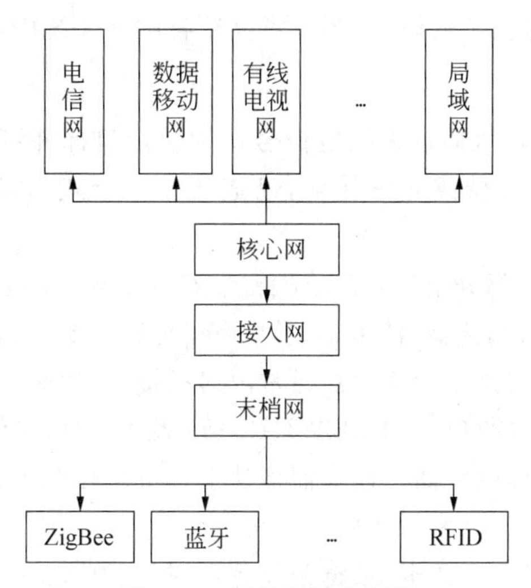

图 3.13　网络层结构框图

息应用。应用层应包括数据智能处理子层、应用支撑子层和各种具体的物联网应用。

应用支撑子层为物联网应用提供通用支撑服务和能力调用接口。数据智能处理子层是实现以数据为中心的物联网核心技术，包括数据汇聚、存储、查询、分析、挖掘、理解以及基于感知数据决策和行为的理论和技术。数据汇聚将实时、非实时物联网业务数据汇总后存放到数据库中，方便后续数据挖掘、专家分析、决策支持和智能处理。

物联网的应用可分为监控型（环境监测、物流监控）、查询型（远程抄表、智能检索）、控制型（智能家居、智能交通）、扫描型（ETC 收费）等，既有行业专业应用，也有以公共平台为基础的公共应用。在处理子层提供存储和处理功能，表现为各种各样的数据中心以中间件形式采用数据挖掘、模式识别和人工智能等技术，提供数据分析、局势判断和控制决策等处理功能。云计算的云端就在处理子层，主要通过数据中心来提供服务；最上层的应用层建立在不同领域的各种应用上，如图 3.14 所示。

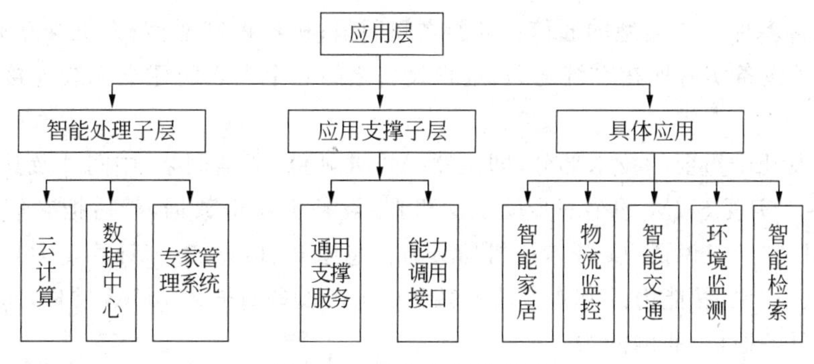

图 3.14　应用层结构框图

3.5.6　相关硬件知识

物联网系统设计包含着硬件和软件的设计，本小节介绍物联网中常用到的一些硬件基本知识，第5章介绍与网络相关的硬件，第6章介绍物联网系统中硬件设备的选型。

1. RFID

RFID是一种通信技术，可通过无线电信号识别特定目标并读写相关数据，而无须识别系统与特定目标之间建立机械或光学接触，已成为非接触式自动识别领域应用最广泛的技术。

RFID系统主要由3个部分组成，即电子标签(Electronic Tag)、读写器(Reader)和天线(Antenna)。读写器又称为阅读器、读卡器、读头等，主要负责与电子标签的双向通信，同时接收来自于主机系统的控制指令。读写器通常由射频接口、逻辑控制单元和天线部分组成。此外，许多读写器还有附加的接口(如RS232、RS485及USB)，以便将所获取的数据传输给另外的系统作进一步的处理或存储。读写器把从上位机发往电子标签的数据加密后写入标签中，将电子标签返回的数据解密后送到上位机。

电子标签又称为应答器、射频卡、数据载体等，是指由IC芯片和无线通信天线组成的模块超微型的小标签，主要由天线、谐振电容以及IC芯片组成，标签中一般保存有约定格式的电子数据。电子标签是RFID系统真正的数据载体，其内置的射频天线用于和读写器进行通信。

RFID系统中电子标签与读写器之间通过耦合元件实现射频信号无接触耦合；在耦合信道内，根据时序关系，实现能量的传递和数据的交换。系统工作时，读写器发出查询信号，电子标签收到查询信号后将其一部分整流为直流电源供电子标签内的电路工作，另一部分能量信号被电子标签内保存的数据信息调制后反射回读写器。

电子标签进入读写器产生的磁场后，接收解读器发出的射频信号，凭借感应电流所获得的能量，发送出存储在芯片中的产品信息(无源标签或被动标签)，或者主动发送某一频率的信号(有源标签或主动标签)；解读器读取信息并解码后，送至中央信息系统进行有关数据处理。

2. M2M

M2M包含多种不同类型的通信：机器之间通信；机器控制通信；人机交互通信；移动互联通信，提供了设备实时地在系统之间、远程设备之间和个人之间建立无线连接从而传输数据的手段。

M2M涉及几个重要的技术部分，即机器、M2M硬件、通信网络、中间件及其应用。

(1) 机器。实现M2M的第一步就是从机器/设备中获得数据，然后把它们通过网络发送出去。使机器"开口说话"(talk)，让机器具备信息感知、信息加工(计算能力)、无线通信能力。使机器具备"说话"能力的基本方法有两种：生产设备时嵌入M2M硬件；对已有机器进行改装，使其具备通信/联网能力。

(2) M2M硬件。M2M硬件是使机器获得远程通信和联网能力的部件。主要进行信息的提取，从各种机器/设备那里获取数据，并传送到通信网络。现在的M2M硬件共分为5种，即嵌入式硬件、可组装硬件、调制解调器、传感器、识别标识。

① 嵌入式硬件。嵌入到机器里面，使其具备网络通信能力。常见的产品是支持GSM/GPRS或CDMA无线移动通信网络的无线嵌入数据模块。

② 可组装硬件。

③ 调制解调器(Modem)。上面提到嵌入式模块将数据传送到移动通信网络上时,起的就是调制解调器的作用。如果要将数据通过公用电话网络或者以太网送出,则分别需要相应的 Modem。

④ 传感器。传感器可分成普通传感器和智能传感器两种。智能传感器(Smart Sensor)是指具有感知能力、计算能力和通信能力的微型传感器。由智能传感器组成的传感器网络(Sensor Network)是 M2M 技术的重要组成部分。一组具备通信能力的智能传感器以 Ad Hoc 方式构成无线网络,协作感知、采集和处理网络覆盖的地理区域中感知对象的信息,并发布给观察者;也可以通过 GSM 网络或卫星通信网络将信息传给远方的 IT 系统。

⑤ 识别标识(Location Tags)。识别标识如同每台机器、每个商品的"身份证",使机器之间可以相互识别和区分。常用的技术如条形码技术、RFID 技术等。标识技术已经被广泛用于商业库存和供应链管理。

(3) 通信网络。将信息传送到目的地。通信网络在整个 M2M 技术框架中处于核心地位,包括广域网(无线移动通信网络、卫星通信网络、Internet、公众电话网)、局域网(如以太网、无线局域网 WLAN、蓝牙)、个域网(如 ZigBee、传感器网络)。

(4) 中间件及其应用。中间件包括两部分,即 M2M 网关、数据收集/集成部件。网关是 M2M 系统中的"翻译员",它获取来自通信网络的数据,将数据传送给信息处理系统,其主要功能是完成不同通信协议之间的转换。数据收集/集成部件是为了将数据变成有价值的信息。对原始数据进行不同加工和处理,并将结果呈现给需要这些信息的观察者和决策者。这些中间件包括数据分析和商业智能部件、异常情况报告和工作流程部件、数据仓库和存储部件等。

3. 传感器

传感器就是把自然界中的各种物理量、化学量、生物量转化为可测量的电信号的装置与元件,可见传感器的众多和纷杂。传感器的定义决定了它本身的复杂性和众多品种。

传感器属于物联网的神经末梢,成为人类全面感知自然的最核心元件,各类传感器的大规模部署和应用是构成物联网不可或缺的基本条件。对应不同的应用则提供不同的传感器,覆盖范围包括智能工业、智能安保、智能家居、智能运输和智能医疗等。

4. 智能芯片

智能芯片有很多种,一般来说它都与感应装置以及传动系统联系在一起,相互作用,取长补短。就大多数智能芯片来说,其实它就是一个个单片机,负责处理采集到的数据信号等,再通过相应的电路设计,将不同的指令传递给不同的系统来完成预期需要达到的效果。就物联网而言,智能芯片技术尤为重要,因为该芯片起到了承上启下的作用。承上就是控制传感器进行数据采集,根据系统中不同的传感器发出相应的控制指令。启下是指将采集进来的数据进行分类储存,再根据后面不同的应用进行处理。比如:该处理器可以通过命令对传感器进行温度、湿度的采集,控制传感器的配置以及多种发送方式,其中包括串口、网口发送等方式。根据不同的用户需求处理对应的情况,这就是智能芯片的核心作用。

因此,智能芯片处理是物联网的核心支撑,是物联网计算环境的"心脏",是物联网生态系统的重要组成部分,也是确保物联网在多领域安全、可靠运行的神经中枢和运行中心。

1) FPGA(Field-Programmable Gate Array)

这种智能芯片嵌入物联网的应用是物联网技术比较适宜的应用切入点之一,而FPGA技术为嵌入式系统的原型开发和验证提供了灵活、高效的平台。

FPGA,即现场可编程门阵列,它是在编程阵列逻辑(Programmable Array Logic,PAL)等可编程器件的基础上进一步发展的产物。它作为专用集成电路领域中的一种半定制电路出现的。通常包含6类功能模块,即可编程输入输出单元、可配置逻辑块、数字时钟管理模块、嵌入式块RAM、硬核乘法器以及丰富的布线资源,各个模块的功能如下。

(1) 可编程输入输出单元(IOB)。IOB是芯片与外围电路的接口,完成不同信号的驱动与匹配,通过软件的灵活配置,对于不同的接口物理特性,可以相应地调整驱动电流大小或者改变上下拉电阻值。

(2) 可配置逻辑块(CLB)。CLB是FPGA的基本单元,每个CLB包含一个可以配置的开关矩阵和一些选择电路以及触发器等,是高度灵活的模块。

(3) 数字时钟管理模块(DCM)。该模块提供数字时钟管理和锁定相位环路等,有精确的时钟综合,并且能有效地降低时钟抖动。相对于外部时钟模块,DCM能划分更多的时钟域,建议更多的同步路径。

(4) 嵌入式块RAM(BRAM)。FPGA中的块RAM分布在芯片的边缘,大大扩展了FPGA的容量以及应用范围。除了块RAM之外,还可以将FPGA中的查找表(LUT)灵活地配置成RAM、ROM、FIFO等结构,也可将多个块RAM级联成更大的存储空间。

(5) 硬核乘法器。每一个硬核乘法器相当于一个ASIC电路,可以有效地进行数据乘法运算,并支持多级级联,实现更多位宽的乘法。

(6) 丰富的布线资源(PI)。布线连接着FPGA内所有的单元模块,连线的长短和工艺特征决定了信号的强弱以及传输速度。布线资源可分为全局布线、长布线、短布线以及分布式布线4个种类,它们的使用都和设计者的方法有着密切的联系,直接关系到设计的成败。

2) Arduino

Arduino是一款便捷灵活、方便上手的开源电子原型平台,包括一块开源的、具备简单I/O功能的电路板(各种型号的Arduino板)以及一套具有使用类似Java、C语言的程序开发环境软件(Arduino IDE)。Arduino的硬件原理图、电路图、IDE软件及核心库文件均是开源的,在开源协议范围内可以任意修改原始设计及相应代码。Arduino IDE可以在Windows、Macintosh OS、Linux三大主流操作系统上运行。

Arduino的功能十分强大,具有丰富的可扩展I/O接口,能通过各种各样的传感器来感知环境,通过控制灯光、马达和其他的装置来反馈、影响环境。板子上的微控制器可以通过Arduino编程语言进行编写程序,编译成二进制文件,烧录进微控制器。Arduino编程是利用Arduino编程语言(基于Wiring)和Arduino开发环境(基于Processing)来实现的。

Arduino是硬件与软件相结合的开发平台,它的核心芯片支持ISP(In System Programming)功能。ISP就是无须改变硬件连接甚至硬件仍处于执行阶段时也可以随时下载新的程序代码进入芯片内存中,这样的优势在于烧录程序时单片机不需要拔离系统电路,可节省时间与额外成本。

Arduino 提倡积木式开发，可以很容易地用来开发交互式产品，非常方便灵活地制作各种传感器外设的原型，读取大量的开关和传感器信号，解决各种传感器与终端接入标准不一致的问题。Arduino 还可以与普通的 PC 进行配合开发，它能够在运行的过程中与 PC 进行通信，可以用来开发包括各种各样的 PC 周边装置。随着 Android 在手机、平板电脑、机顶盒、家用电器等智能终端的迅速扩张，将在这些领域的开发中拥有举足轻重的地位。

Arduino 具有以下特点。

(1) 源码开放，免费下载，可依需求自己修改，但需遵照姓名标识。必须按照作者或授权人所指定的方式彰其姓名。

(2) 可依据官方提供的电路图，根据需要简化或者定制 Arduino 模组，完成独立工作的微处理控制。

(3) 可与传感器等各种各样的电子元器件简单地进行连接。

(4) 支持多种互动程序，如 Adobe Flash、Max/MSP、C、Processing 等。

(5) 微处理控制器价格比较低，使其整体性价比高。

(6) USB 接口，不需额外接电源。在有需要时也可以提供 9V 直流电源输入。

3.6 基于实例的概要设计

智能家居系统是将网络通信技术、自动化控制技术、传感器技术、嵌入式技术以及 Android 应用技术相结合，旨在通过无线网络技术赋予家居设备“智慧”，实现远程访问和管理，其主要功能包括实现室内家居设备的实时监控，门禁设备、照明设备等的集中管理，提供传感器设备的故障报警功能，保证家居设备安全、高效地运行。同时系统数据库的存储技术保证用户可以随时查询家居设备的日志，方便用户对设备的维护和管理，为用户提供更为舒适便捷的居住环境。

因此，智能家居系统设计遵循“以人为本”的原则，即在智能化的设计过程中，始终从使用者的角度出发，做到系统功能满足要求、系统运行稳定以及操作符合用户习惯等。

移动互联网的发展为智能家居提供了新的平台，通过该平台，用户可以随时随地操控家居设备，接收和管理小区公告、物业通知等信息，实现语音和视频通话。智能家居系统提供了设备控制、视频监控、数据查询、信息服务等功能，是基于 Android 平台开发的移动终端应用。

智能家居概要设计的主要任务是根据其需求分析阶段得到的物理模型，确定一个合理的系统功能模块。

3.6.1 系统功能模块设计

功能需求将智能家居分为四大功能模块，即数据查询、设备管理、信息服务和软件设置。数据查询模块提供对各类信息的查询以及对设备的文本命令控制；设备管理模块包含与设备控制相关的功能集合；信息服务模块提供对所有推送消息的管理；软件设置模块实现对智能家居中各种参数的管理。系统功能模块框图如图 3.15 所示。

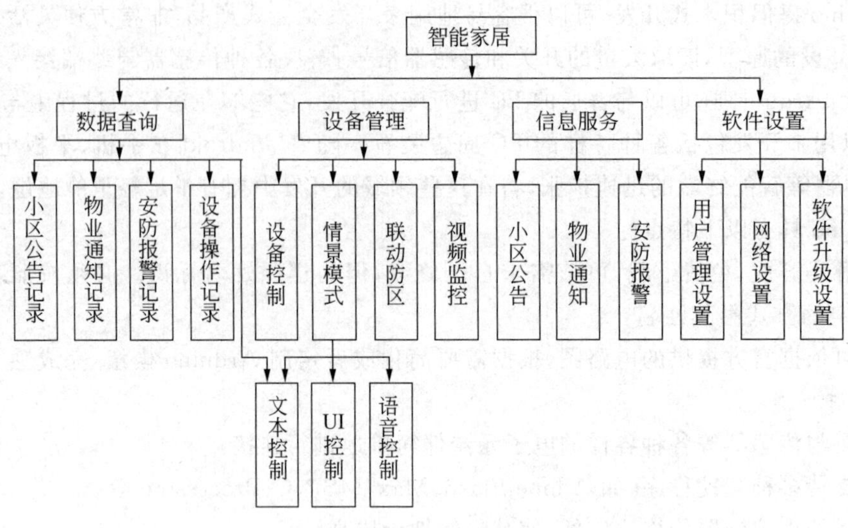

图 3.15　系统功能模块图

1. 数据查询模块

数据查询模块是智能家居的快捷入口。通过它可以查询小区公告记录、物业通知记录、安防警报记录、设备操作记录以及具体的家居设备,还可以通过文本命令直接控制设备。

小区公告、物业通知和安防警报这些推送消息可以分为已读和未读两类,其中,未读消息会优先显示在查询结果列表的上半部分,已读消息则会显示在列表的下半部分,这样可以方便用户及时查阅未读消息。

当小区业主想要操作某类设备时,可以输入设备类型或者具体的设备名称,点击"数据查询"按钮后,需要的设备就会以列表的形式展示出来。业主可以看到设备的当前状态以及和此设备关联的设备操作记录,并可以直接控制设备。

小区业主甚至可以直接输入设备控制命令,以操作具体设备。例如,输入"开灯",那么就会打开所有的电灯。此类服务要求关键字必须精确匹配设备控制命令,从逻辑上属于设备控制的一种。

数据查询模块作为智能家居的搜索引擎,增强了用户体验,极大地方便了小区业主的操作和管理。

2. 设备管理模块

设备管理模块是智能家居的核心部分,用来随时随地远程操控家居设备。主要包括设备控制、视频监控以及基于设备控制的情景模式和联动防区,设备控制又分为文本控制、UI控制和语音控制。其中文本控制在数据查询模块已作过介绍。

UI 控制是常规的控制手段,开关按钮有两层含义,它们本身既表示设备的当前状态,又表示可以进行的操作。

语音控制是设备操作的高级版本。主要原理是:首先通过 Google Voice Search 识别业主的语音命令,然后对返回的模糊命令进行预处理,最后根据和正确命令的相似度计算来判断是否能够匹配设备操作。

视频监控是指通过家中的视频摄像头摄像，然后把视频传送到手机终端，小区业主可以借此了解家中的实时情况，并可以进行控制。业主可以选择不同区域的摄像头实时监控。

情景模式就像手机的主题，能够把有关联的配置组合在一起。具体到智能家居，就是把相关的家居设备及其开关状态设置成一个特定的场景，业主可以一键操作。比如：要设置一个娱乐情景模式，业主可以选择音箱为打开状态、客厅照明灯为打开状态、饮水机为打开状态。当业主在娱乐时，就只需要打开娱乐模式，而不相关的设备则全部为关闭状态。小区业主可以随意设定适合自己的情景模式。

联动防区是一个空间逻辑分组，在该分组内，摄像头、传感器和其他家居设备相互协作实现对该空间区域的安全管理。小区业主可以根据家庭需要设置多个联动防区，以方便家居设备管理。

3. 信息服务模块

用来管理小区业主接收的推送消息，主要包括安防报警、物业通知、小区公告等消息。

安防报警是通过家庭中控发送到业主手机上的消息。它主要包括烟雾报警、瓦斯泄漏报警、火灾报警、陌生人闯入报警等突发情况。具体到每个家庭，业主可以根据实际情况设置适合自己的报警类型。当家庭传感器检测到异常情况发生时，会把消息发送给家庭中控，家庭中控负责分析消息类型和紧急程度。当情况无法判断或者不是紧急事件时，家庭中控会直接推送给业主，把事件的处理决定权交给用户，让用户来决定如何处理。当情况比较紧急时，家庭中控首先会控制 ZigBee 终端做出处理，然后再把消息推送给业主。例如，传感器检测到家中有烟雾，那么家庭中控会关闭相应防区的电源和瓦斯开关，旋转摄像头角度进行拍摄，并把消息发送到业主手机上，提示业主及时进行处理。

物业通知是社区物业管理人员推送给小区业主的消息。这类信息一般是针对具体业主的单播消息，可能是水电费缴纳通知、网费电话费欠费通知、快递包裹领取通知、车辆违章通知等情况。此类物业通知极大地方便了小区业主的日常生活，提高了物业的工作效率。

小区公告是小区居委会、社团等团体组织发送给业主的消息。这类消息一般是针对某一团体组织或者全体业主的组播消息，可能是乒乓球、足球等社团活动公告、消防安全知识学习公告、线路检修公告等情况。此类小区公告有助于业主参加各类活动，丰富业余生活，提高人们的幸福感。小区业主可以分类管理安防报警、小区公告和物业通知等消息，也可以随时查看消息记录，设置未读消息为已读，删除多余信息等。

4. 软件设置模块

软件设置是智能家居的辅助功能部分。主要包括用户管理设置、网络设置和软件升级设置。

用户管理主要是指小区业主的注册和登录功能。默认情况下一个家庭只能注册一个账号，小区业主可以修改密码，但不能修改账号。为了方便业主的操作，可以设置智能家居是否记住用户密码、是否自动登录。

网络设置包括家庭中控设置、在家模式设置和信息服务设置等。信息服务设置表示是否接收小区公告、物业通知和安防报警等推送信息。

软件升级主要是指智能家居能够自动或者手动升级到最新版本。小区业主可以设置智能家居是自动检测升级还是手动检测升级,可以设置自动升级的检测周期。全量升级是指下载最新版本 APK。增量升级是指下载当前版本和最新版本的增量差,然后在手机端合成最新版本 APK,这样可以大大降低用户手机流量的消耗。

3.6.2 软件模块结构设计

软件结构从总的方面决定了软件系统的可扩充性、可维护性及系统的性能,中间件是可复用组件,为智能家居系统其他 APP 的开发奠定了基础。

因此,软件结构设计采用分层设计软件模块,明确中间件的特点和作用。分层设计软件模块结构主要是把软件模块组织成良好的层次系统,并描述各层次模块间的关系。层与层之间是松耦合的关系,下层模块负责为上层模块提供支持。

1. 软件模块结构

软件分层是总体设计阶段常用的软件结构设计方法。如图 3.16 所示,智能家居从上到下共分为 4 层,分别是用户界面层、用户功能层、中间件层和操作系统层,其中,中间件层又分为核心功能层和基础功能层。

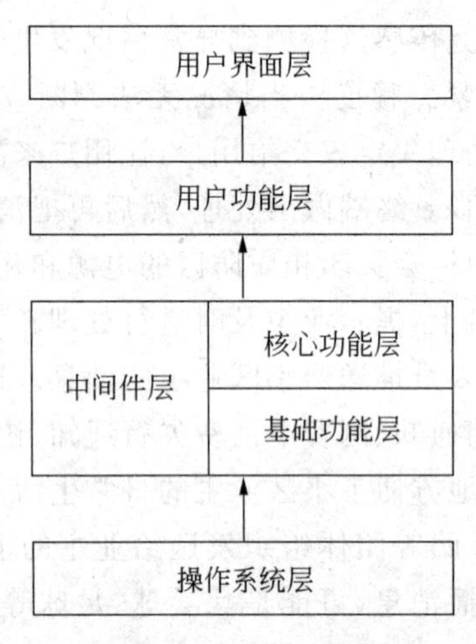

图 3.16 软件层次框图

层与层之间存在自上而下的依赖关系,下层为上层提供公开的服务接口,但隐藏具体的实现细节,当某一层的内部实现发生变化时,只要外部接口不变,就不会影响到其他层的实现。每个层次按模块划分,各模块之间相互独立,不同模块间通过接口相关联,尽量满足高内聚、低耦合的准则。

在分层结构的基础上,智能家居细化了各层次的组成模块,如图 3.17 所示。以 Android 操作系统为基础,中间件基础功能层为核心功能层提供网络通信、数据存储、数据管理和第三方库等基础服务。中间件核心功能层为用户功能层提供所需的设备模型、流媒体控制、语音控制、消息推送、数据访问代理、升级管理等核心服务。用户功能层依赖中间件层提供的服务,实现用户需要的具体功能。最终,用户功能层通过 UI 界面与用户交互。

用户功能是智能家居直接展现给用户的基础功能,这里仅列出了一些核心功能。中间件是介于用户功能和操作系统之间的服务支持层,可作为独立组件开发,具有重复使用的价

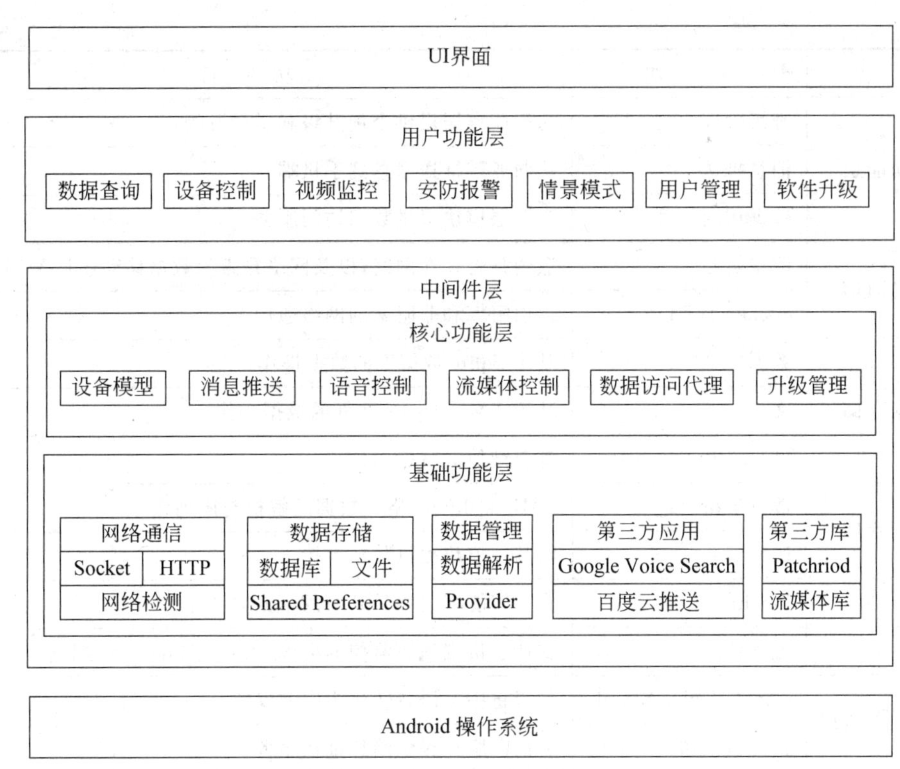

图 3.17 软件模块框图

值。基于中间件，开发人员还可以开发智能家居系统其他 APP。

智能家居各层模块的功能如表 3.2 所示。

表 3.2 分层模块功能

层　次	模　块	功　能
UI 界面层		提供 UI 展示界面
用户功能层	设备控制	实现对家居设备的远程操控
	视频监控	通过手机实时监控家中场景
	情景模式	自定义对家居设备的便捷操作
	数据查询	根据关键字查询功能项，包括家居设备、信息服务记录等，并直接控制设备
	安防报警	传感器报警与联动处理
	软件升级	智能家居手动或自动升级功能
	用户管理	用户注册、登录等功能
核心功能层	设备模型	对实际设备与设备关系的抽象建模
	语音控制	基于 Google 语音识别技术，实现对家居设备的语音控制
	流媒体控制	基于第三方类库的视频采集和播放

续表

层次		模块	功能
核心功能层		升级管理	为智能家居提供全量升级和增量升级
		消息推送	从服务端推送消息到手机端
		数据访问代理	为上层模块提供数据访问服务
基础功能层	网络通信	网络监测	监测是否存在网络，以及网络是否为数据移动还是 Wi-Fi
		Socket、HTTP	提供阻塞和非阻塞的网络通信
	数据存储	数据库	基于 Sqlite 数据库的数据操作
		文件	基于 XML、JSON 文件的数据操作
		Shared Preferences	基于键值对数据操作
	数据管理	数据解析	XML 和 JSON 格式数据的解析与序列化
		Provider	向其他模块提供数据支持
	第三方库	Patchriod	支持智能家居增量升级的第三方类库
		流媒体库	支持手机端视频监控的类库，由 IP Camera 厂家提供
	第三方应用	Google Voice Search	负责将中文语音转化为中文汉字
		百度云推送	为信息服务提供消息推送服务

2. 功能与模块的关系

前面从静态的角度详细介绍了各层模块的主要功能，但是完整的软件结构还需要从动态的角度描述模块间的调用关系。模块与模块之间是松耦合的关系，不存在控制与被控制关系，但存在服务与被服务关系。多个模块相互作用共同支持智能家居用户功能的实现，其核心功能与系统模块之间的关系如表 3.3 所示。

表 3.3 功能与模块的关系

功能需求	需求描述	关联模块
设备控制	设备状态查看	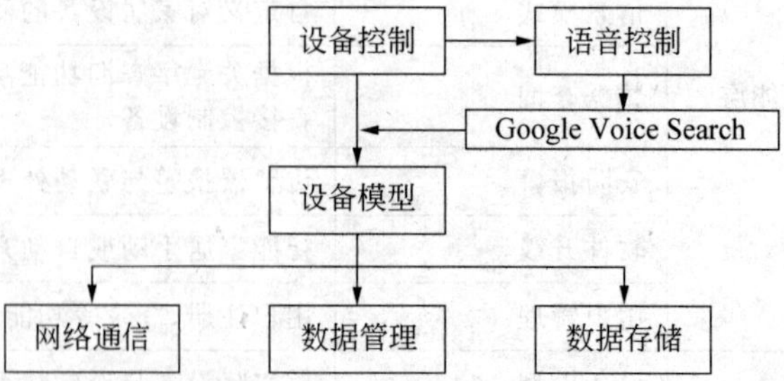 设备控制 语音控制 Google Voice Search 设备模型 网络通信 数据管理 数据存储
	家居设备控制	
	控制方式选择	
	保存设备操作记录	

续表

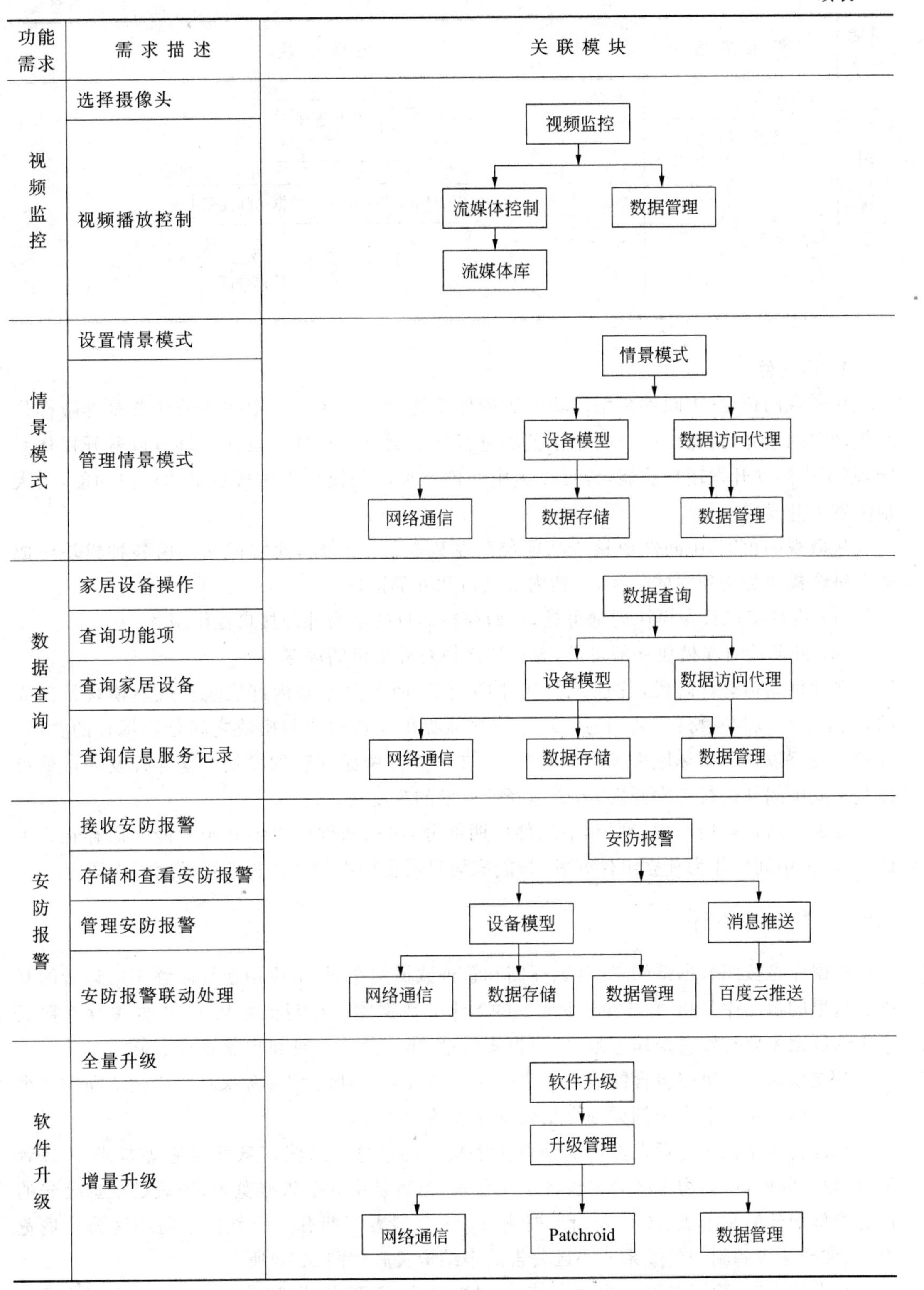

功能需求	需求描述	关联模块
视频监控	选择摄像头	视频监控 流媒体控制 数据管理 流媒体库
	视频播放控制	
情景模式	设置情景模式	情景模式 设备模型 数据访问代理 网络通信 数据存储 数据管理
	管理情景模式	
数据查询	家居设备操作	数据查询 设备模型 数据访问代理 网络通信 数据存储 数据管理
	查询功能项	
	查询家居设备	
	查询信息服务记录	
安防报警	接收安防报警	安防报警 设备模型 消息推送 网络通信 数据存储 数据管理 百度云推送
	存储和查看安防报警	
	管理安防报警	
	安防报警联动处理	
软件升级	全量升级	软件升级 升级管理 网络通信 Patchroid 数据管理
	增量升级	

续表

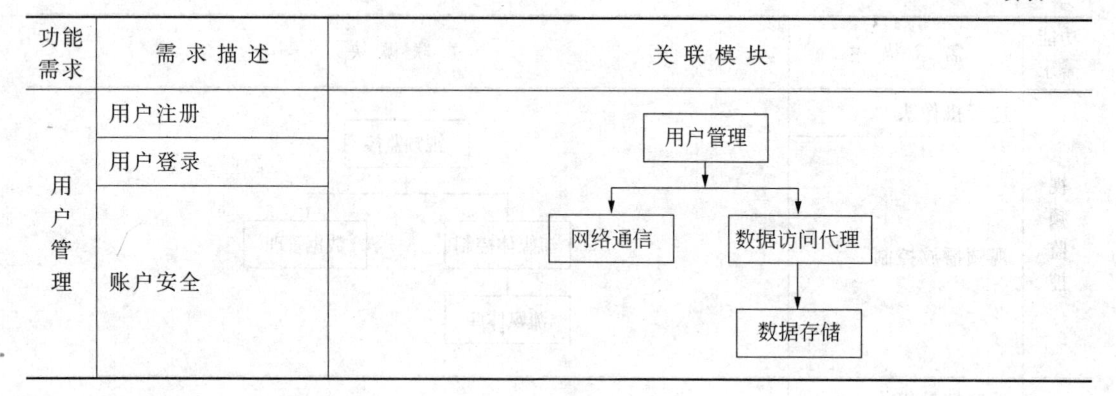

功能需求	需求描述	关联模块
用户管理	用户注册	
	用户登录	
	账户安全	

3. 中间件

从宏观的角度，中间件是用户功能和操作系统之间的桥梁。中间件的任务是屏蔽操作系统之间的差异，对操作系统的原生模块进行二次封装。这样开发人员就可以避开操作系统，基于中间件开发用户功能，也可以为中间件添加新的模块以实现更多的用户功能，极大地节省了开发成本。

从微观的角度，中间件由核心功能层和基础功能层组成，而它们又是由各种模块组成的。每个模块都是独立的个体，包括内部接口和外部接口。

(1) 内部接口只在模块内部可见，它们存在的目的是为外部接口提供服务。

(2) 外部接口在模块外部可见，表示该模块对外提供的服务。

在软件结构设计阶段，往往只关注外部接口，而不关心其内部实现。虽然模块是独立的，但是又可以相互协作，共同为实现用户功能提供支持模块与模块之间是松耦合的关系，开发人员可以在不破坏原来模块的基础上，在中间件中添加新的模块。这样开发人员就可以基于此中间件进行二次开发，有效地降低开发的难度。

智能家居包括用户功能层和中间件层两部分，而中间件可以独立于智能家居存在。因此，可以把中间件作为独立组件开发，智能家居只需要把中间件作为依赖类库引入即可。

3.6.3 数据库设计

数据库是按照数据结构来组织、存储和管理数据的仓库，是应用系统能够正常运行的基础。这里的数据库是指 Android 系统上的 Sqlite 数据库。在智能家居中，需要保存在数据库中的数据主要有设备操作记录、安防报警记录、小区公告记录和物业通知记录。

智能家居在手机端包含的表主要集中在安防报警、小区公告、物业通知和设备操作 4 个方面。下面以小区公告为例详细介绍数据库表的设计。

小区公告是社区管理人员推送到业主手机上的信息。这些信息可能是文本、图片或者音/视频。因此，这里为小区公告设计了 4 张表，主表是小区公告概览表，副表是根据公告的消息类型划分的文本表、图片表、音/视频表。3 个副表都拥有一个外键指向小区公告概览表，以维护主表和副表的关系。小区公告的表结构关联如图 3.18 所示。

在设计表时，除了要设计出表与表之间的关系，还要设计完整的字段和合适的字段类

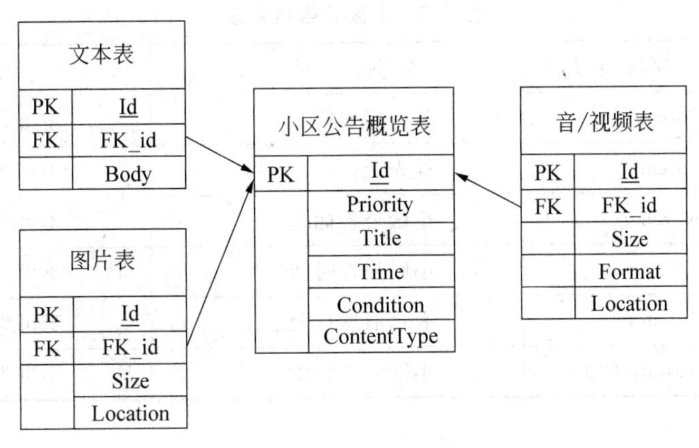

图 3.18 小区公告的表结构关联图

型，以提高数据库操作效率和节省存储空间。另外，命名规范也很重要。在设计表结构时，以英文单词作为字段名，通俗易懂，便于系统数据库的维护。表 3.4～表 3.7 给出了小区公告表的设计明细。

表 3.4 文本表

字段名	字段类型	说 明	约 束
Id	integer	唯一标识符	主键，不能为空
FK_id	integer	外键，指向小区公告浏览表	外键，不能为空
Body	text	文本内容	可为空

表 3.5 图片表

字段名	字段类型	说 明	约 束
Id	integer	唯一标识符	主键，不能为空
FK_id	integer	外键，指向小区公告浏览表	外键，不能为空
Size	integer	图片大小	不可为空
Location	varchar(100)	图片存储路径	不可为空

表 3.6 音/视频表

字段名	字段类型	说 明	约 束
Id	integer	唯一标识符	主键，不能为空
FK_id	integer	外键，指向小区公告浏览表	外键，不能为空
Size	integer	音/视频大小	不可为空
Format	varchar(50)	音/视频格式	不可为空
Location	varchar(100)	音/视频存储路径	不可为空

表 3.7 小区公告概览表

字段名	字段类型	说　明	约　束
Id	integer	唯一标识符	主键,不能为空
Priority	integer	优先级	不可为空
Title	varchar(20)	小区公告标题	不可为空
Time	Datetime	小区公告时间	不可为空
Condition	integer	表示消息是否已读	不可为空
ContenType	varchar(20)	小区公告类型	不可为空

3.7 小结

本章以软件工程为指导,解决了待开发的物联网系统“如何做”的问题,即总体设计,包括相应的接口设计与数据库设计。依据物联网系统的需求分析,采用图形工具将系统用例图转换为软件结构和数据结构。软件结构是将一个复杂的物联网系统按功能进行模块划分、建立模块的层次结构及调用关系、确定模块间的接口及人机界面。数据结构设计包括数据特征的描述、确定数据的结构特性以及数据库的设计,并在智能家居系统中实施与体现。

第4章　物联网系统详细设计

概要设计经复查确认后才可以开始物联网系统的详细设计，本章的主要知识点包括详细设计基本内容、面向对象设计和用户界面设计。通过实例细化用户功能设计和数据结构设计等工作。

4.1　详细设计概述

4.1.1　设计任务

详细设计是对概要设计的进一步细化，确定模块的两个内部特性，即描述每个模块的执行过程（怎么做）和定义模块的局部数据结构。

因此，详细设计的主要任务是设计每个模块的实现算法、所需的局部数据结构。详细设计的目标有两个，即实现模块功能的算法要逻辑上正确和算法描述要简明易懂。参照《信息技术 软件生命周期过程》（GB/T 8566—2007）中有关详细设计的任务如下。

（1）应对软件项的每一软件部件进行详细设计。软件部件应细化到更低级别，这些级别包含被编码、编译、测试的软件单元。应确保来自这些软件部件的所有需求都被分配到软件单元。详细设计应形成文档。

（2）应编制关于软件项外部接口、软件部件之间以及软件单元之间接口的详细设计，并形成文档。接口的详细设计应允许在不需要更多信息的情况下编码。

（3）应编制数据库的详细设计并形成文档。

（4）必要时，应更新用户文档。

（5）应规定要测试的软件单元的测试需求和进度安排，并形成文档。测试需求应包括对软件单元在边界的强化需求。

（6）应更新软件集成的测试需求和进度安排。

（7）应根据评价准则评价软件详细设计和测试需求，并将评价结果编制成文档。评价准则包括软件需求的可追踪性、软件部件和软件单元之间的内部一致性、所应用的设计方法和标准的适宜性、测试的可行性以及运行和维护的可行性。

（8）应实施联合评审。

4.1.2　表示工具

在详细设计中，要决定各个模块的实现算法，并精确地表达这些算法。利用结构化表示工具，能够对设计无歧义性描述，能指明控制流程、处理功能、数据组织以及其他方面的实现细节，从而在实现阶段能把设计的描述直接翻译成程序代码。下面介绍几种常用的表示工具。

1. 流程图

流程图（Flow Chart）是方法研究和改进方法的有效工具，是详细设计中最常用的、最出色的一种工具。它易懂、易学、易画,不仅能帮助设计人员理清模块功能的具体流程,而且让使用者更易理解设计的思路,为设计者和使用者架起沟通的桥梁。

1)基本成分

流程图是对过程、算法、流程的一种图形表示,其中方框表示处理步骤,菱形框表示选择,有向箭头表示程序的控制流,图 4.1 表示流程图使用的基本符号。

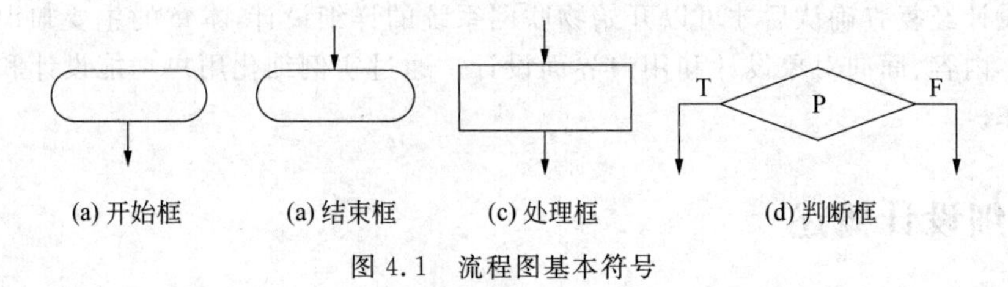

图 4.1 流程图基本符号

2)基本的控制结构

流程图能表达程序的顺序、选择和循环控制结构,包含 5 种基本的控制结构,即顺序型、选择型、多情况(Case)选择型、先判断(While)循环型以及后判断(Until)循环型,如图 4.2 所示。

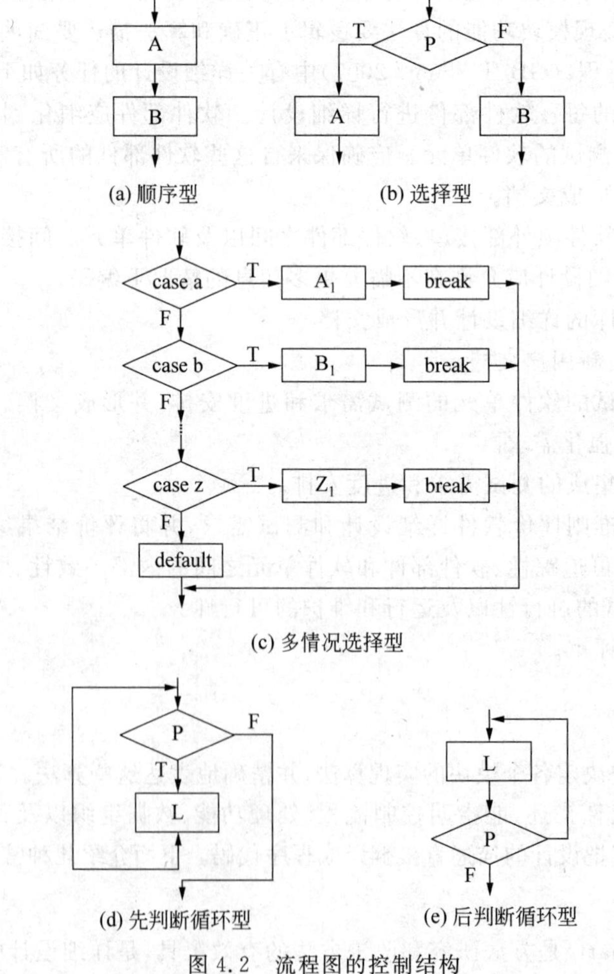

图 4.2 流程图的控制结构

3）优点

（1）采用规范的符号。

（2）画法简单，易于学习掌握。

（3）描绘直观、结构清晰、逻辑性强。

（4）便于描述，容易理解。

4）缺点

（1）使设计者过早地考虑程序的控制流程，而不去考虑程序的全局结构。

（2）不利于逐步求精。

（3）用有向箭头代表控制流，可以完全不顾结构程序设计的思想，随意转移控制。

（4）不易表示系统中数据结构。

（5）系统复杂时修改麻烦。

5）案例

图 4.3 所示为描述“物资仓储管理系统”的进出货系统程序流程图。

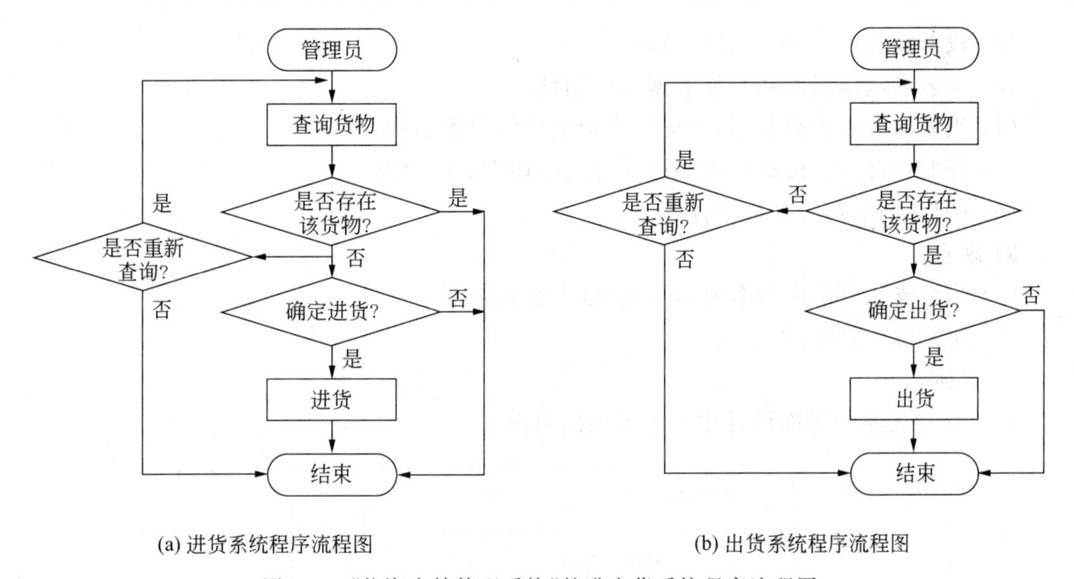

图 4.3　“物资仓储管理系统”的进出货系统程序流程图

2. 盒图

盒图是 20 世纪 70 年代由美国学者 I. Nassi 和 B. Shniederman 提出的图形工具，又称为框图或者 N-S 图。其每一处理步骤用一个盒子表示，盒子可以嵌套，但只能从上面进入，下面出来，此外别无其他出入口，限制了随意控制转移，保证了程序的良好结构。因此，它的特点是过程作用域明确，由于没有箭头，不能进行转移控制。

1）基本控制结构

盒图有 6 种基本结构，即顺序型、选择型、多情况选择型、先判断循环型、后判断循环型以及调用子程序，如图 4.4 所示。

2）优点

（1）功能域明确，可以从盒图上一眼就看出来。

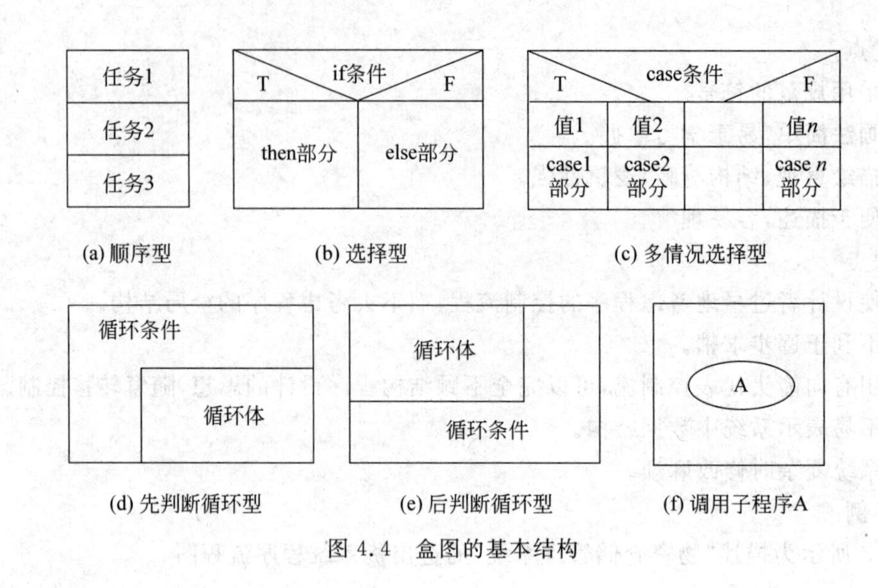

图 4.4　盒图的基本结构

(2) 没有箭头,无法随意转移控制。

(3) 很容易确定局部和全局数据的作用域。

(4) 很容易表示嵌套关系,也可以表示模块的层次结构。

(5) 强制设计人员按结构程序设计方法描述方案的思路。

(6) 图形直观,容易理解设计意图。

3) 缺点

(1) 当分支嵌套层次较多时,在一页纸上很难画下。

(2) 画图麻烦,修改更麻烦。

4) 案例

图 4.5 描述系统界面设计中登录界面的盒图。

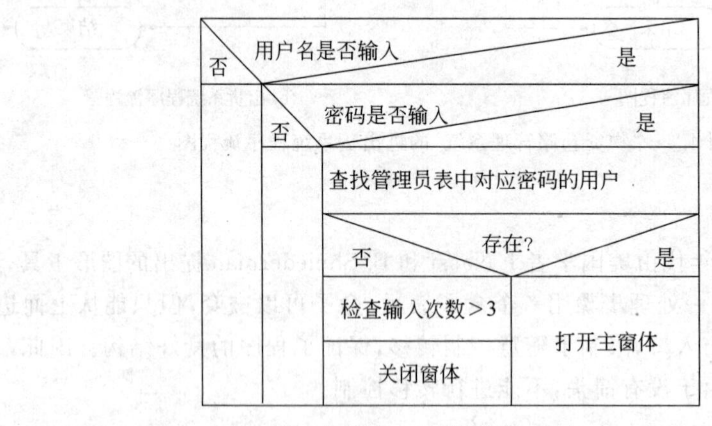

图 4.5　登录界面的盒图

3. 问题分析图

问题分析图(Problem Analysis Diagram,PAD)是 1973 年由日本日立公司发明,用二维树形结构的图来表示程序的控制流及逻辑结构。

1）基本控制结构

在 PAD 中，一条竖线代表一个层次，最左边的竖线是第一层控制结构，随着层次的增多，图形不断地向右边展开。PAD 基本控制符号如图 4.6 所示。

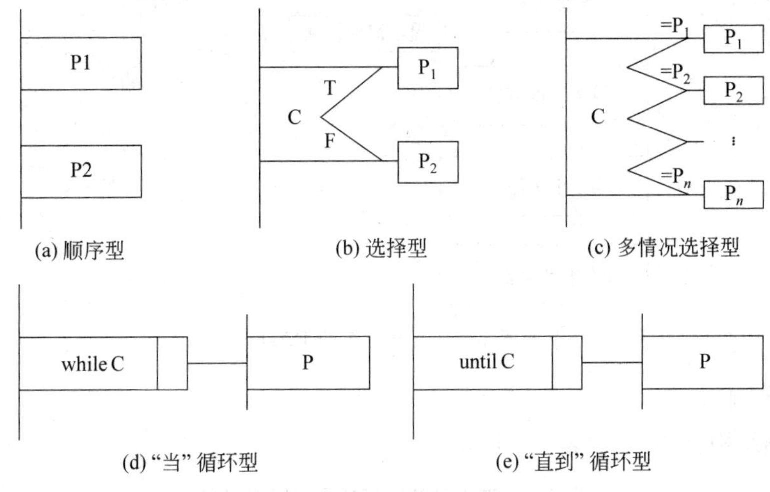

图 4.6　PAD 的基本控制符号

2）优点

（1）使用 PAD 符号所设计出来的程序必然是结构化程序。

（2）PAD 描绘的程序结构十分清晰，PAD 图中竖线的总条数就是程序的层次数。

（3）用 PAD 表示程序逻辑，易读、易懂、易记。

（4）PAD 是二维树形结构的图形，程序从图中最左竖线上端的节点开始执行，自上而下，从左向右，遍历所有节点。

（5）容易将 PAD 转换成高级语言源程序，这种转化可用软件工具自动完成，从而省去人工编码，有利于提高软件可靠性和软件生产率。

（6）可用于表示程序逻辑，也可用于描绘数据结构。

（7）PAD 的符号支持自顶向下、逐步求精方法的使用，开始时设计者可以定义一个抽象的程序，随着设计工作的深入，逐步增加细节，直到完成详细设计。

3）案例

图 4.7 描述用户进行上传信息操作的 PAD。首先进行登录，根据权限类型进入相应的上传界面，并填写相应的上传信息，系统会根据上传的信息类型更新相应的信息，然后添加相应的上传记录。

4. 过程设计语言

过程设计语言（Procedure Design Language，PDL）是用来描述模块内部具体算法的非正式且应用比较灵活的一种语言，其外层语法是确定的，而内部语法不确定。外层语法描述控制结构，用类似一般编程的保留字，因而是确定的。内部语法根据系统具体情况和不同层次灵活选用，实际上它采用任意自然语言来描述具体操作，因而是不确定的。由于 PDL 与程序很相似，所以也称其为伪代码，但它仅仅是对算法的一种描述，是不可执行的。

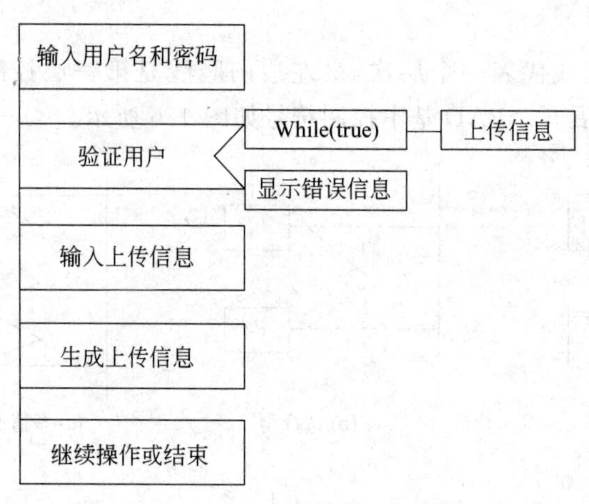

图 4.7 信息上传的 PAD

1）基本控制结构

基本控制结构有 6 种，如表 4.1 所示。

表 4.1 过程设计语言的基本控制结构

顺 序	选 择	多分支选择	"当"型循环	"直到"型循环	For 型循环

处理 C1
处理 C2
⋮
处理 C*n*
	① If 结构
	If 条件
	处理 C1
	EndIf
	或者：
	If 条件
	处理 C1
	Else
	处理 C2
	EndIf
	② If … Elseif 结构
	If 条件
	处理 C1
	ElseIf 条件
	处理 C2
	⋮
	Else
	处理 C*n*
		Switch 变量
		Case(值 1)
		处理 C1
		Case(值 2)
		处理 C2
		⋮
		Otherwise
		处理 C*m*
		End
			While 条件
			循环体
			End While
				Repeat
				循环体
				Until 条件
					For $i=0$ To n
					循环体
					End For

2）优点

PDL 的总体结构与一般程序完全相同。外层语法与相应的程序语言一致，内部语法使用自然语言，易编写、易理解，也容易转换为源程序。此外，它还具有以下优点。

（1）提供的机制较图形全面，为保证详细设计与编码的质量创造了有利条件。

（2）可作为注释嵌入源程序中一起构成程序的文档，并可同高级程序设计语言一样，进行编辑、修改；有利于软件维护。

(3) 可自动生成程序代码,提高生产率。目前 PDL 已有多种版本,为自动生成相应代码提供了便利条件。

3) 缺点

(1) 不如图形工具形象,对英文使用的准确性要求较高。

(2) 描述复杂的条件组合与动作间的对应关系时,不如判定表清晰简单。

4) 案例

用 PDL 描述的 averagen 过程如下。

```
                    PROCEDURE averagen
/* This procedure computes the average of 100 or fewer numbers that are bounding
values, it also computes the total input and the total valid. */
INTERFACE RETURENS averagen, total input, total valid;
INTERFACE ACCEPTS value, minimum, maximum;
TYPE value[1..100] IS ARRAY,
TYPE averagen, total input, total valid, minimum, maximum, sum IS NUMBER;
TYPE IS INTEGER.
1. i=1;
2. total_input=total_valid=0;
3. sum=0;
4. DO WHILE value[i]<>-999 AND value[i]<maximum
5.    increment total_input by 1;
6.    IF values[i]>=minimum AND value[i]<=maximum
7.       THEN increment total_valid by 1;
8.              sum=sum+value[i];
9.       ELSE skip;
10.   ENDIF;
11.   increment i by 1;
12.ENDDO
13.IF total_valid>0
14.   THEN averagen=sum/total_valid;
15.   ELSE AVERAGY=-999;
16.ENDIF
17.END averagen
```

5. IPO 图

IPO(Input Process Output)图是用于描述某个特定内部的处理过程和输入输出关系的图形。IPO 图是配合概要设计中 HIPO,详细说明每一个模块的输入数据、输出数据和数据加工的重要工具。常用 IPO 图如表 4.2 所示。

表 4.2 IPO 图的基本内容

IPO	
系统名称:	
模块名称:	模块编号:
模块描述:	
被上层调用模块:	调用下层模块:

续表

输入数据：	输入说明：
输出数据：	输出说明：
变量说明：	
使用数据库或文件	
处理说明：	
注释：	
设计者：	日期：

IPO 图的主体是处理说明部分，该部分可采用流程图、N-S 图、问题分析图和过程设计语言等工具进行描述，几种方法各有长处和不同的适用范围，在实际设计中需视具体情况而定，选用的基本原则是能准确、简明地描述模块执行的细节。

在 IPO 图中输入数据、输出数据来源于数据字典。变量说明是指模块内部定义的变量，与系统的其他部分无关，仅由本模块定义、存储和使用。注释是对本模块有关问题作必要的说明。因此，IPO 图是详细设计阶段的一种要求的文档资料。

6. 判定表和判定树

当算法中包含多重嵌套的条件选择时，用流程图、盒图、PAD 或者过程设计语言等详细设计工具都不易清楚地表述，但判定表却能清晰地表示复杂的条件组合与应做的动作之间的对应关系。

1）基本结构

判定表由 4 个部分组成：左上部列出所有条件；左下部是所有可能的动作；右上部是表示各种条件组合的一个矩阵；右下部是和每种条件组合相对应的动作。判定表的右半部每一列实质上是一条规则，规定了与特定的条件组合相对应的操作。

图 4.8 表示一个基本的判定表。从表中可以看出，判定表能够简洁而又无歧义地描述处理规则。当把判定表和布尔代数或者卡诺图结合起来使用时，可以对判定表进行校验或者简化。但是判定表并不适合作为一个通用的设计工具，没有一种简单的方法使它能同时清晰表示顺序和重复等处理结构。

条件	规则1	规则2	规则3	规则4	规则5	
C1						条件项
C2						
C3						
动作						
A1	Y	Y		Y		动作项
A2	Y				Y	
A3		Y	Y	Y		

图 4.8　基本判定表

当条件组合多时，判定表的陈述不够清晰，简洁程度急速下降，因而推出判定表的改良版——判定树,判定树能清晰地表示复杂的条件组合与应做的动作之间的对应关系,优点在于:形式简单到不需任何说明,易掌握和使用,是一种常用的系统分析和设计工具。

2）实例

某航空公司规定,乘客可以免费托运重量不超过 23kg 的行李,当行李重量超过 23kg 时,对头等舱的国内乘客超重部分按每公斤收费 4 元,对其他舱的国内乘客超重部分每公斤收费 6 元,对外国乘客超重部分每公斤收费比国内乘客多一倍。对残疾乘客超重部分每公斤收费比正常少一半。用判定表表示如表 4.3 所示,对应的判定树如图 4.9 所示。

表 4.3　计算行李费用的判定表

托运行李费用		1	2	3	4	5	6	7	8	9
条件	头等舱		T	T	T	T	F	F	F	F
	国内乘客		T	T	F	F	T	T	F	F
	残疾乘客		F	T	F	T	F	T	F	T
	行李重量 $W \leqslant 23$	T	F	F	F	F	F	F	F	F
动作	免费	Y								
	$(W-23)\times 2$			Y						
	$(W-23)\times 3$							Y		
	$(W-23)\times 4$		Y			Y				
	$(W-23)\times 6$						Y			Y
	$(W-23)\times 8$				Y					
	$(W-23)\times 12$								Y	

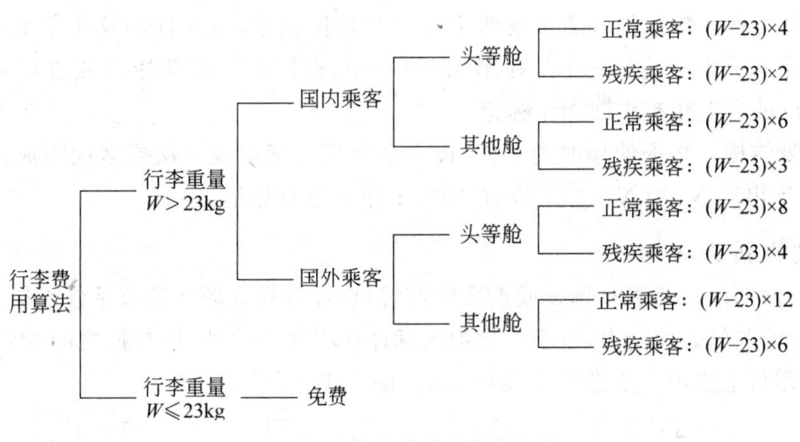

图 4.9　计算行李费用的判定树

从上面的例子可以看出,虽然判定树比判定表更直观,但简洁性不如判定表,数据元素的同一个值往往重复写多遍,而越接近树叶端重复次数越多。另外,画判定树时分支的次序可能对最终画出的判定树的简洁程度有较大影响,而判定表不存在这样的问题,因此,画判定树需要一定的技巧。

4.1.3 设计方法

在许多应用领域信息都有清楚的层次结构,输入数据、内部存储信息和输出数据都有独特的结构。数据结构既影响程序结构又影响程序处理过程,重复出现的数据用循环控制的程序处理,选择数据用分支控制结构的程序处理。

面向数据结构的设计方法,利用数据结构作为程序的基础,最终目标是得出对程序处理过程的描述,最适合在详细设计阶段使用。

使用面向数据结构的设计方法首先需要分析确定数据结构,并且用适当的工具清晰地描述数据结构。Jackson 系统开发(Jackson System Development,JSD)方法是一种典型的面向数据结构的分析设计方法,这里主要介绍 Jackson 系统开发方法。

1. Jackson 基本数据结构

Jackson 各数据元素之间的逻辑关系只有顺序、选择和重复 3 种,因而逻辑数据结构也只有 3 种,如图 4.10 所示。

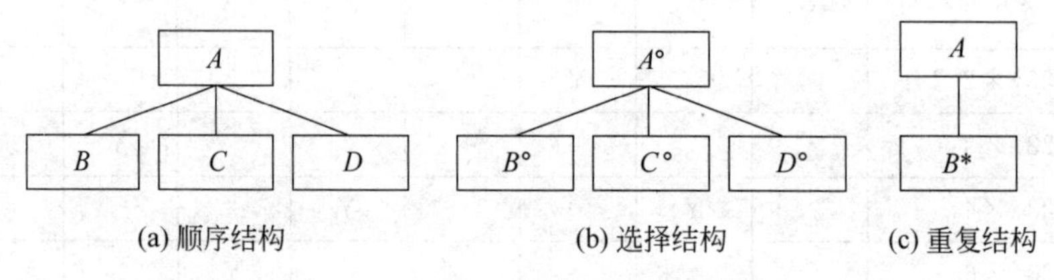

图 4.10 Jackson 图的基本数据结构

(1) 顺序结构。数据由一个或多个数据元素组成,每一个元素按确定次序出现一次。在图 4.10(a)中,A 由 B、C、D 3 个元素按顺序组成。

(2) 选择结构。数据包含两个或两个以上的数据元素,每次使用这个数据时按一定的条件从这些数据元素中选择一个。在图 4.10(b)中,根据条件 A 选择 B 或者 C 或者 D 中某一个,B、C、D 的右上角有小圆圈作标记。

(3) 重复结构。根据使用时的条件,由一个数据元素出现 0 次或多次组成。在图 4.10(c)中,A 由 B 出现 N 次($N \geqslant 0$)组成,B 的右上角有星号标记。

2. 改进的 Jackson 图

Jackson 图的缺点是表示选择或重复结构时,选择条件或循环结束条件不能直接在图上表示出来,影响图的表达能力,也不容易把图翻译成程序。此外,框与框之间为斜线连接,不易在行式打印机上输出。改进后 Jackson 图如图 4.11 所示。

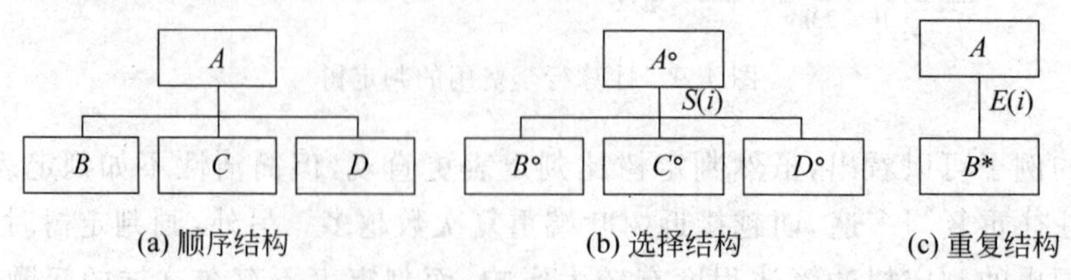

图 4.11 改进的 Jackson 图

(1) 顺序结构。在图 4.11(a)中,B、C、D 中任何一个都不能是选择出现或者重复出现的数据元素,即不能右上角有小圆圈或星号标记的元素。

(2) 选择结构。在图 4.11(b)中,S 右边括号内的 i 是分支条件的编号。

(3) 重复结构。在图 4.11(c)中,循环结束条件的编号为 i。

3. Jackson 方法

Jackson 结构程序设计方法由下列 5 个步骤组成。

(1) 分析并确定输入数据和输出数据的逻辑结构,用 Jackson 图描绘这些数据结构。

(2) 找出输入数据结构和输出数据结构中有对应关系的数据单元。有对应关系是指有直接的因果关系,在程序中可以同时处理的数据单元(对于重复的数据单元必须重复的次序和次数都相同才可能有对应关系)。

(3) 用下述 3 条规则从描绘数据结构的 Jackson 图导出描绘程序结构的 Jackson 图。

① 为每对有对应关系的数据单元,按照它们在数据结构图中的层次,在程序结构图的相应层次上画一个处理框(注意:若这对数据单元在输入数据结构和输出数据结构中所处的层次不同,则和它们对应的处理框在程序结构图中所处的层次与它们之中在数据结构图中层次低的那个对应)。

② 根据输入数据结构中剩余的每个数据单元所处的层次,在程序结构图的相应层次分别为它们画上对应的处理框。

③ 根据输出数据结构中剩余的每个数据单元所处的层次,在程序结构图的相应层次分别为它们画上对应的处理框。总之,描绘程序结构图的 Jackson 图应根据输入数据结构和输出数据结构的层次关系导出。在导出程序结构图的过程中,由于改进的 Jackson 图中规定在构成顺序结构的元素中不能有重复出现或者选择出现的元素,因此可能需要增加中间层次的处理框。

(4) 列出所有操作和条件(包括分支条件和循环结束条件),并且把它们分配到程序结构图的适当位置。

(5) 用伪码表示程序。Jackson 方法中使用的伪码和 Jackson 图是完全对应的。

4.2 面向对象设计

4.2.1 概述

生活中有这样一个例子:某家私营企业有 3 辆车,即奥迪小汽车、别克商务车和奔驰客车,并请了一名专业司机。每次企业老总上车时有点诡异,上奥迪小汽车说:“开奥迪小汽车!”上宝马车说:“开别克商务车!”上奔驰客车时说:“开奔驰客车!”看到这里,你可能觉得这位老总有点问题,倘若把这个行为放到结构化程序设计中,会发现这是一个非常普遍存在的现象。如果采用面向对象设计就与平时的思维一样,直接说:“开车!”这就是面向对象设计的特点,将客观世界中实体抽象为问题域中的对象。

面向对象方法学的出发点和基本原则,就是尽可能模拟人类的思维习惯,使开发软件的方法与过程尽可能接近于人类认识世界、解决问题的方法与过程,也就是使描述问题的问题域和实现解法的求解域在结构上尽可能一致。

采用面向对象方法设计，通常需要建立3种形式的模型，它们分别是描述系统数据结构的对象模型、描述系统控制结构的动态模型以及描述系统功能的功能模型。这3种模型设计数据、控制、操作等共同的概念，只不过每种模型描述的侧重点不同，这3种模型从3个不同但又密切相关的角度模拟目标系统，它们从各种不同侧面反映了系统的实质性内容，综合起来则全面地反映了目标系统。

在面向对象设计中，对象模型始终是最重要、最基本、最核心的，在整个开发过程中，这3种模型一直处在发展与完善中，在需求分析时，构造出完全独立于实现的应用域模型；在面向对象设计中，将求解域的结构逐渐加入到模型中；在实现阶段，把应用域和求解域的结构都编成程序代码。而这3种模型都使用统一建模语言（Unified Modeling Language，UML）所提供的类图来建立。

4.2.2 UML

UML为系统开发的所有阶段提供模型化支持，是一种面向对象、支持模型化和软件系统开发的可视化语言；它能对需求分析、概要设计、详细设计和实现决策进行详细的描述，是一种可用于详细描述的语言；将其描述的模型与各种编程语言直接相连，甚至可以映射成关系数据库的表或面向对象数据库的永久存储介质，是一种构造语言；它让系统设计者采用标准、易理解的方式建立起能够表达其设计思想的图形，是一种图形化语言；让设计者与开发者提供共享和交流的机制，给出软件开发生命周期各阶段的文档，是一种文档化语言。

UML是由Grady Booch、Ivar Jacobson和James Rumbaugh这3位软件工程专家开发，其中Grady Booch描述了对象集合和它们之间关系的方法，James Rumbaugh创建了对象建模技术（Object Modeling Technique，OMT），Ivar Jacobson提出了面向对象软件工程（Object-Oriented Software Engineering，OOSE），包括用例方法来描述需求的方式，并在此基础上作了进一步的发展与统一，成为了系统设计开发者所接受的标准建模语言。

1. UML组成

UML通过图形化的表现机制，为面向对象提供统一的标准，其由视图（View）、图（Diagram）、模型元素（Model Element）和通用机制（General Mechanism）组成。

1）视图

为了更好地、更完整地描述一个系统，需要从该系统的各个方面、各个角度进行分析，从某个视角观察到的系统称为视图。因此，视图只反映了系统的部分特性，从一个侧面描述系统，同一个系统需要定义多个不同类型的视图，图4.12显示UML视图的5种类型。

设计视图
实现视图
用例视图
过程视图
部署视图

图4.12 视图类型

（1）用例视图。从用户角度描述系统的特性、功能和性能等需求，用例视图是其他视图的核心，其他视图均从用例视图派生而来，用例视图主要由用例图构成。

（2）设计视图。从系统的静态结构和动态行为来描述如何实现系统的功能。它既描述系统的静态结构，如类、对象以及它们之间的关系，也描述系统内部的动态协作关系。静态结构由类图和对象图呈现，动态行为则在状态图、时序图、协作图及活动图中描述。

(3) 实现视图。显示不同类型的代码模块的组织结构，描述系统的实现模块以及它们之间的依赖关系，主要由组件图构成。

(4) 过程视图。描述系统内部控制的并发性，解决各种通信和同步等问题，由状态图、协作图以及活动图组成。

(5) 部署视图。描述系统的拓扑结构、分布、安装与配置等，涉及软件的部署和硬件的配置，以及它们之间的对应关系，部署视图主要由部署图表示。

2) 图

图是用来描述视图的内容，一张视图通常由多个图组成。UML 定义了用例图、类图、包图、状态图、活动图、顺序图、协作图、构件图和部署图 9 种基本图，并把它们有机地结合在一起来描述系统的所有视图。

3) 模型元素

模型元素表示为图中使用的基本概念，如类、对象、接口和消息等，是构成图的基本元素。一个模型元素可在多个图中使用，并且具有相同的含义和相同的符号表示。它不仅表示基本概念，还包括概念间的相互关系，如依赖关系、关联关系和泛化关系等。

4) 通用机制

通用机制用于描述系统的其他额外信息，如"注释""标签值"等，通过这些来弥补基本模型元素不足的表达能力，使 UML 能够适合特殊用户、特殊数据、特殊方法的需求。

2. UML 图

UML 图用来具体描述视图的内容，由代表模型元素的各种图形符号表示，分为以下 9 种。

1) 用例图

用例是用于捕捉参加者所理解的系统需求的一种技术，应用于需求分析阶段。它可以描述操作者怎样与系统交互，也可以描述执行者如何使用系统。用例图用图形化方式从系统外部描述系统功能及功能之间的关系，即用户希望系统具备哪些功能，设计者据此进行需求分析和建立系统功能模型，并创建用例图，用来描述系统这些功能模块和模块之间的调用关系。图 4.13 表示登录系统的用例图。

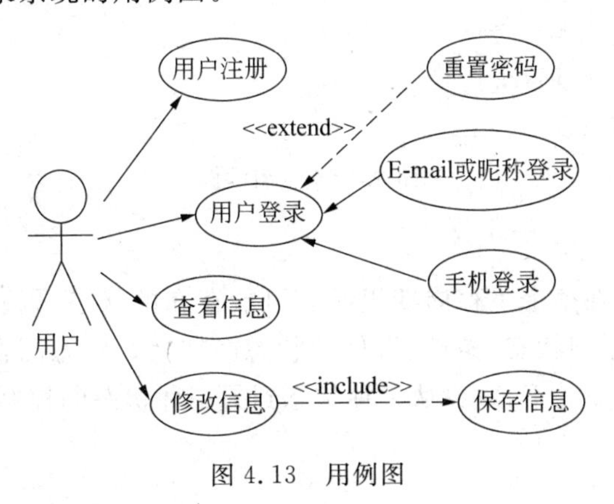

图 4.13 用例图

2) 类图

类图描述类的属性和方法以及类与类之间的关系，由此可以看出，类图既呈现类的内部结构，又展示类间的关联性。

类的内部结构涉及类名、类中属性、方法及其可见性。类名是指对象集合的名称，其命名将影响着对整个系统静态模型的可理解性，在UML通用机制中，规定对类名进行修饰和增加语义的构造型方法，将更有利于对类的理解与设计；属性指整个对象特性的集合，方法则是类提供的服务功能；可见性是指对象对类的属性和方法的访问权限，目前面向对象程序设计支持公有(public)、私有(private)和受保护(protected)3种不同的访问权限。图4.14表示学生的类图，其中“+”表示公有，“#”表示受保护的，“-”表示私有。

Student
-id:int #age : int +name : string
-setId(in id : int) -getId() : int #setAge(in age : int) #getAge() : int +setName(in name : string) +getName() : string

图4.14 学生类图

3）包图

包图是一种组合机制，将UML中用例图、类图等模型元素进行封装，形成一个高内聚、低耦合的整体。通过包图，对内在语义有关联的模型元素进行分组，简化系统结构，把系统分成多个子系统。例如，图4.15所示的包图示例说明Client负责Order(订单)的输入，并通过Server来管理用户的登录(LoggingService)和数据库存储(DataBase)，而Server包还将通过.NET的SQL Server访问工具包来实现与数据库的实际交互。

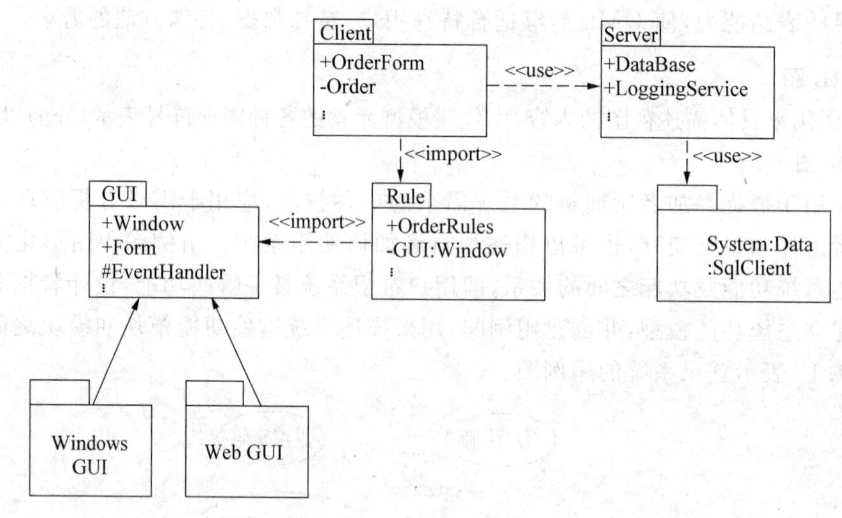

图4.15 包图示例

4）状态图

状态图是描述对象在整个生存周期里所有可能存在的状态，以及引起状态改变的条件或者事件，它包含了一系列状态、条件、事件和状态间转换。状态图常常用来描述业务或系统中对象在外部事件的驱动下，对象从一种状态到另一种状态的控制流。图4.16表示用户登录的状态图。

5）活动图

活动图是状态图的一种改良，其目的是描述动作及动作之间的结果，即对象状态的改变，它描述一个步骤或者一个操作的执行。图4.17表示用户登录的活动图。

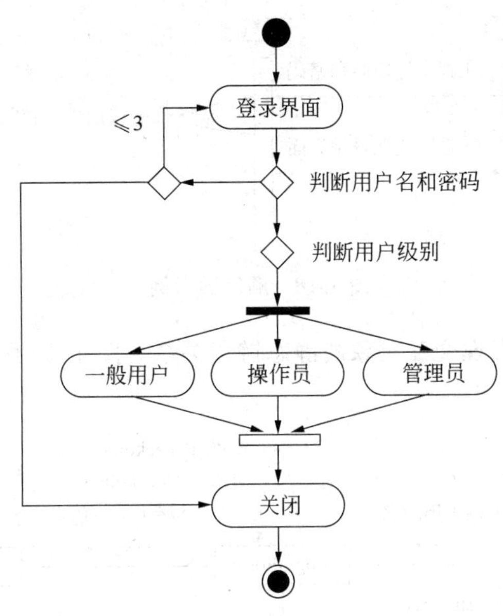

图 4.16　状态图示例

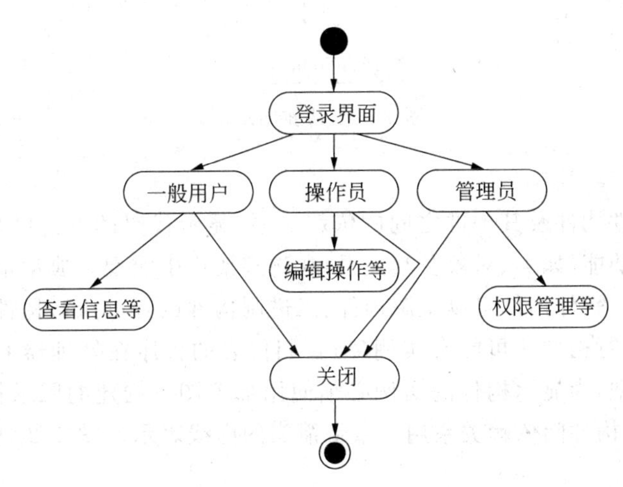

图 4.17　活动图示例

6）顺序图

顺序图是描述对象之间的动态交互关系，着重表现对象间消息传递的时间顺序。顺序图有两个坐标轴，即纵坐标轴（表示时间）、横坐标轴（表示不同的对象）。当对象存在时，角色用一条虚线表示，当对象的过程处于激活状态时，生命线是一个双道线。浏览顺序图的方法是从上到下（按时间顺序）查看对象交换的消息，图 4.18 表示管理员成功登录系统的顺序图示例。

7）协作图

协作图用于描述相互协作的对象间的交互关系和链接关系（链接是关联的实例）。虽然顺序图和协作图都描述对象间的交互关系，但它们的侧重点不同：顺序图着重表现交互的

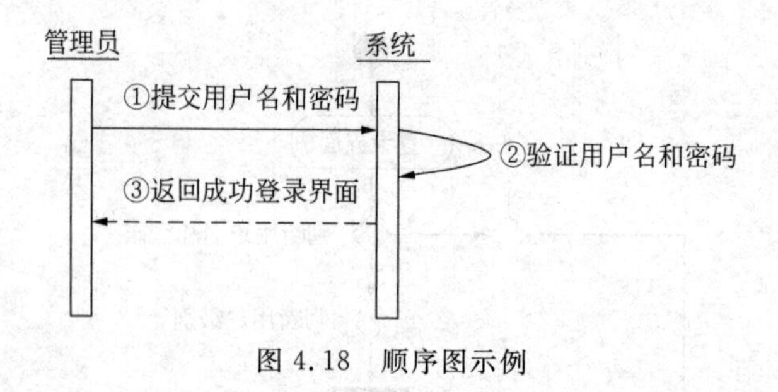

图 4.18　顺序图示例

时间顺序，协作图则着重表现交互对象的静态链接关系。图 4.19 所示为用户登录系统的协作图示例。

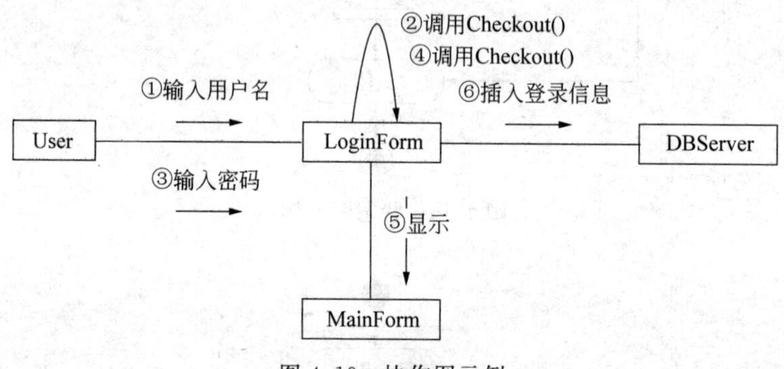

图 4.19　协作图示例

8）构件图

构件图描述软件构件及其构件之间的依赖关系，显示代码的静态结构。构件是逻辑架构中定义的概念和功能（如类、对象及其关系）在物理架构中实现。典型情况下，构件是开发环境中实现的文件。软件构件可以是源构件、二进制构件或者可执行构件中任何一种，构件是类型，但只有可执行构件才可能有实例（当它们代表的程序在处理器上执行时）。构件图只把构件显示成类型，为显示构件的实例必须使用部署图。构建的图示符号是左边带两个小矩形的大长方形，构件间依赖关系用一条带箭头的虚线表示。图 4.20 表示图书借阅的构件图示例。

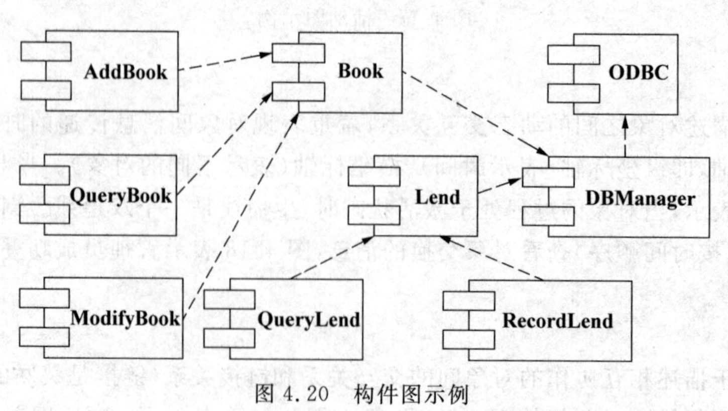

图 4.20　构件图示例

9）部署图

部署图描述处理器、硬件设备和软件构件在运行时的架构，它显示系统硬件的物理拓扑结构及在此结构上执行的软件。使用部署图可以显示硬件节点的拓扑结构和通信路径、节点上运行的软件架构、软件架构包含的逻辑单元(对象、类)等。图 4.21 所示为部署图示例。

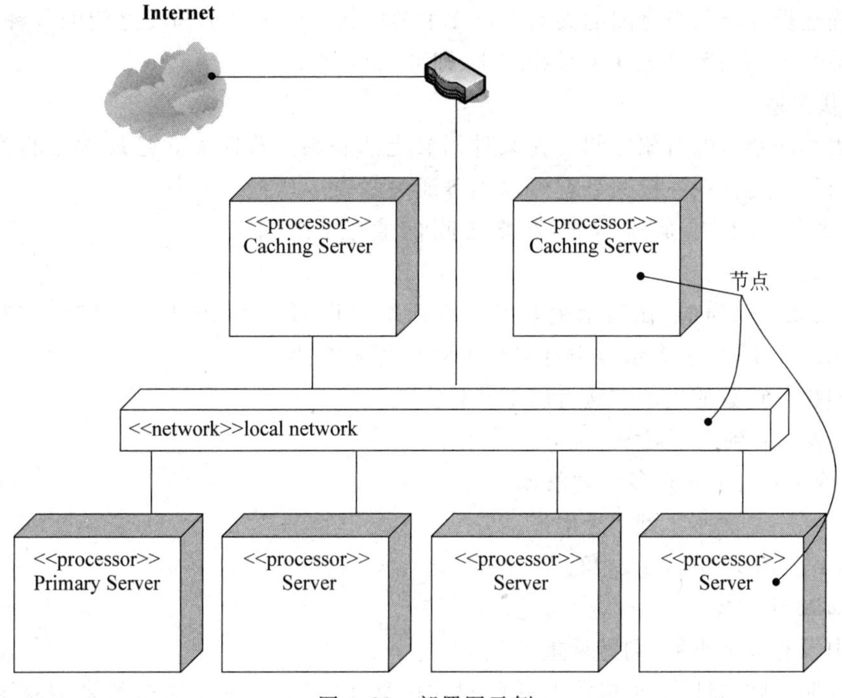

图 4.21 部署图示例

4.2.3 对象模型

对象模型表示静态的、结构化的系统的“数据”性质，它是对模拟客观世界实体的对象以及对象彼此之间关系的映射，描述系统的静态结构。面向对象设计中强调围绕对象，而不是围绕功能来构造系统。因此，对象模型为建立动态模型和功能模型提供了实质性的框架。

在 UML 术语中“类”的实际含义为“一个类及属于该类的对象”。

1. 类的符号

类图描述类及类之间的静态关系，类图是一张静态模型，它是创建其他 UML 图的基础，一个系统可以由多张类图来描述，一个类也可以出现在几张类图中。

类图不仅定义软件系统的类，描述类与类之间的关系，它还表示类的内部结构，即类的属性与方法(图 4.22)，其中，类名是指一类对象的名字，命名是否恰当对系统的可理解性影响相当大，类名字应赋予其描述性、简洁且无二义性；类的属性描述该类对象的共同特征，放在表示类的长方形的中部区(可省略)；类的方法用于修改、检索类的属性或执行某些动作，放在表示类的长方形的下部区内。

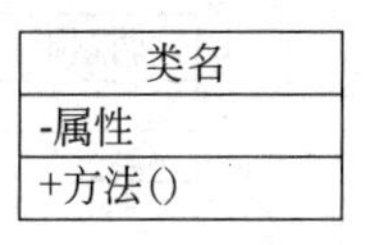

图 4.22 类的图形符号

类图描述是一种静态关系，它是从静态角度表示系统的，因此，类图建立的是一种静态模型，它在系统整个生命周期内是有效的。类图是构建其他图的基础，没有类图就没有状态图等其他图，与就无法表示系统其他方面的特性。

2. 表示关系的符号

类图描述类及类与类之间的关系。定义了类后就可以定义类与类之间的各种关系。类与类之间最常见的关系是关联关系和泛化（即继承）关系。

1）关联关系

关联表示两个类的对象之间存在某种语义上的联系。普通关联是最常见的关联关系，只要在类与类之间存在连接关系就可以用普通关联表示。普通关联的图示符号是连接两个类之间的直线，如图 4.23 所示。

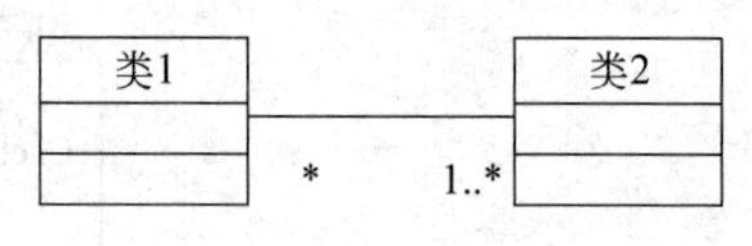

图 4.23　普通关联示例

通常，关联是双向的，在表示关联的直线两端可以写上重数（Multiplicity），它表示该类有多少个对象与对方的一个对象连接。重数的表示方法有以下几种。

0..1：表示 0 到 1 个对象。

0..＊或＊：表示 0 到多个对象。

1＋或 1..＊：表示 1 到多个对象。

1..15：表示 1 到 15 个对象。

3：表示 3 个对象。

若图中没有表示重数，则默认重数为 1。

为了说明关联的性质，可能需要一些附加信息，可以引入一个关联类来记录这些信息。关联中每个连接与关联类的一个对象相连接，关联类通过一条虚线与关联连接，关联类与一般类一样，也有属性、方法和关联。

在任何关联中都会涉及参与此关联的对象所扮演的角色，在某些情况下显示标明的角色有助于他人理解类图，若没有显示标出角色名，则意味着用类名作为角色名。

聚集是关联的特例，表示类与类之间的关系是整体与局部的关系。除了一般的聚集外，还有两个特殊的聚集关系，即共享聚集和组合聚集。

共享聚集是指聚集关系中处于部分方的对象可同时参与多个处于整体方对象的构成，一般聚集和共享聚集都会在关联关系的直线末端紧挨着整体内的地方画一个空心菱形。例如，一个课题组包含许多成员，每个成员又可以是另一个课题组成员（图 4.24(a)）。组合聚集是指部分类完全隶属于整体类，部分与整体共存，整体不存在了，部分也随之消失（或者失去存在价值），组成关系用实心菱形表示，如企业所包含的处室（图 4.24(b)）。

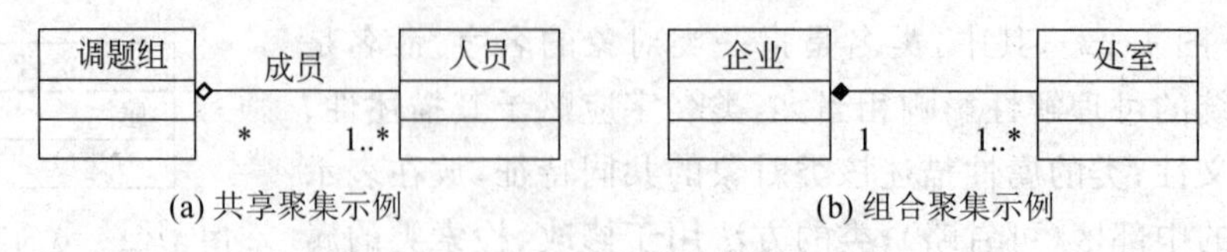

图 4.24　共享聚集和组合聚集示例

2）泛化关系

UML 中泛化关系就是通常所说的继承关系，它是通用元素和具体元素之间的一种分类关系。具体元素完全拥有通用元素的信息，并且还可以附加一些其他信息，用空心三角形的连线表示泛化关系，三角形的顶点紧挨着通用元素。注意：泛化针对类而不是实例，一个类可以继承另一个类，但一个对象不能继承另一个对象。

没有具体对象的类称为抽象类，抽象类通常作为父类，用于描述其他类（子类）的公共属性和行为。抽象类继承示例如图 4.25(a)所示。

多重继承是指一个子类可以同时多次继承同一上层的基类，如图 4.25(b)所示的水陆两用类同时继承了汽车类和船类。

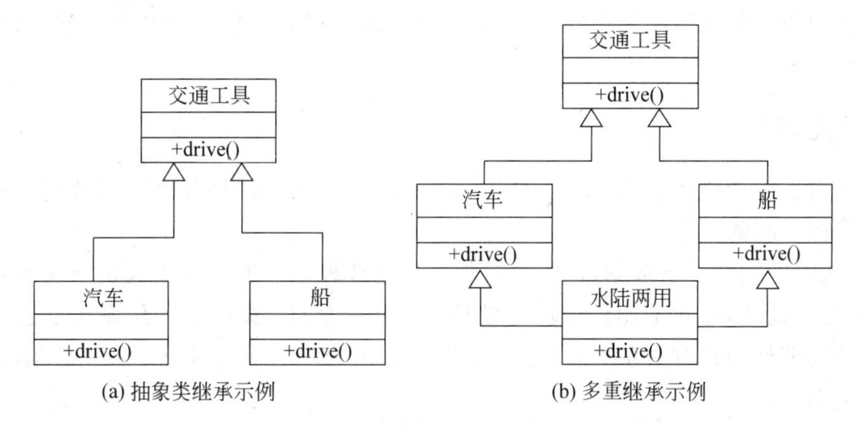

(a) 抽象类继承示例　　(b) 多重继承示例

图 4.25　抽象类继承和多重继承示例

3）依赖和细化

依赖关系描述两个模型元素（类、用例）之间的语义连接关系，其中一个模型元素是独立的，另一个模型元素不是独立的，它依赖于独立的模型元素，若独立的模型元素改变了，将影响依赖于它的模型元素，用带箭头的虚线连接有依赖关系的两个类，箭头指向独立类。在虚线上可以带一个构造型标签，具体说明依赖的种类。例如，图 4.26 表示友元依赖关系，该关系使得 B 类的方法可以使用 A 类中私有或保护的成员。

在软件开发的不同阶段都使用了类图，但这些类图表示了不同层次的抽象。类图可分 3 个层次，即概念层、说明层和实现层。当对同一事物在不同抽象层次上描述时，这些描述之间具有细化关系，表示对事物更详细一层的描述。设计类是在分析类的基础上更详细的描述，则称设计类细化了分析类，或者称分析类细化成了设计类。细化的图示由设计类指向分析类、一端为空心三角的虚线，如图 4.27 所示。

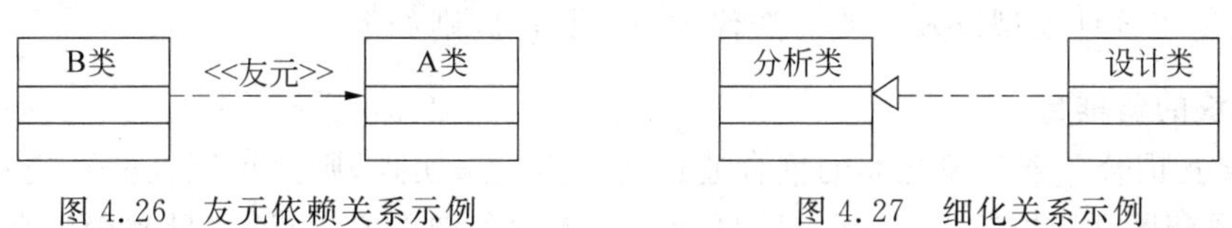

图 4.26　友元依赖关系示例　　图 4.27　细化关系示例

4.2.4 动态模型

动态模型表示瞬时的、行为化的系统"控制"性质，它规定了对象模型中对象的合法变化序列。一旦建立起对象模型后，就需考察对象的动态行为。所有对象都具有自己的生命周期(或者称为运行周期)。对于一个对象来说，生命周期由许多阶段组成，在每一个特定阶段中，都有适合该对象的一组运行规律和行为规则，用来规范该对象的行为。生命周期中的阶段也就是对象的状态。状态是对对象属性值的一种抽象，各对象之间相互触发，就形成一系列的状态变化，将一个触发行为称为一个事件。对象对事件的响应，取决于接收该触发的对象所处的状态，响应包括改变自己的状态或者又形成一个新的触发行为。

状态有持续性，它占用一段时间间隔。状态与事件密不可分，一个事件分开两个状态，一个状态隔开两个事件。事件表示时刻，状态代表时间间隔。

通常 UML 用状态图来描述对象的状态、触发状态转换的事件以及对象的行为。每个类的动态行为用一张状态图来描绘，各个类的状态图通过共享事件合并在一起，从而构成了系统的动态模型。

4.2.5 功能模型

功能模型表示变化系统的“功能”性质，它指明了系统应该“做什么”，因此更直接地反映了用户对目标系统的需求。

通常，功能模型由一组数据流图组成，但建立功能模型有助于开发人员更深入理解问题域，改进和完善设计，因此不能轻视功能模型的作用。UML 提供的用例图也是进行需求分析和建立功能模型的强有力工具，一幅用例图包含的模型元素有系统、行为者、用例以及用例之间的关系。

对象模型、动态模型和功能模型分别从不同的侧面描述了所要开发的系统，这 3 种模型相互补充、相互配合，使得在设计中对系统的描述更加全面，功能模型定义了系统应该“做什么”，动态模型明确规定了“何时去做”，对象模型则定义了做事的实体，即“由谁来做”。

4.2.6 设计原则

面向对象设计是将面向对象分析所创建的分析模型转化为设计模型，与结构化设计不同，面向对象设计和面向对象分析采用相同的符号进行表示，两者之间没有明显的分界线，它们往往反复迭代进行。在面向对象分析中，只考虑系统是做什么，而不关心系统如何实现；在面向对象设计中，主要解决系统如何做，因此需要在面向对象分析基础上补充一些新的类，或者在原有的类中补充一些属性和方法，并能从类中导出对象以及这些对象如何关联，还要描述对象间的关系、行为以及对象间通信如何实现。

因此，面向对象设计应遵循抽象、信息隐藏、功能独立、模块化等设计准则，在系统设计、对象设计、复审设计模型以及需要时迭代进行。具体原则如下。

1. 模块的弱耦合

(1) 交互耦合。若对象之间的耦合通过消息连接来实现，则这种耦合就是交互耦合，为了使交互耦合尽可能松散，应该尽量降低消息连接的复杂程度；应该尽量减少消息中包含的参数个数，降低参数的复杂程度；减少对象发送(或接收)的消息数。

(2) 继承耦合。与交互耦合相反，应该提高继承耦合程度。继承是一般化类与特殊化类之间耦合的一种形式，从本质上看，通过继承关系结合起来的基类和派生类，构成了系统中粒度最大的模块。因此，它们彼此之间应该结合得越紧密越好。为了获得紧密的继承耦合关系，特殊化类应该为它的一般化类的一种具体化，也就是说，它们之间在逻辑上存在ISA的关系。若一个派生类摒弃了其基类的许多属性，则它们之间是松耦合的。因此，在设计时应该使特殊化类尽量多继承并使用其一般化类的属性和方法，从而更紧密地耦合到其一般化类。

2. 模块的强内聚

(1) 方法内聚。一个方法应该完成一个且仅完成一个功能。

(2) 类内聚。设计类的原则是一个类应该只有一个用途，并且其属性和方法应该是高内聚的。类的属性和方法应该全都是完成该类对象的任务所必需的，其中不包含无用的属性和方法。若某个类有多个用途，应该把它分解为多个专用的类。

(3) 一般—特殊内聚。设计出的一般—特殊结构，应该符合多数人的思维模式，更准确地说，这种结构应该是对相应的领域知识的正确抽取。

3. 模块的可重用性

软件重用是提高软件开发生产率和目标系统质量的重要途径。重用基本上从设计开始。重用包含两方面含义：一方面，尽量使用已有的类(包括开发环境提供的类库和以往开放类似系统时创建的类)；另一方面，若确实需要创建新类，则在设计这些新类的协议时，应该考虑将来的可重复使用性。

4.2.7 对象设计

面向对象分析得出了对象模型，通常并不详细描述类中的服务。面向对象设计则是扩充、完善和细化面向对象分析模型的过程，其主要任务是设计类中的服务、实现服务的算法，还涉及类的关联、接口形式以及优化设计。

1. 对象描述

对象是类或子类的一个实例，对象设计描述可选择以下两种形式。

(1) 协议描述。通过定义对象可以接收的每一个消息和当对象接收到消息后完成的相关操作来建立对象的接口。协议描述是一组消息和对消息的注释。对有很多消息的大型系统，需要创建消息的类别。

(2) 实现描述。该描述包括传递给对象的消息所蕴含的每个操作的实现细节、对象名的定义和类的引用、关于描述对象的属性的数据结构的定义及操作过程的细节。

2. 设计类中的服务

(1) 确定类中应有的服务。需要综合考虑对象模型、动态模型和功能模型，才能正确确定类中应有的服务。对象模型是进行对象设计的基本框架。它常在每个类中列出很少几个最核心的服务。设计者必须把动态模型中对象的行为以及功能模型中的数据处理，转换成适当的类所提供的服务。功能模型指明了系统必须提供的服务。一张状态图描绘了一个对象的生命周期，图中的状态转换时执行对象服务的结果。状态图中状态转换所触发的动作，在功能模型中有时扩展成一张数据流图，如状态图中对相对事件的响应、数据图中的处理、输入流对象、输出流对象及存储对象等。

(2) 设计实现服务的方法。设计实现服务的方法时应首先设计实现服务的算法，包括算法复杂度、算法是否容易理解与容易实现；其次是选择数据结构，需要选择能够方便、有效地实现算法的物理数据结构；最后是定义内部类和内部操作，可能需要增添一些用于存放中间结果的类。

3. 设计类中的关联

在对象模型中，关联是连接不同对象的纽带，它指定了对象相互间的访问路径。在设计过程中，必须确定实现关联的具体策略。既可以选定一个全局性的策略统一实现所有关联，也可以分别为每个关联选择具体的实现策略，以与它在应用系统中的使用方式相适应。在应用系统中，使用关联有两种可能的方式，即单向遍历单向关联和双向遍历双向关联。单向关联用指针实现，双向关联则用指针集合实现。

4. 实现链的属性

实现链属性应该根据关联的具体情况分别处理。若为一对一关联，链属性可以作为其中一个对象的属性而存储在该对象中。对于一对多关联，链属性可以作为多端对象的一个属性。对于多对多关联，可以使用一个独立的类来实现链属性。

5. 优化设计

设计人员必须确定各项质量指标的相对重要性(即确定优先级)，以便在优化设计时制定折中方案。最常见的情况，是在效率和清晰之间寻求适当的折中方案，有时可以用冗余的关联提高访问效率，或调整查询次序，或保留派生的属性等方法来优化设计。

4.2.8 设计模式

设计模式是面向对象软件工程为解决具体问题从软件模式中衍生出来的一种重要技术，它将面向对象设计的经验记录下来，将每一个设计模式系统地命名，详细地解释和评价系统中每一个重要的和重复出现的设计。因此，设计模式可以帮助设计者更快、更好地完成系统设计。

根据设计模式完成的任务和目的性进行分类，可分为以下几类。

(1) 创建型设计模式。用于管理对象的创建。当创建对象时不再需要程序员直接实例化对象，而是根据特定场景，由程序确定创建对象。

(2) 结构型设计模式。用于将已有的代码继承到新的面向对象设计中，帮助多个对象组织更大的结构。

(3) 行为型设计模式。用于封装行为的变化，帮助系统中对象之间进行通信，并且控制复杂系统中的流程。

在面向对象设计中，所有的对象都是通过类来描绘的；反之则不然。这其中包含两个关键词，即抽象类和接口。

抽象类是用来表征对问题领域进行分析、设计中得出的抽象行为概念，而没有具体的行为实现，也就是说，有一种类中没有包含足够的信息来描绘一个具体的对象，这样的类就是抽象类。通常在编程语句中用 abstract 关键字修饰，抽象类中可以有抽象方法和非抽象方法，成员变量可以用不同的修饰符来修饰。例如，门都有 open()和 close()两个动作，通过抽象类来定义这个抽象概念：

```
abstract class Door {
    public abstract void open();
    public abstract void close();
}
```

接口则是引用类型，全部的方法都是抽象方法，仅仅表示纯抽象概念，没有任何具体的方法和属性，也不关心具体细节，成员变量默认的都是静态常量(static final)。

因此，接口与抽象类一样，不能实例化，包含未实现的方法声明，派生类必须实现未实现的方法。抽象类是对象的抽象，接口则是一种行为规范。因此，对于具体报警行为，通过接口来定义它：

```
public interface Alarm {
    public void alarm();
}
```

一个具体类可以实现多个接口，而仅仅只能从一个抽象类继承，从抽象类派生的类仍可实现接口，实现多重继承。对于具有报警功能的门通过下面方法实现：

```
public class AlarmDoor extends Door implements Alarm {
    public void open(){
                //具体实现
    }
    public void close(){
                //具体实现
    }
    public void alarm(){
                //具体实现
    }
}
```

工厂设计模式是一种创建型设计模式，主要是为创建对象提供过渡接口，以便将创建对象的具体过程屏蔽隔离起来，达到提高灵活性的目的。

工厂模式在《Java与模式》一书中分为三类，即简单工厂模式(Simple Factory)、工厂方法模式(Factory Method)和抽象工厂模式(Abstract Factory)。

1. 简单工厂模式

简单工厂模式又称为静态工厂方法模式。从命名上就可以看出这个模式一定很简单。它存在的目的很简单，就是定义一个用于创建对象的接口，由工厂类角色(Creator)、抽象产品角色(Product)和具体产品角色(Concrete Product)三部分组成。

其中，工厂类角色是本模式的核心，含有一定的商业逻辑和判断逻辑，在Java中它往往由一个具体类实现。抽象产品角色一般由具体产品继承的父类或者实现的接口，在Java中由接口或者抽象类来实现。具体产品角色是由工厂类所创建的对象作为它的实例，在Java中由一个具体类实现。图4.28是用类图表示它们之间的关系。

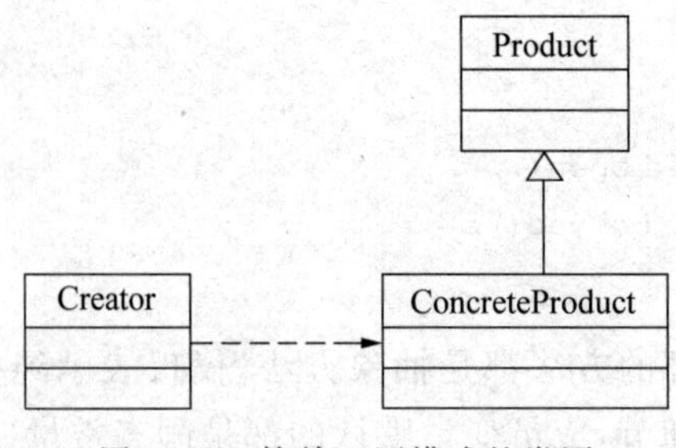

图 4.28 简单工厂模式的类图

简单工厂模式用法比较简单,其核心是工厂类,那么简单工厂模式如何使用呢? 这里以简单工厂模式来改造前面坐车的例子,现在企业老总只需对司机说两个字"开车"就可以了,简单工厂模式中相应的代码如下。

(1) 工厂类角色。

```
public class Driver {
    //工厂方法,返回类型为抽象产品角色
    public static Car driverCar(String s)throws Exception{
        //判断逻辑,返回具体的产品角色给 client
        if(s.equalIgnoreCase("Audi")
            return new Audi();
        else if(s.equalIgnoreCase("Buick")
            return new Buick();
        else if(s.equalIgnoreCase("Benz")
            return new Benz();
        else throw new Excetion();
        ⋮
        }
}
```

(2) 抽象产品角色。

```
public interface Car {
    public void drive();
}
```

(3) 具体产品角色。

```
public class Audi implements Car {
    public void drive(){
        System.out.println("Driving Audi");
    }
}
public class Buick implements Car {
    public void drive(){
        System.out.println("Driving Buick");
```

```
        }
    }
    public class Benz implements Car {
        public void drive(){
            System.out.println("Driving Benz");
        }
    }
```

(4) 以乘坐奥迪来实现(若乘坐其他两种车型,采用同理方式实现)。

```
    public class Manager {
        public static void main(String[ ] args)throws IOException {
            Car car=Driver. driverCar("Audi");
            car.drive();
            }
    }
```

根据对扩展开放、对修改封闭的原则来分析,从上面可以看出,每当增加了一辆车的时候,只要符合抽象产品角色,只需通知工厂类角色就可以使用了。所以对产品部分来说,它是符合开闭原则的;但是每增加一辆车,都需在工厂类中增加相应的业务逻辑或者判断逻辑,这显然是不符合开闭原则的。

因此,简单工厂模式只适用于业务简单或者具体产品很少增加的情况,而对于复杂的业务环境就不适应了,这就推出了工厂方法模式。

2. 工厂方法模式

将简单工厂模式中工厂方法的静态属性去掉,使得它可以被子类继承。这样在简单工厂模式里将在工厂方法上的压力由工厂方法模式里不同的工厂子类来分担,这样工厂类角色称为抽象工厂角色。

抽象工厂角色:是工厂方法模式的核心,与应用程序无关,是具体工厂角色必须实现的接口或者必须继承的父类,在Java中它由抽象类或者接口来实现。

具体工厂角色:含有和具体业务逻辑有关的代码,由应用程序调用以创建对应的具体产品的对象。

抽象产品角色:是具体产品继承的父类或者是实现的接口,在Java中一般有抽象类或者接口来实现。

具体产品角色:具体工厂角色所创建的对象就是它的实例,在Java中由具体的类来实现。用类图来清晰地表示它们之间的关系,如图4.29所示。

工厂方法模式使用继承自抽象工厂角色的多个子类,实现对每一个产品都有相应的工厂,使得结构变得灵活,每当有新的产品(即新的一辆车)产生时,只需按照抽象产品角色、抽象工厂角色提供,就可以被客户使用,而不必去修改任何已有的代码,也可以看出工厂角色的结构符合开闭原则。还是以坐车为例,工厂方法模式相应的代码如下。

(1) 抽象工厂角色。

```
    public interface Driver {
```

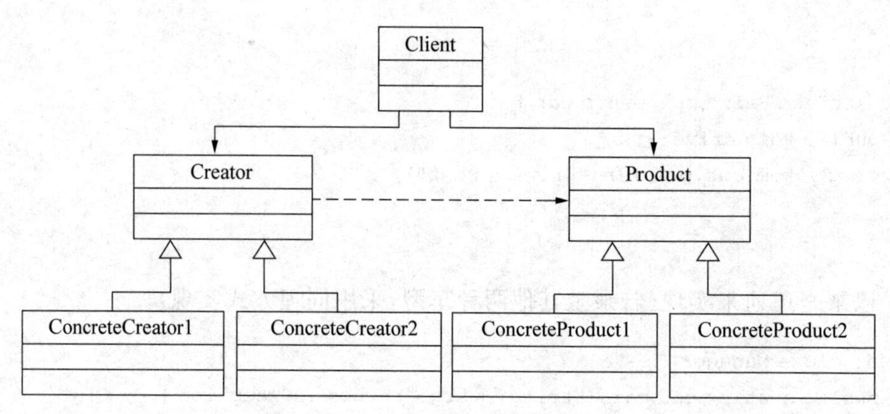

图 4.29　工厂模式的类图

```
    public Car driverCar();
}
```

(2) 具体工厂角色。

```
public class AudiDriver implements Driver{
    public Car driverCar(){
        return new Audi();
    }
}
public class BuickDriver implements Driver{
    public Car driverCar(){
        return new Buick();
    }
}
public class BenzDriver implements Driver{
    public Car driverCar(){
        return new Benz();
    }
}
```

(3) 抽象产品角色。

```
public interface Car {
    public void drive();
}
```

(4) 具体产品角色。

```
public class Audi implements Car {
    public void drive(){
        System.out.println("Driving Audi");
    }
}
```

```
public class Buick implements Car {
    public void drive(){
        System.out.println("Driving Buick");
    }
}
public class Benz implements Car {
    public void drive(){
        System.out.println("Driving Benz");
    }
}
```

(5) 以乘坐奔驰车为例来实现(若乘坐其他两种车型,采用同理方式实现)。

```
public class Manager {
    public static void main(String[ ] args)throws IOException {
        Driver driver=new BenzDriver();
        Car car=driver. driverCar();
        car.drive();
        }
}
```

从上面可以看出,当同等级的产品种类众多时,会出现大量的与之对应的工厂类,而出现不同等级的产品时,对象数量更是成倍增长,这样引出了抽象工厂模式。

3. 抽象工厂模式

在认识抽象工厂具体实例之前,先认识两个重要的概念,即产品族和产品等级。产品族是指位于不同产品等级结构中,功能相关联的产品组成的家族。而一个产品等级是由相同结构的产品组成。

抽象工厂模式是给客户端提供一个接口,可以创建多个产品族中的产品对象。

抽象工厂角色:这是抽象工厂方法模式的核心,与应用程序无关,是具体工厂角色必须实现的接口或者必须继承的父类。在Java中它由抽象类或者接口来实现。

具体工厂角色:含有和具体业务逻辑有关的代码,由应用程序调用以创建对应的具体产品的对象,在Java中它由具体的类来实现。

抽象产品角色:是具体产品继承的父类或者是实现的接口,在Java中一般由抽象类或者接口来实现。

具体产品角色:具体工厂角色所创建的对象就是具体产品角色的实例,在Java中由具体的类来实现。

抽象工厂模式类图如图4.30所示。

使用抽象工厂模式还需满足以下条件。

① 系统中有多个产品族,而系统一次只可能消费其中一族产品。

② 同属于同一个产品族的产品一起使用。

仍然以坐车为例,抽象工厂模式相应的代码如下。

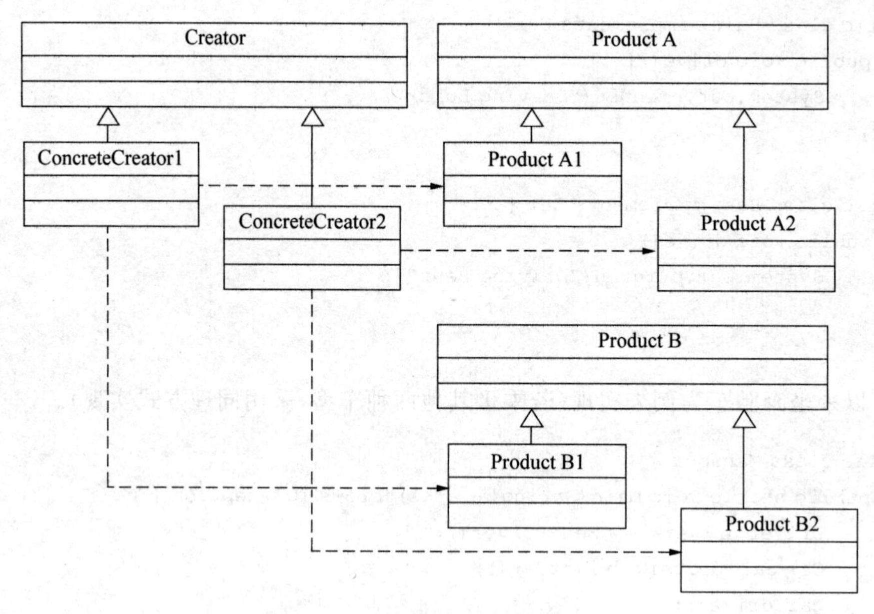

图 4.30　抽象工厂模式的类图

(1) 抽象工厂角色。

```
public interface Driver {
    public Car driverCar();                        //小汽车
    public Vehicle driverVehicle();                //商务车
    public Coach driverCoach();                    //客车
}
```

(2) 具体工厂角色。

```
public class AudiDriver implements Driver{
    public Car driverCar(){
        return new AudiCar();
    }
    public Vehicle driverVehicle(){
        return new AudiVehicle();
    }
    public Coach driverCoach(){
        return new AudiCoach();
    }
}
public class BuickDriver implements Driver{
    public Car driverCar(){
        return new BuickCar();
    }
    public Vehicle driverVehicle(){
        return new BuickVehicle();
```

```
    }
    public Coach driverCoach(){
        return new BuickCoach();
    }
}
public class BenzDriver implements Driver{
    public Car driverCar(){
        return new BenzCar();
    }
    public Vehicle driverVehicle(){
        return new BenzVehicle();
    }
    public Coach driverCoach(){
        return new BenzCoach();
    }
}
```

(3) 抽象产品角色。

```
public interface Car{
    public void drive();
}
public interface Vehicle{
    public void drive();
}
public interface Coach{
    public void drive();
}
```

(4) 具体产品角色。

```
public class AudiCar implements Car {
    public void drive(){
        System.out.println("Driving Audi Car");
    }
}
public class AudiVehicle implements Vehicle {
    public void drive(){
        System.out.println("Driving Audi Vehicle");
    }
}
public class AudiCoach implements Coach{
    public void drive(){
        System.out.println("Driving Audi Coach");
    }
}
```

```
public class BuickCar implements Car {
    public void drive(){
        System.out.println("Driving Buick");
    }
}
public class BuickVehicle implements Vehicle {
    public void drive(){
        System.out.println("Driving Buick Vehicle");
    }
}
public class BuickCoach implements Coach{
    public void drive(){
        System.out.println("Driving Buick Coach");
    }
}

public class BenzCar implements Car {
    public void drive(){
        System.out.println("Driving Benz");
    }
}
public class BenzVehicle implements Vehicle {
    public void drive(){
        System.out.println("Driving Benz Vehicle");
    }
}
public class BenzCoach implements Coach{
    public void drive(){
        System.out.println("Driving Benz Coach");
    }
}
```

(5) 以乘坐别克商务车为例来实现(若乘坐其他两种车型,采用同理方式实现)。

```
public class Manager {
    public static void main(String[ ] args)throws IOException {
        Driver driver=new BuickDriver();
        BuickVehicle v=driver. driverVehicle();
        v. drive();
        }
}
```

若需要增加新的产品族,那么就要新增相应的产品等级。例如,如果增加丰田车族,则需修改3个工厂类,这样大批量的改动也是不妥的做法。

4. 抽象工厂模式与工厂方法模式的区别

可以这么说，工厂方法模式是一种极端情况的抽象工厂模式，而抽象工厂模式可以看成是工厂方法模式的一种推广。

工厂方法模式是用来创建一个产品的等级结构的，而抽象工厂模式是用来创建多个产品的等级结构的。工厂方法创建一般只有一个方法，创建一种产品。抽象工厂一般有多个方法，创建一系列产品。

工厂方法模式只有一个抽象产品类，而抽象工厂模式有多个。工厂方法模式的具体工厂类只能创建一个具体产品类的实例，而抽象工厂模式可以创建多个，参见表4.4。

表4.4　工厂方法模式与抽象工厂模式比较

工厂方法模式	抽象工厂模式
一个抽象产品类，可以派生出多个具体产品类	多个抽象产品类，每个抽象产品类可以派生出多个具体产品类
一个抽象工厂类，可以派生出多个具体工厂类	一个抽象工厂类，可以派生出多个具体工厂类
每个具体工厂类只能创建一个具体产品类的实例	每个具体工厂类可以创建多个具体产品类的实例

4.3　用户界面设计

4.3.1　概述

用户界面是人与机之间交流、沟通的层面。从深度上可分为两个层次，即感觉的和情感的。感觉层次指人和机器之间的视觉、触觉、听觉层面；情感层次指人和机器之间由于沟通所达成的融洽关系。总之，用户界面设计是以人为中心，使产品达到简单使用和愉悦使用的设计。一个好的用户界面可以大大提高工作效率，使用户从中获得乐趣，减少由于界面问题而造成的疑惑或不知如何操作，也减少了客户服务的压力，进一步减少售后服务的成本。因此，用户界面设计对于任何产品都有极其重要的意义。

1. 界面设计的原则

用户界面设计需遵循三大原则：置界面于用户的控制之下；减少用户的记忆负担；保持界面的一致性。具体地，用户界面设计应着重于以下3个方面。

（1）简易性。界面的简洁是要让用户使用方便，便于了解，并能减少用户发生错误选择的可能性。在视觉效果上简单、清楚，便于理解和使用；界面排列有序，符合用户的习惯，易于使用；语言简洁、易懂；软件界面是大多数用户熟悉的样式；操作灵活，鼠标、键盘或手柄等都可操作，用户使用方便。

（2）人性化。高效率和用户满意度是人性化的体现，应具备专家级和初级玩家系统。即用户可依据自己的习惯定制界面，并能保持设置；提示多，帮助完善系统，以减少用户的记忆负担；从用户的观点考虑，想用户所想，做用户所做，使用户总是按照自己的方法理解和使用；通过比较两个不同世界（真实和虚拟）的事务，完成更好的设计。

(3) 一致性。整个软件的风格不变,符合软件界面的工业标准。界面的结构清晰一致,风格与内容一致;无论是控件的使用、提示信息措辞,还是颜色、窗口布局风格,都遵循统一的标准,做到真正的一致;一致的外观与感觉可以在应用系统中创造一种和谐,任何东西看上去那么协调。若界面缺乏一致性,则很可能引起混淆,并使应用系统看起来混乱、没有条理、价值降低,甚至可能引起用户对应用系统可靠性的怀疑。

2. 界面规范

良好的用户界面一般都符合下列的用户界面规范。

(1) 易用性原则。按钮名称应该易懂,不能模棱两可,要与同一界面上的其他按钮易于区分,如能望文知意最好。理想的情况是用户不用查阅帮助就能知道该界面的功能并进行相关的操作。

(2) 规范性原则。通常界面设计都按 Windows 界面的规范设计,即包含菜单、工具栏、工具箱、状态栏、滚动栏、右键快捷菜单的标准格式。界面遵循规范化的程度越高,则易用性越好。

(3) 帮助实施原则。系统应该提供详尽可靠的帮助文档,当使用产生迷惑时就可以自己寻求解决方法。软件界面帮助包括微帮助、过程提示和 F1 键系统帮助。

(4) 合理性原则。屏幕对角线相交的位置是用户的直视地方,正上方 1/4 处为易吸引用户注意力的位置,在放置窗口时要注意利用这两个位置。

(5) 美观与协调性原则。界面大小应适合美学观点,感觉协调舒适,能在有效范围内吸引用户的注意力。

(6) 菜单位置原则。菜单是界面上最重要的元素,菜单位置按功能来组织。

(7) 独特性原则。如果一味地遵循业界的界面标准,则会丧失自己的个性。在框架符合以上规范的情况下,设计具有自己独特风格的界面尤为重要。尤其在商业软件流通中有着很好的潜移默化的广告效用。

(8) 快捷方式的组合原则。在菜单及按钮中使用快捷键可以让喜欢使用键盘的用户操作得更快一些,在西文 Windows 及其应用软件中快捷键的使用大多是一致的。

(9) 安全性原则。在界面上尽可能控制出错概率,减少系统因用户人为的错误引起的破坏。开发者应当尽量周全地考虑到各种可能发生的问题,使出错的可能性降至最小。如应用出现保护性错误而退出系统,这种错误最容易使用户对软件失去信心。因为这意味着用户要中断思路,并费时费力地重新登录,而且已进行的操作也会因没有存盘而全部丢失。

(10) 多窗口的应用与系统资源原则。设计良好的软件不仅要有完备的功能,而且要尽可能占用最低限度的资源。

4.3.2 工作流程

用户界面设计从工作流程上可分为结构设计、交互设计和视觉设计 3 个部分。

1. 结构设计

结构设计也称为概念设计,是界面设计的骨架。通过对用户研究和任务分析,制定出产品的整体架构。基于纸质的低保真原型(Paper Prototype)可提供用户测试并进行完善。在结构设计中，目录体系的逻辑分类和语词定义是用户易于理解和操作的重要前提。

2. 交互设计

交互设计的目的是使产品让用户能方便使用。任何产品功能的实现都是通过人和机器的交互完成的。因此，人的因素应作为设计的核心被体现出来。交互设计的原则为用户易于控制界面、有导航功能、允许鼠标和键盘兼用、允许随时中断工作、使用用户常用的语言、提供快速反馈、及时弹出清楚的错误提示以及软件方便退出等。

3. 视觉设计

在结构设计的基础上，参照目标群体的心理模型和任务达成进行视觉设计，包括色彩、字体、页面等。视觉设计要达到用户愉悦使用的目的。视觉设计的原则如下。

(1) 适应性。用户选择自己喜欢的界面，或允许用户定制界面；计算机辅助记忆，减少短期记忆的负担，如 User Name、Password、浏览器进入界面地址可以让机器记住。

(2) 直观和方便性。提供视觉线索，引导用户操作；应用图形界面设计，借助图标形象表示操作功能，如打印图标；保持界面的协调一致性，提供默认(default)、撤销(undo)、恢复(redo)等功能；提供执行命令的快捷方式。

(3) 色彩、图形、版式与内容协调性。整个软件界面不要超过 5 个色系，尽量少用红色、绿色；近似的颜色表示近似的意思；视觉清晰，条理分明；图片文字布局合理。

4.3.3 用户界面设计规范

1. 一致性原则

坚持以用户体验为中心设计原则，界面直观、简洁，操作方便快捷，用户接触软件后可对界面上对应的功能一目了然，不需要太多培训就可以方便使用本应用系统。

1) 字体

保持字体及颜色一致，避免一套主题出现多个字体；不可修改的字段，统一用灰色文字显示。

2) 对齐

保持页面内元素对齐方式的一致，如无特殊情况应避免同一页面出现多种数据对齐方式。

3) 表单录入

在包含必须与选填的页面中，必须在必填项旁边给出醒目标识(*)；各类型数据输入需限制文本类型，并做格式校验，如电话号码只允许输入数字、邮箱地址需要包含@等，在用户输入有误时给出明确提示。

4) 鼠标手势

可点击的按钮、链接需要切换为鼠标手势至手形。

5) 保持功能及内容描述一致

避免同一功能描述使用多个词汇，如编辑和修改、新增和增加、删除和清除混用等。建议在项目开发阶段建立一个产品词典，包括产品中常用术语及描述，设计或开发人员严格按照产品词典中的术语词汇来展示文字信息。

2. 准确性原则

使用一致的标记、标准缩写和颜色,显示信息的含义应该非常明确,用户不必再参考其他信息源。

(1) 显示有意义的出错信息,而不是单纯的程序错误代码。

(2) 避免使用文本输入框来放置不可编辑的文字内容,不要将文本输入框当成标签使用。

(3) 使用缩进和文本来辅助理解。

(4) 使用用户语言词汇,而不是单纯的专业计算机术语。

(5) 高效地使用显示器的显示空间,但要避免空间过于拥挤。

(6) 保持语言的一致性,如"确定"对应"取消"、"是"对应"否"。

3. 布局合理化原则

在进行UI设计时需要充分考虑布局的合理化问题,遵循用户从上而下、自左向右浏览和操作习惯,避免常用业务功能按键排列过于分散,以造成用户鼠标移动距离过长的弊端。多做"减法"运算,将不常用的功能区块隐藏,以保持界面的简洁,使用户专注于主要业务操作流程,有利于提高软件的易用性及可用性。

1) 菜单

保持菜单简洁性及分类的准确性,避免菜单深度超过3层;菜单中功能是需要打开一个新页面来完成的,需要在菜单名字后面加上"…"(只适用于C/S架构)。

2) 按钮

确认操作按钮放置在左边,取消或关闭按钮放置于右边。

3) 功能

未完成功能必须隐藏处理,不要置于页面内容中,以免引起误会。

4) 排版

所有文字内容排版避免贴边显示(页面边缘),尽量保持10～20个像素的间距并在垂直方向上居中对齐;各控件元素间也应保持至少10个像素以上的间距,并确保控件元素不紧贴于页面边沿。

5) 表格数据列表

字符型数据保持左对齐,数值型数据保持右对齐(方便阅读对比),并根据字段要求统一显示小数位位数。

6) 滚动条

页面布局设计时应避免出现横向滚动条。

7) 页面导航(面包屑导航)

在页面显眼位置应该出现面包屑导航栏,让用户知道当前所在页面的位置,并明确导航结构,如首页>新闻中心>招商服务平台,其中带下划线部分为可点击链接。

8) 信息提示窗口

信息提示窗口应位于当前页面的居中位置,并适当弱化背景层以减少信息干扰,让用户把注意力集中在当前的信息提示窗口。一般做法是在信息提示窗口的背面加一个半透明颜色填充的遮罩层。

4. 系统响应时间原则

系统响应时间应该适中,响应时间过长,用户就会感到不安和沮丧,而响应时间过快也会影响到用户的操作节奏,并可能导致错误。因此,在系统响应时间上应坚持以下原则。

(1) 2～5s 窗口显示处理信息提示,避免用户误认为没响应而重复操作。

(2) 5s 以上显示处理窗口或显示进度条。一个长时间的处理完成时应给予完成警告信息。

5. 系统操作合理性原则

尽量确保用户在不使用鼠标(只使用键盘)的情况下也可以流畅地完成一些常用的业务操作,各控件间可以通过 Tab 键进行切换,并将可编辑的文本做全选处理。

(1) 查询检索类页面,在查询条件输入框内按 Enter 键应该自动触发查询操作。

(2) 在进行一些不可逆或者删除操作时应该有信息提示用户,并让用户确认是否继续操作,必要时应该把操作造成的后果也告诉用户。

(3) 信息提示窗口的“确认”及“取消”按钮需要分别对应键盘按键 Enter 和 Esc。

(4) 避免使用鼠标双击动作,不仅会增加用户操作难度,还可能会引导用户误会,认为功能点击无效。

(5) 表单录入页面,需要把输入焦点定位到第一个输入项。用户通过 Tab 键可以在输入框或操作按钮间切换,并注意 Tab 键的操作应该遵循从左向右、自上而下的顺序。

4.4 基于实例的详细设计

4.4.1 数据结构设计

数据结构是为了有效使用数据而在计算机中存储和组织数据的特定方法。它描述了数据的存储结构、组织格式等内容。智能家居 APP 的数据存储结构有多种方式,这里主要介绍 XML 文件。

XML 是一种用于标记电子文件使其具有结构性的标记语言,具有结构简单、互操作性强、内容和结构完全分离等诸多优点,因此常用作配置文件和跨平台的数据交互。

智能家居 APP 的核心服务是设备管理。在设备管理过程中涉及 3 种与服务器交互的数据。第一种数据表示业主家庭的设备类型、名称和数量。第二种数据表示业主家庭所有设备的当前状态。这两种数据都是服务器端的响应内容。最后一种数据是手机端发送的设备控制命令。

情景模式和联动防区是设备管理的重要补充,提供了一键操作的便捷性。针对这两种功能,需要设计对应的数据结构以实现数据的存储配置。

综上所述,考虑到智能家居 APP 的数据交互和存储要求以及 XML 的优点,采用 XML 文件作为设备管理中的数据交互手段以及情景模式和联动防区的配置文件。

1. 设备管理相关 XML 文件格式

设备管理包括 3 种 XML 文件。其中,Config. xml 文件表示设备类型、名称和数量;

State. xml 文件表示设备当前的状态；Controler. xml 表示设备控制命令。3 种 XML 文件的格式如下。

Config. xml 文件格式：

```
<configuration>
<security_sensor>
 <detector addr="0x01:0x00" name="煤气 1" type="煤气"/>
</security_sensor>
<smart_switch>
 <switch addr="0x01:0x01" name="主卧窗帘" type="窗帘"/>
</smart_switch>
<cameras>
<camera addr="0x01:0x02" name="门口监视" sn="1"/>
</cameras>
</configuration>
```

State. xml 文件格式：

```
<tenant_device_state>
  <security_sensor>
   <detector addr="0x01:0x00" type="红外">
     <state available="true" value="1"/>
   </detector>
  </security_sensor>
  <smart_switch>
   <switch addr="0x01:0x01" type="灯">
     <state available="false" value="0"/>
   </switch>
  </smart_switch>
  <cameras>
   <camera addr="0x01:0x02" sn="1">
     <state available="true" value="1"/>
   </camera>
  </cameras>
</tenant_device_state>
```

Controler. xml 文件格式：

```
<tenant_device_control>
   <smart_switch>
      <switch addr="0x01:0x00" type="灯">
         <cmd action="1"></cmd>
      </switch>
   </smart_switch>
</tenant_device_control>
```

在上述 3 种 XML 文件中，addr 属性表示设备唯一标识符；type 属性表示设备类型；

available 属性表示设备是否可用，true 表示可用，false 表示不可用；value 属性表示设备当前状态，1 表示打开状态，0 表示关闭状态；name 属性表示设备名称；action 属性表示设备控制命令，1 表示开，0 表示关。

2. 情景模式 XML 文件格式

情景模式表示家居设备的逻辑集合，可以通过 Scene. xml 文件进行配置，其格式如下。

Scene. xml 文件格式：

```
<house_scene>
  <scene begin="111" end="222" flag="1" id="0x01:0x03" name="晚餐">
  <switch ref="0x01:0x00"/>
  <switch ref="0x01:0x01"/>
  <switch ref="0x01:0x02"/>
  </scene>

⋮

</house_scene>
```

在情景模式配置文件中，begin 和 end 属性圈定了情景模式的工作时间；flag 属性表示在工作时间内这些设备是打开状态还是关闭状态；id 属性表示情景模式唯一标识符；name 属性表示情景模式名称；switch 标签中的 ref 属性指向具体的开关设备。

3. 联动防区 XML 文件格式

联动防区表示由摄像头、传感器和其他家居设备构成的逻辑分组，可以通过 Area. xml 文件进行配置，其格式如下。

Area. xml 文件格式：

```
<defence_area>
  <area id="0x01:0x04" name="防区名称">
   <sensor ref="0x01:0x00"/>
   <switch ref="0x01:0x01"/>
   <camera ref="0x01:0x02"/>
  </area>

⋮

</defence_area>
```

在联动防区配置文件中，id 属性表示联动防区唯一标识符；name 属性表示联动防区名称；sensor、switch 和 camera 标签中的 ref 属性分别指向具体的传感器、开关设备和摄像头。

4. XML 文件解析方式

XML 文件解析是开发人员使用 XML 时必须解决的问题。目前，SAX 和 DOM 是两种主要的解析模式，几乎所有的 XML 解析器都实现了这两种方式。它们的主要区别如表 4.5

所示。考虑到两种模式的优、缺点和智能手机有限的内存空间,这里采用 SAX 模式实现了 XML 文件的解析和序列化。

表 4.5　SAX 和 DOM 的区别

SAX	DOM
根据 XML 标签产生的事件解析文件,理论上能解析任意大小的 XML 文件	根据 XML 标签建立的 DOM 树解析文件,不适合解析较大的 XML 文件
按顺序从头到尾对 XML 文件解析,不支持任意存取文件	支持标签的定位,可以通过内存中的 DOM 树随意存取文件
只能根据标签产生的事件读取内容,不能添加和修改内容	可以修改 DOM 树,甚至为 DOM 树添加标签和内容,从而修改 XML 文件
较为复杂,需要开发者处理标签事件	易于理解,但是占用内存空间较大

4.4.2　用户功能详细设计

在智能家居 APP 总体设计中,用户功能将分为设备管理、信息服务、数据查询和软件设置 4 个模块。

1. 设备管理

设备管理负责家居设备的实时查看和远程操控,是智能家居 APP 的核心服务。这里主要介绍设备控制和视频监控功能的详细设计。

1) 设备控制

设备控制包括文本控制、UI 控制、语音控制以及基于情景模式的类别控制。文本控制是数据查询的特例,将在后面进行介绍。先介绍设备控制界面的设计与实现,然后描述设备信息的获取,最后介绍语音控制和情景模式的实现。

(1) 设备控制界面的设计。

目前,本系统主要专注于 5 种类型的设备,分别是电灯、窗帘、空调、摄像机和传感器。针对这些家居设备的控制和展示,设计了设备控制界面。设备控制界面整体布局由上、下两部分构成,如图 4.31 所示,上半部分由 5 个 List View 组成,负责以列表形式展示对应的设备。下半部分由 5 个 Radio Button 组成,负责以按钮形式展示对应的设备类型。用户可以滑动界面或者点击 Radio Button 选择要显示的设备。

用户选择某个设备类型后,系统会从设备模型管理类中取出该类型所有设备的信息,然后通过 ListView 以列表的形式展示。通过设备控制界面,用户可以查看设备名称和设备状态,并能通过开关控制设备。用户点击开关按钮后,系统从设备模型管理类中找到对应该设备的模型类对象,然后调用该对象的 open()或者 close()方法,就完成了远程设备控制。

(2) 设备信息的获取。

设备信息包括两部分:一部分是设备数量、类型和名称等固定信息,存储在 Config.xml 文件中,一般只需要获取一次;另一部分是实时变化的设备状态信息,存储在 State.xml 文件中,需要实时获取。因此,设计一种服务类,专门作轮询服务,取名为 MessageLocalService 类,负责通过独立的线程运行 TimerTask 周期性任务,获取设备的最新状态。周期性任务

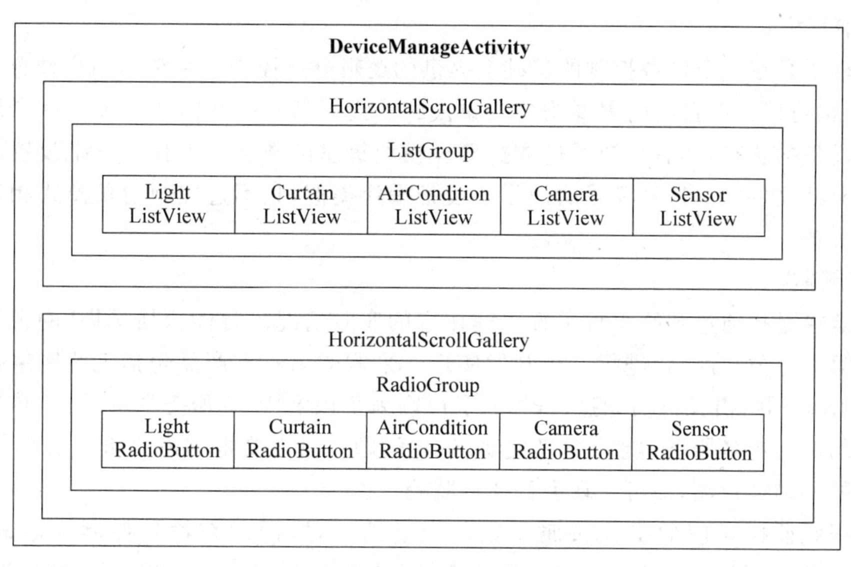

图 4.31　设备管理界面布局

的核心代码如下。

```
private Timer Task get Device State=new Timer Task(){
  public void run(){
   ComInterfacecom=ComHttp.getInstance();                     //创建网络通信类
   URI uri=new URI(mUriConfig.getDeviceStateAddr());          //获取 url
   com.setUri(uri);                                           //设置 url
   com.send(null, 0);
/* 首先取得 State.xml 文件,然后通过 mHandler 把 State.xml 交给 State
  解析类处理,解析类会把设备最新状态配置到设备模型管理类
  中,并在控制界面显示. */
   com.receive(mHandler,ComInterface.MODE_NONBLOCKING);
    } };
```

(3) 语音控制。

语音控制是 UI 控制的有力补充,极大地方便了用户操作,提高了用户体验。设备控制模块首先需要启动 Google Voice Search 完成语音识别,然后把识别结果交给语音控制模块处理即可。启动 Google 语音识别的关键代码如下。

```
//下面所有的静态变量都属于 RecognizerIntent 类
Intent intent=new Intent(ACTION_RECOGNIZE_SPEECH);
//设定语言和自由模式的语音识别
intent.putExtra(EXTRA_LANGUAGE_MODEL,LANGUAGE_MODEL_FREE_FORM);
intent.putExtra(EXTRA_MAX_RESULTS, 4);                        //设定返回 4 条结果
intent.put Extra(EXTRA_PROMPT, "语音服务");
//开启语音识别,识别结果通过回调方法返回
startActivityForResult(intent, requestId);
```

(4) 情景模式。

情景模式是在单个设备控制的基础上提供的逻辑分组控制。系统为用户预置几个常用模式,用户也可以根据自己的需要构建情景模式。设置情景模式需要选择一些家居设备并指定这些设备的状态,然后系统通过数据管理模块提供的数据序列化服务把设置内容保存在 Scene. xml 文件中。情景模式的操作和设备操作类似,只不过控制情景模式相当于同时控制多个设备。

2) 视频监控

视频监控是指通过智能手机了解家庭住宅的实时情况。智能家居 APP 的视频监控功能是基于第三方公司产品,进行二次开发实现。采购的第三方产品包括无线网络摄像机和配套的 SDK。网络摄像机功能强大,集成了视频采集以及 Web 服务器等功能,依靠其相应公司提供的动态域名服务,能轻松解决动态 IP 问题。只需要根据网络摄像机提供的 SDK 开发相应的移动客户端,即可实现远程视频监控。

由于视频监控对应的摄像头属于家居设备的一种,因此在设备控制界面的 Camera ListView 中提供了视频监控的入口。用户选择监视区域后,系统跳转到视频监控界面,播放对应摄像机拍摄的画面。在视频监控界面,用户可以播放、暂停视频,可以选择全屏观看,也可以直接切换监视区域。

2. 信息服务

信息服务负责接收和管理服务端推送的安防报警、小区公告和物业通知等信息。安防报警首先由家庭中控发送到平台服务器,然后再由服务器通过百度云推送服务端 SDK 发送给业主。小区公告和物业通知则由物业管理人员通过百度云管理控制平台推送给业主。

1) 信息服务的配置

使用百度云推送技术接收推送消息,必须在手机端应用的 Android Manifest. xml 文件中添加相应的配置。这些配置包括两个广播接收器类和一个后台服务类,它们由百度云客户端 SDK 提供,运行在独立进程中。完成配置后,手机端即使不打开智能家居 APP 也可以收到推送消息,真正实现了消息的异步传输。其核心配置如下。

```
下面的 X 表示 com.baidu.android.pushservice 包,由百度云推送 SDK 提供
<!--接收推送消息,保证消息推送服务的正常运行 -->
<receiver android:name="X.Push Service Receiver"
     android:process=":bdservice_v1">
<intent-filter>
<action android:name="android.intent.action.BOOT_COMPLETED" />
<action android:name="android.net.conn.CONNECTIVITY_CHANGE" />
<action android:name="X.action.notification.SHOW" />
<action android:name="X.action.media.CLICK" />   </intent-filter>
</receiver>
<!--处理客户端请求的响应结果-->
<receiver android:name="X.Registration Receiver"
android:process=": bdservice_v1">
<intent-filter>
```

```
<action android:name="X.action.METHOD " />
<action android:name="X.action.BIND_SYNC " /></intent-filter>
<intent-filter>
<action android:name="android.intent.action.PACKAGE_REMOVED"/>
<data android:scheme="package" />   </intent-filter>
</receiver>
<!--Push 服务-->
<service android:name="X.Push Service" android:exported="true"
android:process=" bdservice_v1"/>
```

2）安防报警

因为小区公告、物业通知和安防报警的实现逻辑基本类似，这里以安防报警为例介绍信息服务管理界面的生成与操作。

安防报警信息由 List View 类以列表形式展示。Android 平台为 ListView 提供了适配器，负责数据的展示，适配器最重要的方法是 getView，它负责生成列表中的每一行数据。AlarmAdapter 类继承适配器 BaseAdapter 基类，实现了安防报警的适配器。AlarmAdapter 类的 getView 方法首先根据布局文件创建每一行的 View 视图，然后从安防报警的 List 集合中取出对应的 JavaBean 填充到 View 中，最后返回 View 视图。View 视图由两个 ImageView 组件和 3 个 TextView 组件构成。其中，TextView 负责展示文本，ImageView 负责展示图片，其布局文件如下。

```
<Relative Layout xmlns:android="http://schemas.android.com/apk/res/android"
    android:layout_width="match_parent" <!--宽度和高度父控件-->
    android:layout_height="match_parent" >
    <Image View android:id="@+id/alarm_img"
        android:layout_alignParent Left="true"
        android:layout_centerVertical="true"
        android:layout_margin="15dp"/><!--距离父控件边界 15 像素-->
    <Text View android:id="@+id/alarm_title"
        android:layout_alignParent Top="true"
        android:layout_to RightOf="@id/alarm_img"
        android:layout_marginTop="5dp"/><!--距离父控件顶端 5 像素-->
    <Text View android:id="@+id/alarm_summary"
        android:layout_below="@id/alarm_title"
        android:layout_toRight Of="@id/alarm_img"
        android:single Line="true"/><!—单行显示-->
    <Text View android:id="@+id/alarm_time"
        android:layout_alignParent Right="true"
        android:layout_alignTop="@id/alarm_title"
        android:layout_marginRight="5dp"/><!--距离父控件右端 5 像素-->
    <Image View android:id="@+id/alarm_state"
      android:layout_align ParentRight="true"
      android:layout_below="@id/alarm_time"
      android:layout_marginRight="30dp"<!--距离父控件右端 30 像素-->
```

```
    android:layout_marginTop="2dp"/><!--距离父控件顶端20像素-->
</Relative Layout>
```

由布局文件可知,整个View视图采用相对布局,ID为alarm_img的ImageView根据安防报警的类型显示不同的图片,位于整个视图的左侧,本系统暂时支持红外、入侵、烟雾和煤气泄漏等报警类型;ID为alarm_title的TextView表示报警名称,位于alarm_img右侧;ID为alarm_summary的TextView表示报警的概览内容,位于alarm_img的右侧和alarm_title的下侧;ID为alarm_time的TextView表示发出报警的时间,位于视图的右侧;ID为alarm_state的Image View根据报警是否已读显示不同的图片,位于整个视图的右侧和alarm_time的下侧。

系统按照时间顺序把所有的未读报警放在安防报警界面的上半部分,已读报警放在下半部分,这样可使用户快速获得最新的未读报警。用户点击某个报警后,系统会以Dialog弹出框的形式显示报警的详细信息,供用户参考。

3. 数据查询

数据查询是智能家居APP的快捷入口,负责控制家居设备和查询数据记录。如果用户输入的关键词包含动词“开”或“关”,则表示通过文本命令控制家居设备;否则表示查询与关键词相关的设备或记录。这里以家居设备的查询为例描述其详细设计。

1) 数据查询界面设计

数据查询由两个界面组成,一个是查询主界面,由SelectResultActivity类表示;另一个是详细信息界面,由SelectRecordListActivity类表示。系统主界面包含搜索输入框,用户点击后,系统会跳转到查询主界面。查询主界面的整体布局如图4.32所示,其中,EditText表示输入框,ImageButton表示查询按钮,ListView负责以列表形式显示查询结果。

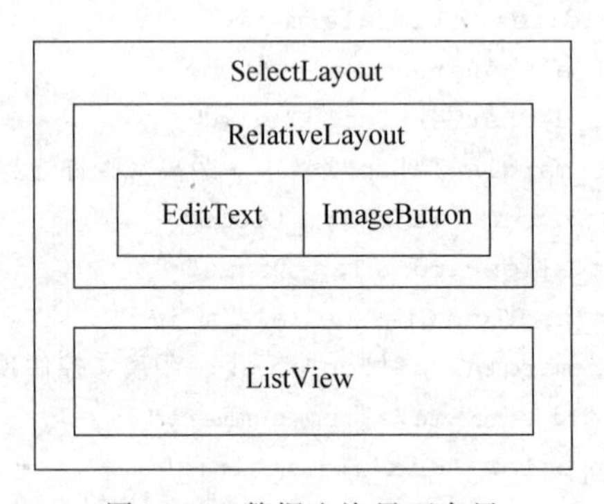

图4.32 数据查询界面布局

用户输入某种家居设备的类型或名称后,系统首先会从设备管理类中获取匹配关键字的设备模型类,然后通过数据存储模块提供的表数据管理类,取得这些设备的操作记录,最后以列表形式展示。结果列表中除了显示设备名称和设备状态等基本信息外,还会提供该设备控制按钮和设备操作记录数。用户可以通过控制按钮直接操控设备,也可以点击任意一个设备查看详细的设备操作记录,同时也可以在详情界面删除这些记录。

2) 数据查询的算法流程

数据查询作为智能家居APP的搜索引擎,极大地提高了用户体验,有助于用户快速获取信息，其整体算法流程如图 4.33 所示。

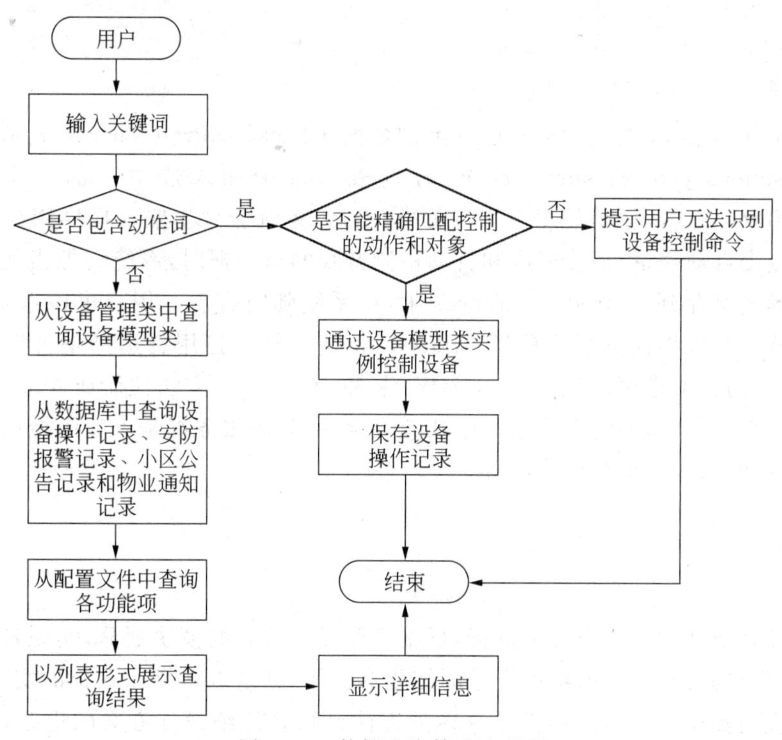

图 4.33 数据查询算法流程图

4. 软件设置

软件设置负责智能家居 APP 基本信息的配置，主要包括用户管理配置、网络配置和软件升级配置。针对这些基本信息的管理，设计软件设置界面 SettingsActivity。设置界面由 3 个部分组成，分别是用户设置、网络设置和升级设置。其中，用户设置包括自动登录和记住密码两个选项，网络设置包括家庭中控地址、在家模式和是否接收推送消息 3 个选项。网络设置部分的布局文件如下。

```
<PreferenceCategory android:title="网络设置">
    <EditTextPreference android:dialogTitle="请输入住户地址:"
        android:key="setting_URL"
        android:summary="请点击进行设置"
        android:title="住户地址">
    </Edit Text Preference>
    <Check Box Preference android:key="setting_environment"
        android:title="在家模式"
        android:summary On="打开"
        android:summary Off="关闭">
    </Check Box Preference>
    <Check Box Preference android:key="message"
        android:title="接收推送消息"
```

```
            android:summary On="是"
            android:summary Off="否">
        </Check Box Preference>
    </Preference Category>
```

PreferenceCategory 类表示最外层的类别名称，CheckBoxPreference 类表示内部的选择框，其属性 summaryOn 和 summaryOff 分别表示选中和未选中时的文本提示内容。EditTextPreference 类表示可编辑文本，用户点击后，系统会弹出输入框供用户输入中控地址。当用户点击自动登录、记住密码和自动检测升级的选择框时，系统会把当前的选中状态以键值对的形式保存到 SharedPreferences 中，供系统随时查看。用户可以选择自动升级，也可以通过软件升级界面查看当前版本和手动检测升级。当用户选择是否接收推送消息时，系统会通过消息推送模块提供的 startWork 和 stopWork 方法注册或者取消推送服务。当用户选择是否在家时，系统会根据选中状态设定 APP 的服务端是家庭中控还是平台服务器，并以不同的时间周期重启轮询服务。

4.5 小结

详细设计必须遵循概要设计来进行，根据概要设计所做的模块划分，实现各模块的算法设计，完成用户界面设计、数据结构设计的细化等工作，其重点在描述系统的实现方式上，各个模块详细说明实现功能所需的类及具体的方法函数。详细设计方案的更改，不得影响到概要设计方案；倘若需要涉及更改概要设计，必须经过该系统项目负责人的同意。

实例中利用物联网进行远程家电控制，对家居环境进行实时监控，并以无线的形式将数据发送到终端，同时可使用语音遥控设备进行控制等。智能家居与先进的无线通信技术结合，是智能家居发展的趋势。

第5章 物联网系统网络层设计

本章主要知识点包括物联网通信网络、网络层的基本拓扑结构、基于网关的网络层设计、基于IPv6的网络层设计以及应用案例。

5.1 物联网通信网络

物联网与互联网、移动通信网络、无线传感网络以及其他通信手段紧密结合，扩展了通信网络的物理外延。它可应用的通信技术有近距离通信手段、电力载波技术、3G/4G通信技术，甚至卫星通信技术，这些通信网络已成为物联网信息传输的主要手段，构成了物联网信息传输的基石。可以知道，正是在通信网络的帮助下，物联网触角才得以与物理世界无缝连接。

物联网通信网络按组织的环境可分为内部网络和外部网络。

5.1.1 内部网络

近20年来，通信技术快速发展，短距离无线通信技术已经成为通信技术的一大热点。各种网络终端的出现、工业控制的自动化和家庭的智能化等迫切需要一种具备低成本、低距离、低功耗和组网能力强等优点的无线互连标准。随着各种便携式个人通信设备与家用电器设备的增加，人们在享受蜂窝移动通信系统带来便利的同时，对短距离的无线与移动通信又提出了新的需求，使得短距离无线通信异军突起，包括无线局域网(Wireless Local Area Networks，WLAN)、蓝牙(BlueTooth)技术、无线保真(Wi-Fi)、超宽带(UWB)等各种热点技术相继出现，均展现出各自巨大的应用潜力。

1. 无线通信网络技术

6LoWPAN、WirelessHart、ISA100和ZigBee都是以IEEE 802.15.4协议为基础的无线通信方法。无线网络协议还没有统一到一个真正意义上大家都普遍接受的国际标准。下面介绍具有代表性的无线通信技术。

1) ZigBee

蜜蜂(Bee)发现花粉后靠飞翔和“嗡嗡”(Zig)地抖动翅膀的“舞蹈”与同伴传递花粉所在方位信息，也就是说，蜜蜂依靠这样的方式构成了群体中的通信网络。借此意义，将ZigBee作为新一代无线通信技术来命名。ZigBee是一种新兴的短距离、低功耗、低速率的无线网络技术，ZigBee无线传感网络特性见表5.1。为了推动ZigBee技术的发展，2002年8月建立了ZigBee联盟，目的是开发全球性的标准，现在全球有420个公司成员，这些成员遍布全世界，40%来自于美洲，一半的成员来自于欧洲和亚洲。

表 5.1 ZigBee 无线传感网络特性

特　征	描　述
更短的延迟	15～30ms
低速率	1～250kb/s
大容量	支持 255 个装置
多频段	2.4GHz、868MHz、915MHz
安全	提供数据集成检查，AES-128 加密算法
低功耗	两节 5 号电池能够使用半年到两年(待机模式)

(1) ZigBee 网络体系架构。

ZigBee 协议自上而下由应用层、网络层、数据链路层和物理层组成，如图 5.1 所示。

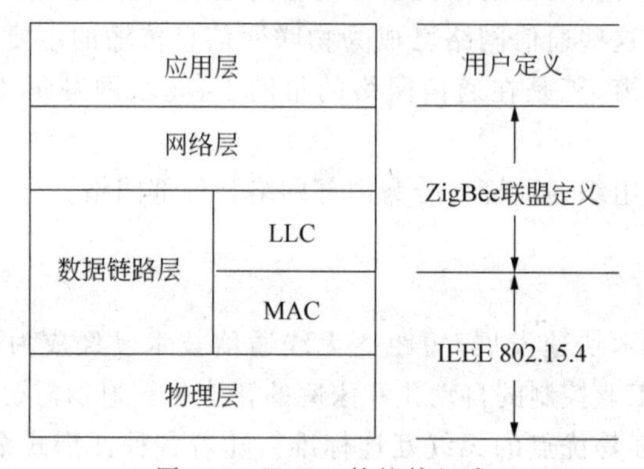

图 5.1　ZigBee 协议栈组成

应用层包含应用运行的子层、ZigBee 设备对象和产品定义的应用对象，定义了各种类型的应用业务，并负责把不同的应用映射到 ZigBee 网络层上。

网络层的类型有星状、网状、树簇状 3 种形式，其主要功能是帮助建立整体的网络模式并对其进行保护，同时还具有存储和发现路由信号的功能，并对节点加入网络和断开网络进行管理。

数据链路层又分为逻辑链路控制子层(LLC)和介质访问控制子层(MAC)，LLC 子层的功能包括传输可靠性保障、数据报的分段与重组、数据报的顺序传输；MAC 子层的功能包括设备间无线链路的建立、维护和拆除，确认模式的帧传送与接收，信道接入控制、帧校验、预留时隙管理和广播信息管理。ZigBee 的基础是 IEEE 802.15.4，但 IEEE 802.15.4 仅处理低级 MAC 层和物理层协议，由 ZigBee 联盟对其网络层和 API 进行了标准化。

物理层直接利用半双工的无线收发装置和它的接口，能够直接使用无线信道传输数据。它有 2.4GHz 和 868/915MHz 两种标准，定义了 3 种流量等级：当频率采用 2.4GHz 时，使用 16 信道，能够提供 250kb/s 的传输速率；当采用 915MHz 时，使用 10 信道，能够提供 40kb/s 的传输速率；当采用 868MHz 时，使用单信道，能够提供 20kb/s 的传输速率。其中 2.4GHz 频段是全球唯一的无须申请的 ISM 频段，大大降低了 ZigBee 产品的成本。

(2) ZigBee 网络中的设备。

ZigBee 从功能上可分为两种设备：一种是全功能设备(Full Function Device,FFD)；另一种是精简功能设备(Reduced Function Device,RFD)。FFD 包含 IEEE 802.15.4 标准的所有功能和特性,能够作为网络协调器,用来构建 ZigBee 网络。RFD 只参照 IEEE 802.15.4 模式中部分功能,作为终端设备。

ZigBee 从逻辑上可分为终端设备、路由器和协调器 3 种设备,终端设备由 RFD 组成,功能相对简单,电池供电就可以满足运行,耗能方面相对较低,根据给它们发出信号的父节点来执行任务。FFD 设备构成路由器,主要功能是在无线信号通道中完成数据的传输,因此该设备还需要具有能发现路由信号的能力。协调器只能由 FFD 设备构成,一个 ZigBee 网络就只有一个协调器,其位置处于 ZigBee 网络的最顶层。

(3) ZigBee 网络拓扑结构。

ZigBee 拓扑结构有 3 种,即星状、网状和树簇状,如图 5.2 所示。

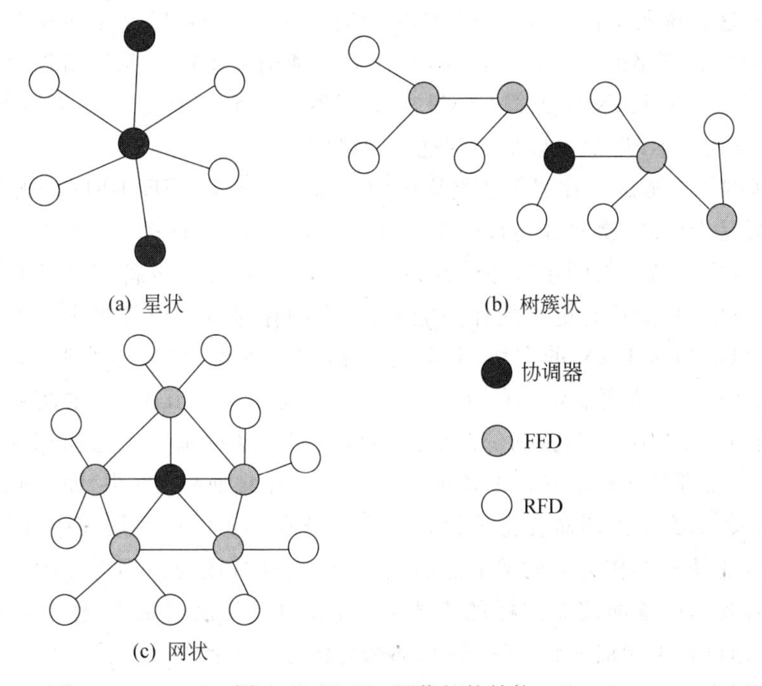

图 5.2　ZigBee 网络拓扑结构

① 星状拓扑结构。星状网络拓扑结构可以看成是发散状的网络结构,由一个叫做 PAN (Personal Area Network)主协调器的中央控制器和多个从设备组成,主协调器必须是一个 FFD,从设备可以是 FFD,也可以是 RFD。在实际应用中,应根据具体情况,采用不同功能的设备,合理地构造通信网络。在网络通信中,通常将这些设备分为起始设备和终端设备,PAN 主协调器既可作为起始设备和终端设备,也可以作为路由器,它是 PAN 网络的主要控制器。

② 树簇状拓扑结构。树簇状网络犹如树中的"叶子"一样展开构建而成,"叶子"节点可以使用 FFD 也可以使用 RFD,一个 FFD 以及其连接的"叶"节点组成一个簇。另一个 FFD

与其连接的簇形成一个树簇，经由这类过程层叠起来的网络就是树簇状网络。树簇状网络被认为是由星状网络发展而来，其逻辑关系简单、清楚，运行不复杂，同时可成倍地加大网络覆盖的面积。

③ 网状拓扑结构。网状拓扑结构可以组成极其复杂的网络以具有更强大的功能，并且有着自组织、自愈的特点。ZigBee 协议并没有明确对具体的网状网络路由协议有相关要求，所以任何两个节点的通信不受限制，用户可以选择不同的路由协议。

(4) 拓扑结构的形成。

支持无论是星状，还是网状拓扑结构，每一个 PAN 都有一个唯一的标识符，利用该 PAN 标识符，可采用 16bit 的短地址码进行网络设备间的通信，并且可激活 PAN 网络设备间的通信。

① 星状网络的形成。当一个具有完整的功能设备(FFD)第一次被激活后，它就会建立一个自己的网络，将自身作为一个 PAN 主协调器，所有星状网络的操作独立于当前其他星状网络的操作，这就说明了在星状网络结构中只有一个唯一的 PAN 主协调器，通过选择一个 PAN 标识符确保网络的唯一性。目前，其他无线通信技术的星状网络没有用这种方式，因此，一旦选定了一个 PAN 标识符，PAN 主协调器就会允许其他从设备加入到它的网络中，无论是 FFD 还是 RFD 都可以加入到这个网络中。

② 树簇状网络的形成。在树簇状网络中的大部分设备为 FFD，RFD 只能为树枝末尾的叶节点，这主要是 RFD 一次只能连接一个 FFD。任何一个 FFD 都可以作为主协调器，而且为其他从设备或主设备提供同步服务。在整个 PAN 中，只要该设备相对于 PAN 中其他设备具有更多计算资源，如具有更快的计算能力、巨大的存储空间以及更多的供电能力等，这样的设备都可以成为该 PAN 的主协调器，通常称该设备为 PAN 主协调器。在建立一个 PAN 时，首先，PAN 主协调器将其自身设置成一个簇标识符(CID)为 0 的簇头(CLH)，选择一个没有使用的 PAN 标识符，并向邻居的其他设备以广播的形式发送信标帧，从而形成第一个簇网络。接收到信标帧的候选设备可以在簇头中请求加入该网络，如果 PAN 主协调器允许该设备加入，那么主协调器会将该设备作为子节点加到它的邻居表中，同时，请求加入的设备将 PAN 主协调器作为它的父节点加到邻近列表中，成为该网络中的一个从设备；同样，其他的所有候选设备都按照同样的方式，可请求加入到该网络中，作为网络的从设备。如果原始的候选设备不能加入到该网络中，那么它将寻找其他的父节点。

在树簇状网络中，最简单的网络结构是只有一个簇的网络，但是多数网络结构都是由多个相邻的网络组成的。一旦第一簇网络满足预定的应用或网络需求时，PAN 主协调器将会指定一个从设备为另一个簇网络的簇头，使得该从设备成为另一个 PAN 的主协调器，随后其他从设备将逐个加入，并形成一个多簇网络。多簇网络结构的优点在于可以增加网络的覆盖范围，而随之产生的缺点是会增加传输信息的延迟时间。

③ 网状网络的形成。在网状拓扑结构中，每一个设备都可以与在无线通信范围内的其他任何设备进行通信，任何一个 FFD 设备都可以定义为 PAN 主协调器，但是这种网络结构比起其他两种逻辑关系复杂，数据在网络上的传输时间没有办法估计。

(5) 显著特点。

ZigBee 有着超低功耗、网络容量大、数据传输可靠、时延短、安全性好和实现成本低等显著特点。在ZigBee技术中，采用对称密钥的安全机制，密钥由网络层和应用层根据实际应用需要生成，并对其进行管理、存储、传送和更新等。因此，在未来的物联网中，ZigBee技术显得尤为重要，并已在智能家居等物联网系统中得到广泛应用。

2）Wi-Fi

Wi-Fi（Wireless Fidelity，无线保真）俗称“无线宽带”，有4种协议，分别是IEEE 802.11（a、b、g、n）。IEEE 802.11a理论速率为54Mb/s，IEEE 802.11b理论速率为11Mb/s，IEEE 802.11g理论速率为54Mb/s，IEEE 802.11n理论速率为450Mb/s。由于目前很多设备厂商采用的是802.11b协议，因此在业界很多人逐渐产生一种习惯，将Wi-Fi称为802.11b协议。它是一种短程无线传输技术，能够在数百英尺范围内，支持互联网接入的无线电信号。它帮助用户访问E-mail、Web和流式媒体，为用户提供无线的宽带互联网访问。同时，它也是在家里、办公室或在旅途中快速、便捷的上网途径。Wi-Fi无线网络是由AP（Access Point）和无线网卡组成的无线网络，方便与现有的有线以太网络整合，组网的成本较低。

Wi-Fi的典型设置是通常包括一个或多个接入点AP及一个或多个客户端。每个接入点AP每隔100ms将服务单元标识（Service Set IDentifier，SSID），即网络名称经由beacons封包一次。基于SSID的设置，客户端可以决定是否连接到某个接入点AP。若同一个SSID的两个接入点AP都在客户端的接收范围内，客户端可以根据信号的强度选择与哪个接入点的SSID连接。Wi-Fi的频谱都分布在2.4GHz左右，尽管确切的频率分配，如最大允许功率，在各地有着细微差别，但按频率划分的信道数量在全世界做了统一规范，因此所授权的频率段可通过信道数量进行区分。Wi-Fi除了具有一般无线网络所具有的特点外，其突出特点有以下几个。

（1）覆盖范围广。

Wi-Fi在室外开阔性空间里通信半径可达300m，在室内有障碍物遮挡信号的情况下，通信半径最大为100m。

（2）传输速度快。

由于Wi-Fi协议标准并不单一，Wi-Fi的传输速度也不同，传输速度最高的为802.11a协议与802.11g协化都为54Mb/s，而目前常用的802.11b协议的最高传输速度为11Mb/s。

（3）门槛比较低。

由于Wi-Fi为无线传输技术，只需要在人群密集的地方设置“热点”，如大型的商场、学校、住宅小区和车站等场所。由于无线传输距离半径最远可达300m，因此用户可用配置了Wi-Fi的笔记本电脑、内置Wi-Fi的手机在其能感受到信号的范围内就可接入Internet。

（4）无须布线。

Wi-Fi是一种无线传输技术，有着不需布线的绝对优势，可节省布线所造成的财力与物力的浪费，因此有着非常广阔的市场空间。

（5）健康安全。

Wi-Fi的实际发射功率很低，只有60～70mW，因此所造成的电磁辐射很低，应该说是绝对安全的。

3）蓝牙

作为一种无线数据与语音通信的开放性全球规范，蓝牙以低成本的近距离无线连接为基础，为固定与移动设备通信环境建立一个特别连接，完成数据信息的短程无线传输。其实质内容是建立通用的无线电空中接口（Radio Air Interface）及其控制软件的标准，使通信和计算机进一步结合，使不同厂家生产的便携式设备在没有电线或电缆相互连接的情况下，能够在近距离范围内具有互用、互操作的性能（Interoperability）。

蓝牙典型的通信距离为10m，它以IEEE 802.15标准技术为基础，应用了"Plug and Play"的概念（有点类似"即插即用"），即任意一个蓝牙设备一旦搜寻到另一个蓝牙设备，马上就可以建立联系，而无须用户进行任何设置，因此可以解释成"即连即用"。蓝牙技术有着低成本、低功耗、小体积、近距离通信、安全性好等特点。在未来的物联网发展中，蓝牙会得到一定的应用，如在办公场所、家庭智能家居等环境。

ZigBee、蓝牙、Wi-Fi 3种通信方式比较参见表5.2。

表5.2 ZigBee、Wi-Fi、蓝牙3种通信方式比较

性　能	ZigBee	Wi-Fi	蓝　牙
标准	802.15.4	802.11	802.15.1
数据速率	20～250kb/s	11～54Mb/s	721Kb/s～25Mb/s
距离	10～100m	50～100m	10m
频率范围	868MHz(欧洲) 900～928MHz(北美) 2.4GHz(世界)	2.4GHz、5GHz	2.4GHz
传输功率	0.5mW、1mW、3mW	100mW	1mW、2.5mW、100mW
网络节点	256	无限制	8
拓扑	Ad Hoc，Peer-to-Peer，Star，Mesh	Ad Hoc	Ad Hoc
复杂度(设备和应用影响)	低	高	高
功率消耗	低	中等	高

4）紫外光通信

紫外光通信是无线光通信的一种。它基于两个相互关联的物理现象：一个现象是大气层中的臭氧对波长在200～300nm之间的紫外光有强烈的吸收作用，这个区域称为日盲区，到达地面的日盲区紫外光辐射在海平面附近几乎衰减至零；另一现象是地球表面的日盲区紫外光被大气强烈散射。日盲区的存在，为工作在该波段的紫外光通信系统提供了一个良好的通信背景。紫外光在大气中的散射作用使紫外光的能量传输方向发生改变，这为紫外光奠定了通信基础，但吸收作用带来的衰减使紫外光的传输限定在一定的距离内。

因此，紫外光通信是基于大气散射和吸收的无线光通信技术，是以日盲区的光谱为载波，在发射端将信息电信号调制加载到该紫外光载波上，已调制的紫外光载波信号利用大气散射作用进行传播，在接收端通过对紫外光束的捕获和跟踪建立起光通信链路，经光电转换和解调处理提取出信息信号。紫外光通信特别适用于复杂环境下近距离抗干扰保密通信。

2005年，国防科技大学利用低压碘灯作为发射光源，研制出一套高速紫外光通信系统实验样机，该样机在有障碍物的情况下，通信距离在8m左右，通信速率达到48kb/s。中国科学院半导体研究所2010年实现了利用LED紫外光对于通过LED发出的光线连接宽带网络。紫外光通信通过驱动紫外LED来调制信号并加载到光载波中向自由空间发射出去，载有信息的光在自由空间中传输，由探测器接收、解调并还原出初始信号，来达到信息传输的目的。这一突破表明，利用LED作为光源可以实现对家用电器的信号传输。这项技术的突出优点就是能够避免无线电传输引起的电磁干扰现象，并且具有节能、低碳的特点，这完全迎合了智能家居物联网家电系统的要求。因此，在物联网家电系统开发中，以LED光通信实现对家用电器的信息交换和控制的技术可重点考虑。

2. 电力载波通信

电力线通信技术(Power Line Communication)出现于20世纪20年代初期，它利用已有的低压配电网作为传输介质，实现数据传递和信息交换。应用电力线通信方式发送数据时，发送器先将数据调制到一个高频载波上，再经过功率放大后通过耦合电路耦合到电力线上。信号频带峰值电压一般不超过10V，因此不会对电力线路造成不良影响。电力载波模块结构如图5.3所示。

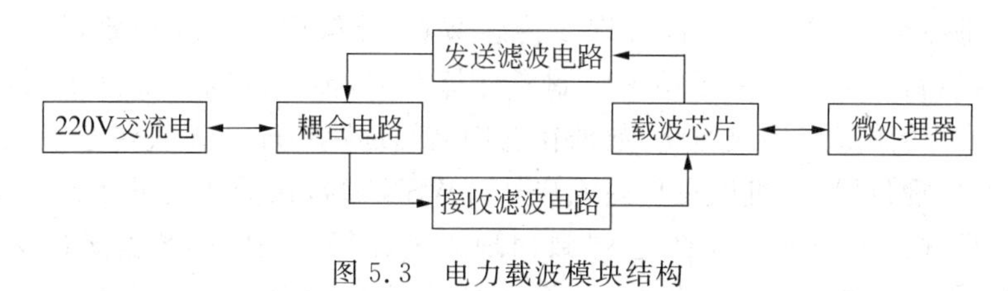

图5.3　电力载波模块结构

此高频信号经线路传输到接收方，接收机通过耦合电路将高频信号分离出来，滤去干扰信号后放大，再经过解调电路还原成二进制数字信号完成通信过程。

3. G.hn标准

G.hn是将电源线、双绞线和同轴电缆都纳入到家庭网络有线传输介质中，最大程度地利用已布设的各种线缆，在网络覆盖及终端接入层面上为物联网的普及提供了现实的实体支撑。起初由Intel发起，此后ITU负责定制，目前则由Home Grid Forum推广。G.hn标准于2010年6月获得了ITU的191个成员国的支持，该标准将把现有的双绞线、同轴电缆以及电源线进行资源整合，实现统一传输，从而显著降低安装和运营成本，也解决了运营商现有楼宇及家庭内网络布线的困难，实现了基于现有管线资源提供高带宽、多业务的联网技术，其数据传输速率最高可达1Gb/s。服务供应商能够利用G.hn即插即用的网络运行模式和更强大的G.hn设备连接能力，显著降低安装和运营成本。

楼宇内部布放G.hn的设备后，可以把楼宇内原本分离的使用电源线串接的电器网络、使用同轴电缆串接的AV网络以及计算机、数据等通信设备串接的通信网络通过统一的组网方式实现互联。

G.hn标准及其产品在物联网应用中具有的独特优势，其尽可能地利用现有的已布设的各种常见线缆，大幅减少物联网的基础设施建设成本和工期，从而在根本上跨越了物联网大规模商业化应用的最大障碍。

4. 无线传感网

无线传感网(Wireless Sensor Network,WSN)是一种自组织网络,通过大量低成本、资源受限的传感节点设备协同工作实现某一特定任务。无线传感网络的主要功能是监测网络覆盖区域,并且对覆盖区域的突发事件有一定的检测和判断能力。WSN是由大量无处不在的、具有通信与计算能力的微小传感器节点根据具体应用环境被合理密集布设在无人值守的监控区域而构成的,能够根据环境自主完成指定任务的"智能"自组织自治测控网络。

WSN的传输协议是至关重要的,因为它建立了WSN内部点到点的连接。传输协议提供了拥塞控制、流量控制、带宽平均分配、可靠性、节能、包丢失恢复、异构应用支持等的服务。因为能耗和流率的限制问题,用户数据报协议(UDP)和传输控制协议(TCP)被证明不适合应用于WSN。研究者们不断努力,克服标准协议的缺陷,开发了适用于WSN的各种传输协议。不同的传输协议采用不同的技术参数和机制,以达到WSN的稳定的数据通信。依据这些参数和机制,可将WSN传输协议分为3类,即仅支持可靠传输协议、仅支持拥塞控制的协议、既支持可靠传输又支持拥塞控制的协议。WSN主要在下面3个方面进行控制与优化。

(1) 网络拥塞控制。WSN络包含许多传感节点,能够感知物理现象,将模拟量转变为数字量,并传送给目标节点。由于功率限制了计算能力,传输范围也受到了限制。这样,从传感源到目标点,传感节点形成通路,数据在它们之间逐跳传输。无线传感节点包含了许多潜在的节点,在地理位置上,可以在户内或户外。WSN通常在低功耗下运行,瞬间激活以应对侦测或监控事件。根据应用需要,会导致出现大量、瞬间、关联的数据脉冲必须传送给数量不多的节点,而又不能明显影响性能(如保真度)。产生的大量数据报通常不受控制,常常导致拥塞,目前已有许多协议用于WSN的拥塞控制。

(2) 功率控制。WSN功率控制的目的是,延长网络使用寿命,节约网络节点的能量。功率控制首先考虑的是数据从源节点到汇节点没有丢失或错误。通过策略性地改变节点的发射功率,在保证系统性能要求的前提下,尽可能地降低网络的通信能耗,提高能量效率,延长系统的生存时间。

(3) 拓扑优化。在许多WSN应用中,传感器节点设置是随意的,很少关注确保范围和节点密度的均匀,并且达到网络连接的强度。优化节点放置是一个具有挑战性的问题,大多数的节点放置问题被证明是NP-Hard问题。

5. 6LoWPAN

随着物联网的兴起,无线传感网络向IPv6网络的融合成为发展趋势,实现与基于IP控制网络的互联是必要的也是必需的。基于IPv6的低功耗无线个域网(IPv6 over Low power Wireless Personal Area Network,6LoWPAN)应运而生。为了把IP技术引入到WSN这种特殊的通信网络中,IETF于2004年11月成立了6LoWPAN工作组。6LoWPAN的主要任务是为基于IEEE 802.15.4的WSN中定义一种可行的基于IPv6的TCP/IP协议栈,通过在链路层与IP层间添加适配层实现首部压缩与数据报的分片重装,很好地实现了IPv6网络与低功耗无线网络之间的协议适配。

5.1.2 外部网络

随着通信技术飞速发展，互联网将开始真正从固定互联网时代走向无线互联网时代，手机和笔记本进行融合，无线通信速率不断增强，人们可以通过无线终端设备随时随地上网，查询信息，购买物品和服务。

1. 有线通信技术

(1) 利用电话网络，以双音多频(Dual Tone Multi-Frequency，DTMF)信号为载体传送命令或数据。公用电话网(Public Switch Telephone Network，PSTN)是一种全球语音通信电路交换网络，最初它是一种固定线路的模拟电话网，当前 PSTN 几乎全部采用数字电话网，包括移动电话和固定电话。目前 PSTN 已经遍及城乡，PSTN 不仅只是进行单一语音传输，还被广泛应用于数据传输。通过 PSTN 的接入，只要在有 PSTN 的地方，用户就可以通过移动电话或者固定电话对家庭设备进行远程控制，即用户通过拨打电话到家里的固定电话，按电话语音提示操作控制家电。其优点是方便、实用，实现的技术难度不大，比较容易实现控制设计。电话属双工通信手段，这可以大大体现出利用电话进行远程控制的优越性。操作者可以通过各种提示音即时了解受控对象的有关信息，从而作进一步的操作。

(2) 利用 Internet 网络传送命令和数据。基于 Internet 的家庭控制系统主要是指当用户不在家中，可以通过上网登录到家里网关的 Web 页面对住宅内部的家用电器设备进行远程控制和对住宅内部进行安全防护。计算机成为智能化家庭生活的管理和控制信息平台，而 Internet 成为实现信息平台操作的通道。基于 Internet 的智能家居远程控制系统，首先要求 Internet 接入家庭，有远程 Internet 终端、有家庭网关。家庭计算机与 Internet 的连接一般都是基于 TCP/IP 协议的网络通信，而家庭内部可以根据需求采用其他类型的通信方式。因此需要借助专门的家庭网关，实现 TCP/IP 与其他协议的转换。其优点是传输速度快、信息量大、准确可靠、交互性好，可以进行各种控制。但是也存在一定的局限性，如只能在可以上网的时候进行远程控制。另外，家电需要连接到网络上，可能有网络安全的隐患等。

2. 第 2 代移动通信技术

第 1 代移动通信系统为模拟移动通信系统，其抗干扰能力差、安全保密性差、信道容量低；而第 2 代移动通信系统如 GSM 和 CDMA 等技术采用数字方式，具有容量大、频谱利用率高和业务种类众多等特点。全球移动通信系统(Global System for mobile Communications，GSM)和码分多址(Code Division Multiple Access，CDMA)是比较成熟的第 2 代移动通信技术(简称 2G)。

GSM(Group Special Mobile，国际移动特别小组)于 1982 年在欧洲邮政电信管理委员会的组织下成立，该小组用来制定有关的标准和建议书，1987 年确定了 GSM 的基本参数，接着在 1988 年颁布了 GSM 标准。GSM 900 规范和 12 个不同系列的建议书于 1990 年完成。1991 年国际移动特别小组在欧洲开通了第一个系统，并将 GSM 更名为“全球移动通信系统”，同年该小组还完成了 DCS 1800 系统，它是基于 1800MHz 频段的移动电信业务规范。1993 年欧洲第一个 DCS 1800 系统投入运营。现在全世界已有欧洲、亚洲、非洲、美洲、大洋洲的130多个国家和地区建立了GSM网络,实现了全球漫游。GSM是目前使用较为成功的移动通信系统,理论数据传输速率为9.6kb/s。

GSM包括两个并行的系统,即GSM 900和DCS 1800。DCS(Digital Communication System)是数字通信系统。两个通信系统的功能相同,主要的差异只是频段不同。GSM的频带在900MHz附近(GSM 900)或1800MHz附近(DCS 1800)。短消息服务作为GSM和CDMA网络的一种基本业务,为远程监控提供了一种廉价的无线数据通信方式。

3. 第2.5代移动通信技术

通用分组无线业务(General Packet Radio Service,GPRS)是在现有GSM系统的基础上发展起来的,目的是为GSM用户提供分组形式的数据业务,也被称为是GSM向3G的过渡,属于2.5G的技术。

GPRS是基于GSM系统的无线分组交换技术,提供端到端的、广域的无线IP连接,是GSM网的语音增值服务。GPRS充分利用共享的无线信道,采用IP Over PPP实现数据终端的高速、远程接入。GPRS系统数据传输的理论速率达171.2kb/s,从而实现移动用户接入Internet的需求。

4. 第3代移动通信技术

第3代(简称3G)移动通信系统是一个全球无缝覆盖、全球漫游,包括卫星移动通信、陆地移动通信和无绳电话等蜂窝移动通信的大系统,3G通信标准包括UMTS、EV-DO Rev. A等。UMTS的平均速率为36~226kb/s、理论最高速率384kb/s;EV-DO Rev. A的平均速率为500kb/s~1Mb/s、理论最高速率3.1Mb/s。它可以向公众提供前两代产品所不能提供的各种宽带信息业务,如高速数据、慢速图像与电视图像等,传输速率高达2Mb/s,带宽可达2MHz以上,是一种真正的"宽频多媒体全球数字移动电话技术"。

与2G网络相比,3G网络的特色在于它所提供的移动数据业务,该业务是3G市场的核心。这也意味着3G技术的应用会在视频、游戏等通信内容上有巨大的需求,而其中的很多应用都是原先2G服务内容中没有的,或者是很少涉足的。

5. 第4代移动通信技术

根据国际电信联盟(ITU)的定义,第4代移动通信技术(简称4G)应当满足下面两个条件:固定状态下数据传输速度达到1Gb/s,移动状态下数据传输速度达到100Mb/s。通过4G能够传输高质量视频图像,能够满足几乎所有用户对无线服务的要求。运用4G技术,用户可以收看高清电视,并遥控家中的电器。ITU已将WiMAX、HSPA+、LTE、LTE-Advanced、WirelessMAN-Advanced 5种标准纳入到4G标准中。4G通信技术的传输速率如下。

WiMAX:1~6Mb/s(平均速度),100Mb/s以上(理论最高速率)。

LTE:2~12Mb/s(平均速度),100Mb/s以上(理论最高速率)。

WiMAX 2:100Mb/s以上(理论最高速率)。

LTE-Advanced:100Mb/s以上(理论最高速率)。

2012年1月18日,"中国创造"的TD-LTE-Advanced被国际电信联盟正式确定成为第4代移动通信(简称4G)两大国际标准之一。与第3代移动通信技术(简称3G)相比,TD-

LTE-Advanced 的技术优势体现在速率、时延和频谱利用等多个领域。多种技术将保证 4G 达到固定下载速度 1Gb/s，移动下载 100Mb/s，并能够满足所有用户对无线服务的要求。

4G 是一种新的无线通信技术，可以让人们以 100Mb/s 的速度下载文件，用 20Mb/s 的速度上传文件，实时传输的视频效果达到高清电视的水准。其采用新的网络地址命名技术，可以为目前世界上几乎所有人类可以使用的物体编号而不会重复，如手机、计算机、冰箱、洗衣机、洗碗机、烤箱、台灯，甚至每个街边的摄像头。它不仅可以实现人类的手机与手机的通信，更可以同时兼容蓝牙、无线局域网通信、蜂窝信号、广播电视信号，甚至卫星通信标准，用户可以自由地从一个标准漫游到另一个标准，无须更换不同的设备。虽然它拥有如此多的优点，出于技术的先天优势，它的通信费用却比 3G 通信更便宜，它比现在的通信协议更安全。

在 4G 时代，自助设备的主机可以被基于高速安全互联网络的中央服务器取代，设备前端与银行后台几乎无缝连接，这种全新的架构使得自助设备的交易与银行的其他交易可以实现真正的跨渠道，可以在网银、电话，柜台、自助设备享受到一致的交易内容、交易界面甚至交易过程。可以通过实时语音视频与银行的后台团队实时沟通，获取信息和帮助。更可以通过手机、计算机、iPad 操作面前的 ATM 机进行出钞、支票入账等交易。

4G 与 3G 最大的区别就在于传输速率。人们经常使用的 3G 移动互联网，传输速率一般也只能保持在 1～3Mb/s 之间，保证微博、微信等应用程序的正常运行，但不能大规模地传输视频，而 4G 移动互联网技术就能很好地解决这个问题。世界各国在推动第 4 代移动通信产业化工作的同时，已开始着眼于新一代无线移动通信技术(5G)的研究，力求使无线移动通信系统性能和产业规模产生新的飞跃。

6. 第 5 代移动通信技术

第五代移动通信技术(简称 5G)，是 4G 之后的延伸，其最高理论传输速度可达每秒数十 Gb，比现行 4G 的传输速度快数百倍。

早在 2009 年，华为已展开了相关技术的早期研究，并在之后的几年里向外界展示了 5G 原型机基站。华为在 2013 年 11 月 6 日宣布将在 2018 年前投资 6 亿美元对 5G 的技术进行研发与创新，并预言在 2020 年用户会享受到 20Gb/s 的商用 5G 移动网络。

2013 年 5 月 13 日，韩国三星电子有限公司宣布，已成功开发 5G 的核心技术，这一技术预计将于 2020 年开始推向商业化。该技术可在 28GHz 超高频段以 1Gb/s 以上的速度传送数据，且最长传送距离可达 2km。

2014 年 5 月 8 日，日本电信营运商 NTT DoCoMo 正式宣布将与 Ericsson、Nokia、Samsung 等 6 家厂商共同合作，开始测试凌驾现有 4G 网络 1000 倍网络承载能力的高速 5G 网络，传输速度可望提升至 10Gb/s。预计在 2015 年展开户外测试，并期望于 2020 年开始运作。

2015 年 3 月 1 日，英国《每日邮报》报道，英国已成功研制 5G 网络，并进行 100m 内的传送数据测试，数据传输高达 125GB/s，是 4G 网络的 6.5 万倍，理论上 1s 可下载 30 部电影，并称于 2018 年投入公众测试，2020 年正式投入商用。

2015 年 3 月 3 日，欧盟数字经济和社会委员古泽·奥廷格正式公布了欧盟的 5G 公司合作愿景，力求确保欧洲在下一代移动技术全球标准中的话语权。奥廷格表示，5G 公私合作愿景不仅涉及光纤、无线甚至卫星通信网络相互整合,还将利用软件定义网络(SDN)、网络功能虚拟化(NFV)、移动边缘计算(MEC)和雾计算(Fog Computing)等技术。在频谱领域,欧盟的5G公私合作愿景还将划定数百兆赫用于提升网络性能,60GHz及更高频率的频段也将被纳入考虑范围。欧盟的5G网络将在2020—2025年之间投入运营。

2015年9月7日,美国移动运营商Verizon无线公司宣布,将从2016年开始试用5G网络,2017年在美国部分城市全面商用。

我国5G技术研发试验在2016—2018年间进行,分为5G关键技术试验、5G技术方案验证和5G系统验证3个阶段实施。

2016年11月17日,国际无线标准化机构3GPP的RAN1(无线物理层)87次会议在美国拉斯维加斯召开,就5G短码方案进行讨论。3位主角是中国华为主推的Polar Code(极化码)方案、美国高通主推的LDPC方案和法国主推的Turbo 2.0方案。最终,华为的Polar方案从两大竞争对手中胜出,被3GPP采纳为5GeMBB(增强移动宽带)控制信道标准方案。

未来5G网络正朝着网络多元化、宽带化、综合化、智能化的方向发展。随着各种智能终端的普及,面向2020年及以后,移动数据流量将呈现爆炸式增长。在未来5G网络中,减小小区半径,增加低功率节点数量,是保证未来5G网络支持1000倍流量增长的核心技术之一。因此,超密集异构网络成为未来5G网络提高数据流量的关键技术之一。

传统移动通信网络中,主要依靠人工方式完成网络部署及运维,既耗费大量人力资源又增加运行成本,而且网络优化也不理想。在未来5G网络中,将面临网络的部署、运营及维护的挑战,这主要是由于网络存在各种无线接入技术,并且网络节点覆盖能力各不相同,它们之间的关系错综复杂。因此,自组织网络(Self-Organizing Network,SON)的智能化将成为5G网络必不可少的一项关键技术之一。

在未来5G中,面向大规模用户的音频、视频、图像等业务急剧增长,网络流量的爆炸式增长会极大地影响用户访问互联网的服务质量。如何有效地分发大流量的业务内容,降低用户获取信息的时延,成为网络运营商和内容提供商面临的一大难题。仅仅依靠增加带宽并不能解决问题,它还受到传输中路由阻塞和延迟、网站服务器的处理能力等因素的影响,这些问题的出现与用户服务器之间的距离有密切关系。内容分发网络(Content Distribution Network,CDN)会对未来5G网络的容量与用户访问具有重要的支撑作用。

在未来5G网络中,网络容量、频谱效率需要进一步提升,更丰富的通信模式以及更好的终端用户体验也是5G的演进方向。设备到设备通信(Device-to-Device communication,D2D)具有潜在的提升系统性能、增强用户体验、减轻基站压力、提高频谱利用率的前景。因此,D2D是未来5G网络中的关键技术之一。

M2M(Machine to Machine)作为物联网在现阶段最常见的应用形式,在智能电网、安全监测、城市信息化、环境监测等领域实现了商业化应用。3GPP已经针对M2M网络制定了一些标准,并已立项开始研究M2M关键技术。根据美国咨询机构Forrester预测估计,到2020年,全球物与物之间的通信将是人与人之间通信的30倍。IDC预测,在未来的2020年,500亿台M2M设备将活跃在全球移动网络中。M2M市场蕴藏着巨大的商机。因此,研究M2M技术对5G网络具有非比寻常的意义。

7. 卫星移动通信网络

随着卫星通信应用范围的不断扩大，出现了一些新型的卫星通信系统。近几年来，Globle Star、Vsat、Inmarsat 等卫星通信系统得到迅速发展。

Global Star 是由美国创建的低轨卫星移动通信系统。该系统采用 48 颗绕地球运行的低轨卫星在全球范围(不包括南、北极)内向用户提供“无缝隙”覆盖的卫星移动通信业务，是地面通信网的延伸和补充。Globle Star 是新近开发的一种通信系统，可用短信息方式传送小数据量数据，性能指标都较好。

Vsat 卫星通信系统的主要特点是：传输频带宽，速率高，适于进行大宗数据和图像的传输。

Inmarsat 是国际海事卫星组织专门用于海事通信的卫星，目前已对国际其他行业开放，适应于山区野外数据通信。与 Vsat 比较，其体积小、质量轻、功耗低。用 Inmarsat 卫星组网具有系统覆盖面大的特点，数据监测单元一般所处地形复杂，同时对地面各测站独立地直接通信，且基本不受地势、地形、方向的影响；系统智能性高，各测站平时一直处于智能休眠状态，系统主机可通过卫星向数据监测单元发送中心站的要求，各数据监测单元需要工作时自动投入运行，相应地节约了能源，延长了工作时间，减少了仪器的损耗和野外维修的次数，适合采用太阳能供电。用于数据传输时只按传输的数据量计费，因此其适合于小批量数据传输系统的组网。

8. 下一代互联网 IPv6

IPv4 的地址大约有 40 亿个。IPv6(国际互联网协议第 6 版)被称为下一代互联网。IPv6 采用了 128 位地址，因此新增的地址空间为 2^{128}(约 3.4×10^{38})。有比喻说，IPv6 能给地球上每一粒沙子都分配一个 IP 地址。一旦 IPv6 全面商用，IP 地址的空间将达到 2^{128}，IP 地址枯竭的情况将得以彻底解决。海量的地址是未来移动互联网、物联网等应用深入发展的基础。

目前现有 IPv4 地址已远远不能满足网络发展的需要，发展 IPv6 迫在眉睫。《关于下一代互联网“十二五”发展建议的意见》出台，明确提出“十二五”期间中国 IPv6 发展的重点目标和任务，即在 2013 年年底前，将开展 IPv6 网络小规模商用试点，形成成熟的商业模式和技术演进路线，2014—2015 年，实现互联网普及率达到 45%以上，推动实现三网融合，IPv6 宽带接入用户数超过 2500 万，实现 IPv4 和 IPv6 主流业务互通。

《关于下一代互联网“十二五”发展建议的意见》被认为是下一阶段 IPv6 的路线图和时间表。中国移动计划实现 IPv6 的全面应用。2012 年和 2013 年启动大约 10 个省份的网络改造，推出多款 LTE IPv6 终端，改造 4 个业务基地和 10 余个自有业务平台，发展 300 万 IPv6 用户。中国联通计划投入 8 亿元资金，在终端、接入网、城域网、核心网、业务平台和行业应用等多介层面，进行下一代互联网产业的全面推进，在 2013 年底实现不少于 300 万 IPv6 宽带接入用户。

在网络资源改造方面，很多设备厂商已经具备了技术和产品储备。华为、中兴等主流设备厂商的全线产品均已支持 IPv6，一旦市场启动可快速供给。以微软为代表的不少软件厂商和互联网服务商也为使用 IPv6 做好了准备，如 Windows 7 及以上版本系统已经实现了对

IPv6 协议的支持,腾讯的 QQ 软件也已提供支持 IPv6 的版本,百度的搜索引擎也专门开通了 IPv6 网址。

IPv6 的技术优势体现在以下几个方面。

(1) 地址资源近乎无限。与 IPv4 相比较,IPv6 最直观的技术优势在于其可以提供的地址资源近乎无限。IPv6 的地址长度为 128bit,地址空间增大了 2^{96},因此 IPv6 能够为现在和将来的互联网应用提供更多的网络地址,它能够在现在 40 亿个 IPv4 网络地址的基础上增加约为 340 万亿的 IPv6 网络地址。

(2) 更加有利于物联网。IPv6 地址的无限充足意味着在人类世界,每件物品都能分到一个独立的 IP 地址。也正因为如此,IPv6 技术的运用将会让信息时代从人机对话,进入到机器与机器互联的时代,让物联网成为真实。由于地址数量非常庞大,哪怕是一粒沙子,都可以有其 IP 地址。这意味着,所有的家具、电视、相机、手机、计算机、汽车等全部都可以纳入而成为互联网的一部分。

(3) 网络安全进一步提升。目前,病毒和互联网蠕虫是最让人头疼的网络攻击行为。但这种传播方式在 IPv6 的网络中就不再适用了,因为 IPv6 的地址空间实在是太大了,如果这些病毒或者蠕虫还想通过扫描地址段的方式来找到有可乘之机的其他主机,犹如大海捞针。在 IPv6 的世界中,对 IPv6 网络进行类似 IPv4 的按照 IP 地址段进行网络侦察是不可能了。

(4) 网络实名管理更可行。IPv6 的另一个重要应用就是网络实名制下的互联网身份证。目前基于 IPv4 的网络之所以难以实现网络实名制,一个重要原因就是因为 IP 资源的共用,因为 IP 资源不够,所以不同的人在不同的时间段共用一个 IP,IP 和上网用户无法实现一一对应。但 IPv6 的出现可以从技术上一劳永逸地解决实名制这个问题,届时 IP 资源将不再紧张,运营商有足够多的 IP 资源,运营商在受理入网申请的时候,可以直接给该用户分配一个固定 IP 地址,这样实际上就实现了实名制,也就是一个真实用户和一个 IP 地址的一一对应。

5.2 网络层的拓扑结构

物联网系统中的网络层犹如人的中枢神经,有机地构成网络,并在其间传递、储存和加工信息。目前网络的主体是互联网、网络管理系统和计算平台,也包括各种异构网络、私有网络。因此物联网的网络层包括各种末梢网络、无线/有线网关、接入网和核心网,实现感知层数据和控制信息的双向传送、路由和控制。接入网络包括 IAD、OLT、DSLAM、交换机、射频接入单元、2G/3G/4G 蜂窝移动数据和卫星接入等。核心网主要有各种光纤传输网、IP 承载网、下一代网络(Next Generation Network, NGN)、下一代互联网(Next Generation Internet, NGI)、下一代广电网等公众电信网和互联网,也可以依托行业或企业的专网,包括宽带无线网、光纤网络、蜂窝网络和各种专用网络,在传输大量感知信息的同时,对传输的信息进行融合等处理。

在第 3 章的物联网系统总体设计中,网络层是由 3 类网组成的网络,即末梢网、接入网和核心网。末梢网主要是将各类感知控制设备进行连接的网络,接入网主要是实现将传感设备接入到核心网的任务，核心网主要负责物联网数据的计算处理和路由转发的网络。又将接入网和核心网统称为主干网，充分利用现有基础设施。因此，在物联网的网络层设计中，重点放在末梢网和网关的设计上。其中，末梢网的组网过程往往因应用场景而异，因此网络层的物理拓扑结构变得多样化。

5.2.1　拓扑结构类型

按照物联网的组网形态和组网方式，有集中式、分布式、混合式、网状式等结构。集中式结构类似移动通信的蜂窝结构，集中管理；分布式结构，类似 Ad Hoc 网络结构，可自组织网络接入连接，分布管理；混合式结构包括集中式和分布式结构的组合；网状式结构类似 Mesh 网络结构，网状分布连接和管理。

按照节点功能及结构层次，物联网的拓扑结构通常可分为平面网络结构、分层网络结构、混合网络结构以及 Mesh 网络结构。节点经多跳转发，通过基站、汇聚节点或网关接入主干网络，在网络的任务管理节点对感应信息进行管理、分类和处理，再把感应信息送给应用用户使用。这类节点是典型的传感器节点。

因为网络的拓扑结构严重制约无线网络通信协议(如 MAC 协议和路由协议)设计的复杂度和性能的发挥。因此，有效、实用的无线网络拓扑结构对构建高性能的无线网络是十分重要的。

1. 平面网络结构

平面网络结构是最简单的一种拓扑结构，所有节点均为对等结构，具有完全一致的功能特性，也就是说，每个节点均包含相同的 MAC、路由、管理和安全等协议。这种网络拓扑结构简单、易维护、具有较好的健壮性，其本质是一种 Ad Hoc 网络结构形式。由于没有中心管理节点，故采用自组织协同算法形成网络，其组网算法比较复杂。

2. 层次网络结构

层次网络结构(也叫做分级网络结构)是对平面网络结构的一种扩展拓扑结构，网络分为上层和下层两个部分：上层为中心骨干节点；下层为一般节点。通常网络可能存在一个或多个骨干节点，骨干节点之间或一般节点之间采用的都是平面网络结构。具有汇聚功能的骨干节点和一般节点之间采用的都是分层网络结构。所有骨干节点均为对等结构，骨干节点和一般节点有不同的功能特性，也就是说，每个骨干节点均包含相同的 MAC、路由、管理和安全等功能协议，而一般节点可能没有路由、管理及汇聚处理等功能。这种分层网络通常以簇的形式存在，按功能分为簇首(也称为具有汇聚功能的骨干节点)和成员节点(也称为一般节点)。这种网络拓扑结构可扩展性好，便于集中管理，可以降低系统建设成本，提高网络覆盖率和可靠性，但是集中管理开销大，硬件成本高，一般节点之间可能无法直接通信。

3. 混合网络结构

混合网络结构是平面网络结构和分层网络结构相结合的一种拓扑结构，网络骨干节点之间及一般节点之间都采用平面网络结构，而网络骨干节点和一般节点之间采用分层网络结构。这种网络拓扑结构和分层网络结构不同的是一般节点之间可以直接通信，无须通过汇聚骨干节点来转发数据。这种结构同分层网络结构相比较，支持的功能更加强大，但所需硬件成本更高。

4. Mesh 网络结构

从结构来看,Mesh 网络是规则分布的网络,不同于完全连接的网络结构。通常只允许和节点最近的邻居通信。网络内部的节点一般都是相同的,因此 Mesh 网络也称为对等网。Mesh 网络是构建大规模无线传感器网络的一个很好的结构模型,特别是那些分布在一个地理区域的传感器网络,如车辆安全监控系统。尽管这里反映通信拓扑的是规则结构,然而节点实际的地理分布不必是规则的 Mesh 结构形态。由于通常 Mesh 网络结构节点之间存在多条路由路径,网络对于单点或单个链路故障具有较强的容错能力和鲁棒性。Mesh 网络结构最大的优点就是尽管所有节点都是对等的地位,且具有相同的计算和通信传输功能,但某个节点可被指定为簇首节点,而且可执行额外的功能。一旦簇首节点失效,另外一个节点可以立刻补充并接管原簇首节点那些额外执行的功能。

不同的网络结构对路由和 MAC 的性能影响较大。例如,一个 $n\times m$ 的二维 Mesh 网络结构的无线传感器网络拥有 $n\times m$ 条连接链路,每个源节点到目的节点都有多条连接路径。完全连接的分布式网络的路由表随着节点数增加而呈指数增加,且路由设计复杂度是个 NP-Hard 问题。通过限制允许通信的邻居节点数目和通信路径,可以获得一个具有多项式复杂度的拓扑结构,基于这种结构的协议本质上就是分层网络结构。采用分层网络结构技术可使 Mesh 网络路由设计要简单得多,由于一些数据处理可以在每个层次里完成,因而比较适合于无线传感器网络的分布式信号处理和决策。

5.2.2 拓扑结构的控制

拓扑控制对于延长无线网络的生存时间、减小通信干扰、提高 MAC 协议和路由协议的效率等具有重要意义。拓扑控制的设计目标:在保证一定的网络连通质量和覆盖质量的前提下,一般以延长网络的生命期为主要目标,兼顾通信干扰、网络延迟、负载均衡、简单性、可靠性、可扩展性等其他性能,形成一个优化的网络拓扑结构。末梢网与应用紧密相关,不同的应用对末梢网的拓扑控制设计目标的要求也不尽相同。

1. 拓扑控制中考虑的设计目标

1) 覆盖

覆盖可以看作对传感器网络服务质量的度量。在覆盖问题中,最重要的因素是网络对物理世界的感知能力。覆盖问题可以分为区域覆盖、点覆盖和栅栏覆盖。区域覆盖研究对目标区域的覆盖(监测)问题;点覆盖研究对一些离散的目标点的覆盖问题;栅栏覆盖研究运动物体穿越网络部署区域被发现的概率问题。相对而言,对区域覆盖的研究较多。如果目标区域中的任何一点都被 k 个传感器节点监测,就称网络是 k 覆盖的,或者称网络的覆盖度为 k。一般要求目标区域的每一个点至少被一个节点监测,即 1 覆盖。因为讨论完全覆盖一个目标区域往往是困难的,所以有时也研究部分覆盖,包括部分的 1 覆盖和部分的 k 覆盖。而且有时也讨论渐近覆盖,渐近覆盖是指当网络中的节点数趋于无穷大时,完全覆盖目标区域的概率趋于 1。对于已部署的静态网络,覆盖控制主要是通过睡眠调度实现的。对于动态网络,可以利用节点的移动能力,在初始随机部署后,根据网络覆盖的要求实现节点的重部署。覆盖控制是拓扑控制的基本问题。

2）连通

传感器网络一般是大规模的，所以传感器节点感知到的数据一般要以多跳的方式传送到汇聚节点。这就要求拓扑控制必须保证网络的连通性。如果至少要去掉 k 个传感器节点才能使网络不连通，就称网络是 k 连通的，或者称网络的连通度为 k。拓扑控制一般要保证网络是连通（1 连通）的，有些应用可能要求网络配置到指定的连通度。像渐近覆盖一样，有时也讨论渐近意义下的连通，即当部署区域趋于无穷大时，网络连通的可能性趋于 1。功率控制和睡眠调度都必须保证网络的连通性。这也是拓扑控制的基本要求。

3）网络生命期

网络生命期有多种定义。一般将网络生命期定义为直到死亡节点的百分比低于某个阈值时的持续时间。也可以通过对网络的服务质量的度量来定义网络的生命期，如可以认为网络只有在满足一定的覆盖质量、连通质量、某个或某些其他服务质量时才是存活的。功率控制和睡眠调度是延长网络生命期的十分有效的技术。最大限度地延长网络的生命期是一个十分复杂的问题，它一直是拓扑控制研究的主要目标。

4）吞吐能力

设目标区域是一个凸区域，每个节点的吞吐率力 λb/s，在理想情况下，则有

$$\lambda \leqslant \frac{16AW}{\pi\Delta^2 Lnr}\text{b/s}$$

式中，A 是目标区域的面积；W 是节点的最高传输速率；π 是圆周率；Δ 是大于 0 的常数；L 是源节点到目的节点的平均距离；n 是节点数；r 是理想球状无线电发射模型的发射半径。由此可以看出，通过功率控制减小发射半径和通过睡眠调度减小工作网络的规模，在节省能量的同时，可以在一定程度上提高网络的吞吐能力。

5）干扰和竞争

减小通信干扰、减少 MAC 层的竞争和延长网络的生命期基本上是一致的。功率控制可以调节发射范围，睡眠调度可以调节工作节点的数量。这些都能改变 1 跳邻居节点的个数（也就是与它竞争信道的节点数）。事实上，对于功率控制，网络无线信道竞争区域的大小与节点的发射半径 r 成正比，所以减小 r 就可以减少竞争。睡眠调度显然也可以通过使尽可能多的节点睡眠来减小干扰和减少竞争。

6）网络延迟

当网络负载较高时，低发射功率会带来较小的端到端延迟；而在低负载情况下，低发射功率会带来较大的端到端延迟。即当网络负载较低时，高发射功率减少了源节点到目的节点的跳数，所以降低了端到端的延迟；当网络负载较高时，节点对信道的竞争是激烈的，低发射功率由于缓解了竞争而减小了网络延迟。

7）拓扑性质

对于网络拓扑的优劣，很难直接根据拓扑控制的终极目标给出定量的度量。因此，在设计拓扑控制（特别是功率控制）方案时，往往退而追求良好的拓扑性质。除了连通性之外，对称性、平面性、稀疏性、节点度的有界性、有限伸展性等，都是希望具有的性质。此外，拓扑控制还要考虑如负载均衡、简单性、可靠性、可扩展性等其他方面。拓扑控制的各种设计目标

之间有着错综复杂的关系。对这些关系的研究也是拓扑控制研究的重要内容。

2. 拓扑控制方法

常见的拓扑控制方法主要集中在功率控制和睡眠调度两个方面。功率控制通过降低节点的发射功率来延长网络的生存时间，但却没有考虑空闲侦听时的能量消耗和覆盖冗余。事实上，无线通信模块在空闲侦听时的能量消耗与收发状态时相当，覆盖冗余也造成了很大的能量浪费。所以，只有使节点进入睡眠状态，才能大幅度地降低网络的能量消耗。这对于节点密集型和事件驱动型的网络是十分有效的。如果网络中的节点都具有相同的功能，扮演相同的角色，就称网络是非层次的或平面的；否则就称为是层次型的。层次型网络通常又称为基于簇的网络。

1）功率控制

在功率控制方面，常见的有结合路由的功率控制方法、基于节点度的功率控制、基于方向的功率控制、基于邻近图的功率控制。

（1）结合路由的功率控制方法。所有的传感器节点使用一致的发射功率，在保证网络连通的前提下，将功率最小化。在节点分布均匀的情况下，其具有较好的性能。一旦节点分布不均，特别是一个相对孤立的节点会导致所有的节点使用很大的发射功率，因此缺陷是明显的。

（2）基于节点度的功率控制。给定节点度的上限和下限，每个节点动态地调整自己的发射功率，使得节点的度数落在上限和下限之间。但是，基于节点度数的算法一般难以保证网络的连通性。

（3）基于方向的功率控制。节点 μ 选择最小功率 P，使得在任何以 μ 为中心的角度为 ρ 的锥形区域内至少有一个邻居。基于方向的算法需要可靠的方向信息，需要很好地解决到达角度问题；节点需要配备多个有向天线，因而对传感器节点提出了较高的要求。

（4）基于邻近图的功率控制。假设所有节点都使用最大发射功率发射时形成的拓扑图是 G，按照一定的邻居判别条件求出该图的邻近图 G'，每个节点以自己所邻接的最远节点来确定发射功率。基于邻近图的功率控制一般需要精确的位置信息。

2）睡眠调度

在睡眠调度方面，常见的有非层次型网络睡眠调度算法和层次型网络睡眠调度算法。

（1）非层次型网络睡眠调度算法。每个节点根据自己所能获得的信息，独立地控制自己在工作状态和睡眠状态之间的转换。它与层次型睡眠调度的主要区别在于每个节点都不隶属于某个簇，因而不受簇头节点的控制和影响。

（2）层次型网络睡眠调度算法。由簇头节点组成骨干网络，则其他节点就可以（当然未必）进入睡眠状态。层次型网络睡眠调度的关键技术是分簇。

5.3 基于网关的网络层设计

5.3.1 网络层分层设计

网络层涉及的无线网络技术有：无线局域网，即基于 IEEE 802.11 标准及变种的系列协议；无线城域网（Worldwide Interoperability for Microwave Access，WiMAX），即 IEEE 802.16 标准的协议；蓝牙（Bluetooth），即基于 IEEE 802.15.1 标准的协议；超宽带，即基于 IEEE 802.15.4a 标准的协议和 ECMA-368；ZigBee，即基于 IEEE 802.15.4 标准的协议；通用分组无线服务协议；多频码分多路访问（Wideband Code Division Multiple Access，WCDMA）协议。

网络层涉及的有线网络技术有电信网络、有线电视网络和计算机专网等。无线自组网（Wireless Ad-Hoc Networks）或移动自组网络的工作组（Mobile Ad-hoc NETworks，MANET）网络是物联网组建末梢网络的一种好的选择，因为这样的网络基于 IEEE 802.11 及变种、IEEE 802.15.1、IEEE 802.15.4a、IEEE 802.15.4 等标准协议组网，不依赖事先存在的基础设施，具有最小的配置要求和低成本的快速部署特征。上述其他网络可作为末梢网络连通 Internet 骨干的中间层，即接入网络。在这样的分层模型中，网关在各层次间起着协议格式转换的作用，路由和寻址是基本的物联网网络层问题。

根据物联网范例，物理物体连接到 Internet 共享信息。考虑到物体会移动，使用以无线方式进行连接是很有必要的。但是，当物体的移动路径不可预测或当物体移出网络基础设施之外时，末梢网络可能是仅有的连通方式。末梢网络由大量具有路由能力的自组织移动节点或物体组成，它可以被单独实现或通过网关连接到基础设施网络上。而末梢网络被看成现有基础设施的延伸，其移动节点能无缝地与固定网络上节点进行通信，其特点是通过连接末梢网络与固定网络的网关进行分组转发。

当一个末梢子网中物体到处移动时，它们将发现可能到了另一个末梢子网，并在新子网中重新注册并获得新地址，因此，它们的 IP 地址必须改变而要维持原来连接中端到端通信连接并继续发送属于这些连接的分组。因在改变地址后，移动节点将需要使用不同的网关在末梢网络和固定网络间转发或接收分组。地址和网关改变有可能导致包传输中断、包丢失甚至连接丢失，可能影响移动节点与固定节点间的通信。

通常采用两种协议：一种是采用主动式路由协议与固定网络连接，如采用优化链路状态路由（Object Optimized Link State Routing，OLSR）协议；另一种是采用被动式路由协议与固定网络连接，如采用 Ad-Hoc 按需距离矢量路由（Ad Hoc On-Demand Distance Vector，AODV）协议。在这两种情况下，末梢网络与固定网络的互连是通过两个或更多网关实现的，并且网关间相互远离以便不同行为的子网，即每个网关负责连通一个末梢子网。移动物体从一个网关的邻近区域移动到另一个网关的邻近区域而能够维持正在进行的与固定网络中节点的通信不中断。

因此，网络层由以下 3 个不同部分组成。

(1) 主干网。主机总是保持在同样的子网中，不会改变地址前缀，传统的因特网网关协议（Internal Gateway Protocol，IGP）被用来寻找可用路由。

(2) 末梢网络。移动物体可能移动并改变它们关联的子网和地址，使用路由协议寻找可用路由。

(3) 网关。网关是将末梢网络和主干网互连的专门设备。不仅允许数据分组跨越不同类型网络，而且允许每个网络区域的路由协议共享路由信息。这意味着网关必须至少具有一个属于主干网的接口和一个属于末梢网络的接口。若两个或更多网关将末梢与固定网络连接时,则称为多宿主混合 Ad-Hoc 网络(Multi-homed Hybrid Ad Hoc Networks)。

5.3.2 网关的设计

作为连接末梢网与主干网的桥梁,网关是物联网系统网络层中的一个重要组成部分。通过网关设备,可以实现不同类型末梢网络、末梢网络与主干网络之间的转换以及数据转发、协议转换和管理控制等功能。具体地说,一个典型的网关应该拥有以下几种能力。

(1) 广泛的接入能力。一个典型的网关应该具有广泛的接入能力,以连入更多的传感设备。然而各类接入技术具有很强的领域针对性,相互之间很难兼容。例如,ZigBee 主要用于无线智能家居领域,RUBEE(称为 IEEE 1902.1)则更适合恶劣环境。目前国内外已经开展了很多针对网关标准化的工作,以满足各种不同接入方式的互联互通。

(2) 设备管理功能。网关需要具有一定的管理功能,使网络管理者可以通过一个感知设备所接入的网关去了解该传感节点的有关信息,并实现对该设备的远程操作。

(3) 协议转换能力。网关一个重要功能就是协议转换,它需要将感知层获取的异构数据按照指定的标准格式统一封装,一方面使不同的感知设备“看起来”提供了统一的数据和信令,另一方面可以将上层发送的数据报转换成下层协议可以识别的信令和控制指令。

总之,网关应该具有广泛的接入能力,具备相当的设备及系统管理功能,并且可以实现不同类型的末梢网络以及末梢网络与主干网络之间的协议转换。

网关具备信息聚合、处理、选择、分发以及子网网络管理等功能。在物联网系统中,传感节点对其部署的区域进行监控,获取感知信息;网关对其控制区域内的传感节点实现任务调度、数据融合、网络维护等功能。传感节点获取的信息数据经过汇聚节点的融合、处理及打包后,由网关聚合,根据不同业务需求和接入网络环境,经由无线局域网接入点、有线以太网接入点、移动通信网接入点、中高速网络接入点等,分别接入无线局域网、互联网、移动通信网、中高速网络等多类型的异构网络,最终将信息传送到终端用户,实现针对末梢网络的远程监控。同样,终端用户也可以通过无线局域网、互联网、移动通信网、中高速网络接入到网关,网关连接到相应的汇聚节点,再通过汇聚节点实现对传感节点进行数据查询、任务派发、业务扩展等操作,最终将末梢网络与终端用户有机联系在一起。

根据网关的功能,其可分为控制单元、无线收发单元和电源模块。

1. 控制单元

网关至少满足以下技术指标。

(1) 网关具备信息融合、处理和分发功能。

(2) 网关能够同时支持多种协议,如无线传感器网络协议栈和以太网协议、无线局域网协议等。

(3) 网关能够维护区域内网络,防止网络阻塞发生。

(4) 网关能够处理检测区域内所有节点突发数据传输,具有较高的数据吞吐量。

(5) 网关应具有保存本地数据的功能,以免外部网络中断而丢失数据。

从以上几点考虑,控制单元的计算能力、存储能力和接口都是网关设计必须重视的方面。

2. 无线收发单元

网关的通信分为对上和对下两种。对上的无线收发单元主要面向移动通信网、无线局域网、有线互联网、中高速网络等，满足接入各类骨干网络需求；对下的无线收发单元主要用于与节点的通信。

3. 电源管理

网关的功耗远远大于节点的功耗，应采用有线电源供电，其电源管理主要是为网关提供合适的电压，而不考虑低功耗。

5.3.3 网络层的寻址和路由

在物联网中，希望移动物体参与信息网络而没有位置通信的限制。当这些物体从一个子网移动到另一个子网后，应该考虑到对正在进行的通信的影响，特别是这些物体涉及地址重分配、动态网关的改变和路由协议的收敛等。

1. 地址分配

与 Internet 上通信的节点地址分配使用的是基于由一个或多个网关通告的网络前缀的无状态自动分配机制。采用这方案的理由是它能较好地处理末梢网络分割问题。有了无状态自动分配机制，移动节点依据最邻近网关通告的网络前缀设置它的 IP 地址。具有相同网络前缀的节点构成一个子网。当节点知道它与一个网关间的距离(路由的跳数)小于与它获得当前地址的网关间的距离时，此主机将意识到自己处在一个不同的子网中。依据物体移动性，地址分配自动进行，因此，节点和网关的路由表必须调整。这有可能导致连接中断、包丢失、包转发延时增大。

2. 网关

用于在移动网络和固定网络间转发分组的路径极有可能会影响通信性能。在设置地址前，节点必须用一个网关来中转其与固定网络上通信对端之间的通信流量。网关的发现与使用路由协议有关，通过反应机制或先验机制完成。在反应机制中，当物体需要与 Internet 连接时，它发送一个请求消息，此消息在末梢网络中发散(或洪泛)传播，当被网关收到后，其响应消息沿反向路径传送到请求的发起者。在先验机制中，其方法是基于网关通告消息的周期性洪泛发送，这使得移动物体在没有应用请求建立连接的要求时，能够主动与网关建立接入 Internet 的路由。若物体接收到多于一个网关的路由，则选择最邻近的，但仅在先验机制中，物体可以确定选择的网关是最邻近的，因为在反应机制中，网关的更新仅仅发生在路由失效时。在连接正在进行时，改变转发网关将导致时间开销，这是由于包未被转发或转发失败造成的。

3. 路由协议

当物体在不同的子网中移动时，用于混合末梢网络中路由协议也将极大地影响网络性能。标准路由协议可以分成两类，即反应式路由协议和先验式路由协议。反应式路由协议仅在需要时进行路由发现，当路由改变时，需要在更长的包传输延时和更低的路由协议开销间进行权衡。AODV 属于反应式路由协议。先验式路由协议维持和规则性地更新全部路由信息集,需要在更高的路由协议开销和更长收敛时间与更小的包传输延时之间进行权衡。OLSR 属于先验式路由协议。

反应式路由协议在恢复路由错误上往往比先验式路由协议花的时间要少,特别在物体移动情况下,这是因为它用了更少的时间来声明失效的路由,而只关心恢复特定路由。当物体在不同末梢网络的不同子网间移动,并寻找到新网关的路由以维持正在进行的通信畅通时,不同类型的路由协议会做出不同的反应。

AODV 是一种按需路由协议,仅仅关注获得可用于对其传输数据到特定目标的邻居的信息。为了获知新的目的地,此协议在一定特定区域广播路由请求(Route REQues,RREQ)报文,起初为 1 跳范围。若未找到,则增加跳数以扩大广播范围。当 RREQ 报文到达了一个知道目的地的节点,则使用路由响应报文(Route REPly,RREP)回答。若活跃路由失效,发现失效链路的节点发送路由出错报文,以便一个新的 RREQ 报文能够被发起。AODV 中的活跃路由通过周期性的 HELLO 消息维护。根据 RFC 3561,HELLO 消息的发送周期是 1s。若活跃目标的 HELLO 消息在 2s 内未被收到,则认为路由不可达,通过出错报文的广播通知所有节点。

OLSR 则是一个先验式路由协议,通过周期性的 HELLO 消息来建立邻居链路,以及分发多点中继(Multi-Point Relays,MPR)①。HELLO 消息追踪链路连接。由 MPR 分发的拓扑控制消息在全网中传播链路状态信息,当拓扑改变时,也被周期性广播。控制流量由周期性的 HELLO 消息和拓扑控制消息组成。通过 MPR 的广播和拓扑控制消息的重新分布来控制开销,这胜过将每个路由器的链路状态信息进行广播。

在物体移动的情况下,每类路由协议所花费的用于帮助物体发现新网关、设置地址、寻找到固定网络上给定目标的路由的时间,极大地影响混合末梢网络的性能。表 5.3 列出了 AODV 和 OLSR 的主要时间值。能够看到,AODV 仅维持被请求过的目的地,因此,减少了网络拥塞和路由表大小,但最重要的是,在对路由失效事件的反应上,AODV 花的时间比 OLSR 少。甚至更多的是,AODV 仅关注特定的而非每个可能的失效路由的修复。

表 5.3　两种路由协议的时间参数值对比

路由协议	路由/邻居发现	路由改变的识别
AODV	路由请求 路由响应 活跃节点的 HELLO 周期(1s)	在 2s 内无 HELLO 消息
OLSR	HELLO 消息分布周期(2s) 拓扑控制消息分布周期(5s)	在 6s 内无 HELLO 消息

5.4　基于 IPv6 的网络层设计

物联网要实现“一物一地址,万物皆在线”的目标,则需要大量的 IP 地址资源,就目前可

① MPR 节点是专门被选择用来广播控制消息,减少消息重复转发的次数,进而限制了网络中的泛洪消息数,降低了网络开销。

用的 IPv4 地址资源来看,远远无法满足感知智能终端的连网需求,特别是在智能家电、视频监控、汽车通信等应用的普及之后,地址的需求会迅速增长。而从目前可用的技术来看,只有 IPv6 能够提供足够的地址资源,满足端到端的通信和管理需求,同时提供地址自动配置功能和移动性管理机制,便于端节点的部署和提供永久在线业务。但是由于末梢网络中感知层节点低功耗、低存储容量、低运算能力的特性,以及受限于 MAC 层技术(IEEE 802.15.4)特性,不能直接将 IPv6 标准协议直接架构在 IEEE 802.15.4 MAC 层之上,需要在末梢网络与 IPv6 网络之间采用某种方式将两者连接起来。

5.4.1 网络互连方式

当前,实现末梢网络与 IPv6 互连的方式主要包括 Peer to Peer 方式、重叠方式及全 IP 方式。

1. Peer to Peer 方式

Peer to Peer 方式通过设置特点的网关节点,在末梢网络和 IPv6 的相同协议层次之间进行协议转换,实现两者的互连。按照网关所在协议层次不同,可进一步细分为应用网关和网络地址转换网关两种方式。

1) 应用网关方式

应用网关方式的核心是由设置在末梢网络和 IPv6 之间的网关在应用层进行协议转换,实现数据转发功能。该方式的优点在于只有网关需要支持 IPv6 协议,末梢网络可以根据自身特点设计相应的通信协议;缺点在于用户透明度低,末梢网络提供的服务使用困难。

2) 网络地址转换网关方式

该方式的核心在于由地址转换网关在网络层进行地址和协议的转换。该方式假定末梢网络是采用以地址为中心的网络协议,外部网络采用标准的 IPv6 网络层协议。此方式能够有效降低数据分组在内网中传输所带来的控制开销及能量消耗。

2. 重叠方式

重叠方式通过协议承载而不是协议转换实现两种网络之间的互连,可细分为虚网络和隧道两种方式。

1) 虚网络

在这种方式下,IPv6 网络中所有需要与末梢网络通信的节点及网关成为虚节点,它们组成的网络为虚网络。在末梢网络中,每个节点都运行自己的私有协议,节点之间的通信基于私有协议进行;在虚网络中,末梢网络的私有协议被作为网络层应用承载在 TCP/UDP/IP 上,实现虚节点之间的数据传输功能。

2) 隧道

IPv6 通过已有的末梢网络私有协议上实现隧道功能,实现数据发送和接收,满足用户直接访问和控制末梢网络中某些特殊节点要求。在该方式下,末梢网络仍然采用私有协议通信,IPv6 协议只被延伸到一些特殊节点。

3. 全 IP 方式

无论是 Peer to Peer 网关方式还是重叠方式实现末梢网络与 IPv6 网络的互连,都必须经过某些特殊节点进行内外网之间的协议转换或协议承载功能。全 IP 互连方式则是末梢网络与 IPv6 网络之间一种无缝结合方式，它要求每个传感器节点都支持 IPv6 协议，通过采用统一的网络层协议(即 IPv6)实现彼此之间的互连。

IETF 于 2004 年 11 月专门成立了 6LoWPAN 工作组，着手制定基于 IPv6 的低速无线个域网标准，旨在将 IPv6 引入以 IEEE 802.15.4 作为底层表示的无线个域网中。

5.4.2 引入 6LoWPAN 的原因

将 IPv6 技术应用于物联网的末梢网络中需要解决的关键问题包括以下几个方面。

(1) IPv6 报文过大，头部负载过重。必须采用分片技术将 IPv6 分组包适当分配到底层 MAC 帧中，并且为了提高传送的效率，需要引入头部压缩策略解决头部负载过重的问题。

(2) 地址转换。需要相应的地址转换机制来实现 IPv6 的长 MAC 地扯和 IEEE 802.15.4 的短 MAC 地址之间的转换。

(3) 报文泛滥。必须调整 IPv6 的管理机制，以抑制 IPv6 网络大量的网络配置和管理报文，适应 IEEE 802.15.4 低速率网络的需求。

(4) 轻量化 IPv6 协议。应针对 IEEE 802.15.4 的特性，确定保留或者改进哪些 IPv6 协议栈功能，满足嵌入式 IPv6 对功能、体积、功耗和成本等的严格要求。

(5) 路由机制。IPv6 网络使用的路由协议，主要基于距离矢量和基于链路状态的路由协议。这两类协议都需要周期性地交换信息来维护网络正确的路由表或网络拓扑结构图，而在资源受限的物联网感知层网络中，若采用传统的 IPv6 路由协议，由于节点从休眠到激活状态的切换会造成拓扑变化比较频繁，将导致控制信息占用大量的无线信道资源，增加节点的能耗，从而缩短网络的生存周期，因此需要对 IPv6 路由机制进行优化改进，使其能够在能量、存储和带宽等资源受限的条件下，尽可能地延长网络的生存周期。应重点研究网络拓扑控制技术、数据融合技术、多路径技术、能量节省机制等。

(6) 组播支持。IEEE 802.15.4 的 MAC 子层只支持单播和广播，不支持组播。而 IPv6 组播是 IPv6 的一个重要特性，在邻居发现和地址自动配置等机制中，都需要链路层支持组播。所以，需要制定从 IPv6 层组播地址到 MAC 地址的映射机制，即在 MAC 层用单播或者广播替代组播。

(7) 网络配置和管理。由于网络规模大，而一些设备的分布地点又是人员所不能到达的，因此物联网感知设备应具有一定的自动配置功能，网络应该具有自愈能力，要求网络管理技术能够在很低的开销下管理高度密集分布的设备。

为了解决 IPv6 over IEEE 802.15.4 所面临的问题，6LoWPAN 工作组专门研究 IPv6 协议在 IEEE 802.15.4 上的实现，其重点在适配层、路由、报头压缩、分片、网络接入和网络管理等技术上。成立于 2008 年 9 月的 IPSO(IP for Smart Objects)产业联盟，也大力倡导将泛在网感知延伸层融合到 IP 技术体系中。在未来的物联网应用中，网络将不再是被动地满足用户的需求，而是要主动感知用户场景的变化，并进行信息交互，为用户提供个性化的服务。

5.4.3 6LoWPAN 协议栈

6LoWPAN 协议使得在低功率无线网络环境下资源受限(通常电池供电)的嵌入式设备

能够通过简化的 IPv6 协议(IPv6 分组头部字段域进行了压缩)与 Internet 互连并充分考虑了无线网络的特性。6LoWPAN 协议栈如图 5.4 所示。

图 5.4 6LoWPAN 协议栈

其中,LoWPAN 是一个适配层,用于优化 IEEE 802.15.4 以及类似链路层协议上的 IPv6 分组传输性能。

Internet 协议用于无线嵌入式设备面临着诸多的挑战,其中一些原因如下。

(1) 电池供电的无线设备需要低的值勤周期,而 IP 是基于永远在线的设备。

(2) IEEE 802.15.4 天生不支持多播,但在许多 IPv6 操作中,多播是一种基本的传输方法。

(3) 在多跳无线网状网中,有时很难进行路由选择来取得必要的覆盖和成本效益。

(4) 低功率的无线网络带宽低(20～250kb/s)、帧长度很小(在 IEEE 802.15.4 中,在物理层最大 127B,除去 MAC、安全层以及适配层的开销)。另外,所有主机必须准备接收的最小报文长度在 IPv6 中是 1280B。IPv6 要求 Internet 的每条链路具有 1280B 大小或更大的最大传输单元(Maximum Transmission Unit,MTU)。任何一个不能在一帧中承载 1280B 分组的链路,链路层特定的分割组装功能必须要被提供在 IPv6 下面的一层中。

(5) 在低功率的无线网络中,标准协议的性能表现差。例如,由于无法区分包损失的原因是拥塞还是信道错误,因此,TCP 协议的性能很差。

6LoWPAN 可以解决上述问题,它实现了一个轻量级的适应低速无线设备和邻居发现的 IPv6 协议栈,能很好地适应低速无线网状网环境。

物联网系统中包括大量的节点,每个节点都将产生内容,应该能被任何授权用户检索到,无论其位于何处。这需要有效的编址策略。在 6LoWPAN 研究下,IPv6 寻址方案已被用于低功率的无线通信节点。IPv6 地址由 128bit 表示,能足够标记需寻址的任何物体,因此认为可以赋予 IPv6 地址给网络上的所有物体。

然而,RFID 标签使用 64bit 或 96bit 标识符。当网关处理 RFID 标签为 64bit 所产生的消息进入 Internet 时,将创建新 IPv6 分组,源地址将由连接网关 ID(它复制到 IPv6 地址的网络前缀部分)和 RFID 标签标识符(它复制到 IPv6 地址的接口标识符部分)组成。类似地,网关同样能处理来自 Internet 并指向某 RFID 标签的 IPv6 分组,特定 RFID 标签(其描述消息的目的地)也容易识别,因为它由 IPv6 地址的接口标识符部分标识。

当 RFID 标签标识符为 96bit,则需使用合适的方法将 96bit 映射成 64bit 的 RFID 标识符,并将作为 IPv6 地址的接口 ID。显然,这样需不断更新产生的 IPv6 地址和 RFID 标签标识符之间的映射。

在传统的 Internet 中,传输层使用的可靠通信协议是传输控制协议(Transmission Control Protocol,TCP),保证端到端的可靠性和执行端到端拥塞控制。由于以下一些原因,TCP 在物联网系统中效率不高。

(1) 连接建立。TCP 是面向连接的协议,每个会话以一个连接建立程序开始(称为三次握手)。在物联网中这是不必要的,因为很多通信会话仅有少量数据交换,连接建立阶段会占据相当比例的会话时间。此外，连接建立阶段包括被动端设备的处理和传输的数据，在多数情况下，会受限于能量和通信资源，如传感器节点和 RFID 标签。

(2) 拥塞控制。TCP 负责端到端拥塞控制。在物联网中，这会导致性能问题，因为大多数通信使用了无线介质。此外，若单一会话中交换的数据量很少，TCP 拥塞控制就不起作用。

(3) 数据缓冲。TCP 需要将数据存储在源和目的端的缓存中。事实上，在源端，数据应该被缓存以便在丢失时可以被重传；在目的端，数据应该被缓存以便按序递交到应用层。这样的缓冲区管理可能对能量受限装置来说太昂贵了。

5.4.4 LoWPAN 适配层协议

IPv6 分组不能直接在 IEEE 802.15.4 网络上传输，因此，需要 LoWPAN 来进行适配。

IEEE 802.15.4 定义了 4 种帧(Frame)，即信标帧(Beacon Frame)、MAC 命令帧(MAC Command Frame)、确认帧(Acknowledgement Frame)和数据帧(Data Frame)。IPv6 分组必须被携带在数据帧中，数据帧可以选择对请求进行确认。

IEEE 802.15.4 网络可以使用信标，也可以不使用。使用信标便于设备间同步，若不使用信标同步，数据帧(包括携带 IPv6 分组的帧)通过基于竞争的信道接入方法(如无时槽 CSMA/CA)进行发送，尽管不使用信标同步，但信标对链路层设备发现以辅助关联和去关联事件仍是有用的。

1. 寻址模式

IEEE 802.15.4 定义了多个寻址模式，如 64bit 扩展地址和 16bit 短地址。

2. 最大传输单元

在 IEEE 802.15.4 之上的 IPv6 分组的最大传输单元(Maximum Transmission Unit, MTU)大小是 1280B。但是，一个完整的 IPv6 分组不适合放入一个 IEEE 802.15.4 帧中。最大物理层包大小为 127B，最大帧开销 25B，因此，MAC 层的最大帧大小为 102B。

另外，确保链路层的安全也需要开销。例如，使用 AES-CCM-128、AES-CCM-64 和 AES-CCM-32 的开销分别为 21B、13B 和 9B，若使用 AES-CCM-128 情形下，仅 81B 可用于携带上层数据，这显然远远低于最小的 IPv6 分组大小(1280B)，因此在 IP 层下面必须要有适配层来进行分片和重组的工作。

既然 IPv6 头部是 40B，那么就仅留了 41B 给上层协议，如 UDP。UDP 的头部占 8B，应用层数据就只有 33B，加之为分片与重组的适配层的开销，留给应用层的字节数将更少。因此，以上考虑导致以下两个要求。

① 必须提供适配层以满足 IPv6 的最小 MTU 要求。

② 必须进行协议头的压缩。

3. LoWPAN 适配层帧格式

6LoWPAN 中的报文仍然采用分层的思想，按照物理层头部、MAC 层头部和尾部、适配层头部、网络层头部以及高层协议头部的顺序依次向后扩展。LoWPAN 适配层的作用是对上层 IPv6 数据报进行封装，作为 IEEE 802.15.4 MAC 层的协议数据单元(Protocol Data

Unit,PDU)。图 5.5 给出了 6LoWPAN 数据报在 IEEE 802.15.4 上的封装格式。

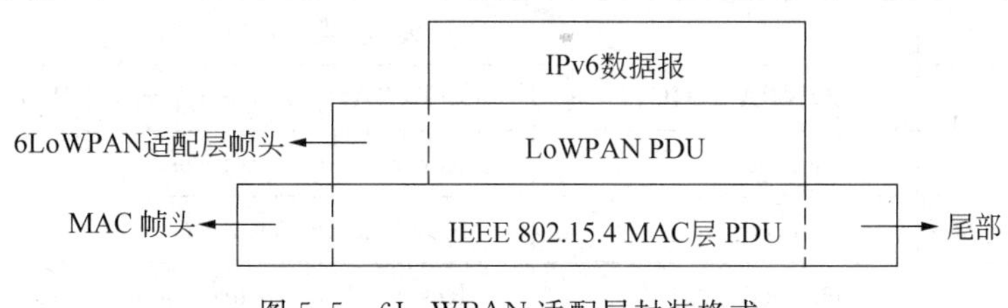

图 5.5 6LoWPAN 适配层封装格式

LoWPAN 适配层使用的是封装头栈,在需要时可以添加,IPv6 数据报就紧跟在封装头后面。适配层支持 4 种头部格式,即 Mesh 头部、广播头部、分片头部和 IPv6 压缩头部。根据上层应用和实际情况的不同,LoWPAN 适配层的帧头部通常包含一个或多个功能头部。当多于一个功能头部时,则按上述顺序封装。适配层帧格式如图 5.6 所示。

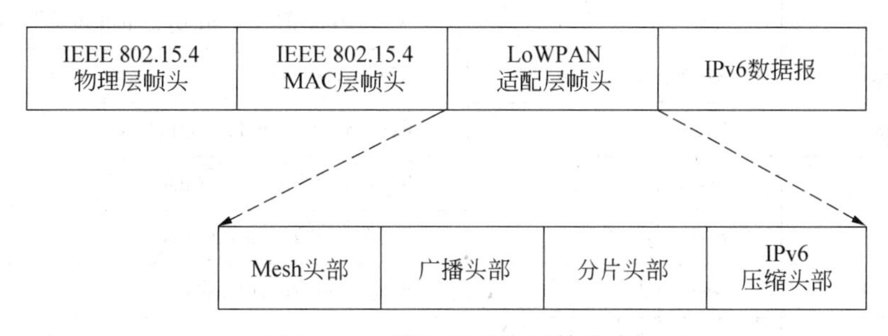

图 5.6 LoWPAN 适配层帧格式

4 种不同的功能头部用封装头部的首个字节分派值(Dispatch Value)来区别,以标识不同类型的 6LoWPAN 适配层数据报。

1) 分派类型(Dispatch Type)和头部(Header)

如图 5.7 所示,头 2bit 分别为 0 和 1 指出是分派类型。

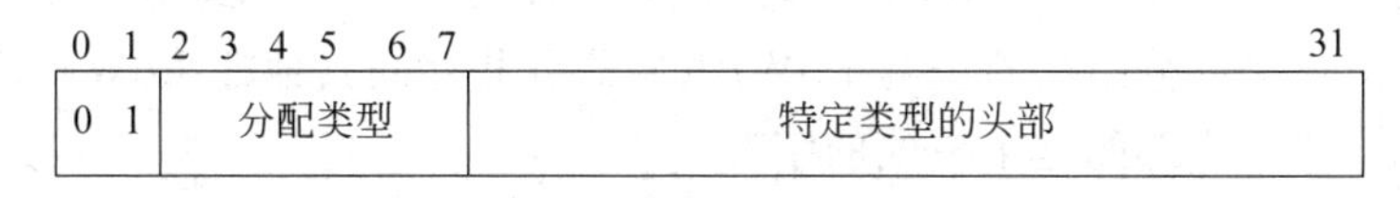

图 5.7 分派类型和头部

分派类型:6bit 长的选择器。识别分派头部后面的头部类型。

特定类型的头部:由分派头部确定的头部。

分派值可以被处理为无结构名字空间。仅一些符号被需要来表示当前 LoWPAN 功能性。尽管一些额外好处可通过编码额外功能性为分派字节取得,但这些措施会趋向于限制从事未来替代性工作的能力。分派值比特模式如表 5.4 所示。

表 5.4 分派值比特模式

分派值	头部类型	
00xxxxxx	NALP	Not a LoWPAN frame
01000001	IPv6	Uncompressed IPv6 Address

续表

分派值	头部类型	
01000010	LOWPAN_HC1	LOWPAN_HC1 compressed IPv6Address
01000011	reserved	Reserved for future use
⋮	reserved	Reserved for future use
01001111	reserved	Reserved for future use
01010000	LOWPAN_BC0	LOWPAN_BC0 compressed IPv6Address
01010001	reserved	Reserved for future use
⋮	reserved	Reserved for future use
01111110	reserved	Reserved for future use
01111111	ESC	Additional Dispatch byte follows
10xxxxxx	MESH	Mesh Header
11000xxx	FRAG1	Fragmentation Header(first)
11001000	reserved	Reserved for future use
⋮	reserved	Reserved for future use
11011111	reserved	Reserved for future use
11100xxx	FRAGN	Fragmentation Header(subsequent)
11101000	reserved	Reserved for future use
⋮	reserved	Reserved for future use
11111111	reserved	Reserved for future use

NALP：指出比特不是 LoWPAN 封装的一部分，任何遇到分派值 00xxxxxx 的 LoWPAN 节点应该丢弃分组。希望与 LoWPAN 节点共存的其他非 LoWPAN 协议应该包含匹配紧跟 802.15.4 头部的这个模式的字节。

IPv6：指出协议头部是一个未压缩 IPv6 头。

LOWPAN_HCl：指出头部是 LOWPAN_HC1 压缩 IPv6 头。

LOWPAN_BC0：指出头部是支持网格广播/多播的 LOWPAN_BC0 头。

ESC：指出的头部是一个分派值的单字节域(8bit)。支持大于 127 的分派值。

2) Mesh 头部

如图 5.8 所示，头 2bit 分别为 1 和 0 的表示为 Mesh 类型。

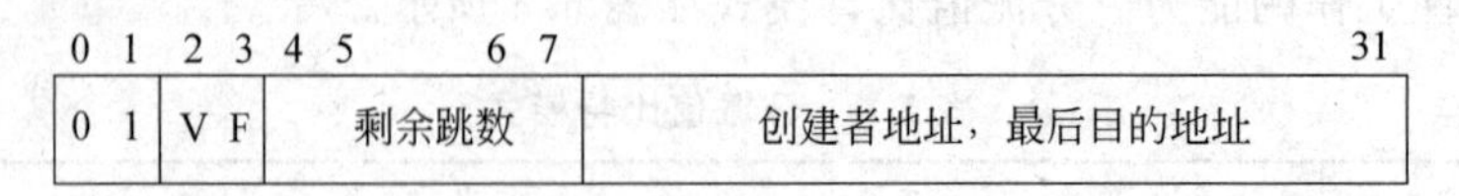

图 5.8　Mesh 头部

各个域的定义如下。

V：若创建者地址是 IEEE 扩展 64bit 地址（EUI-64），这个 1bit 域取值为 0，若为短 16bit 地址，则取值为 1。

F：若最后目的地址是 IEEE 扩展 64bit 地址（EUI-64），这个 1bit 域取值为 0，若为短 16bit 地址，则取值为 1。

剩余跳数（Hops Left）：这个 4bit 域的值应该由每个转发节点在发送分组到它的下一跳前减少一个额定值。若此域的值被减到 0，则分组不再被转发。值 0xF 被保留并表示一个 8bit 域 Deep Hops Left 紧跟其后，允许源节点指定大于 14 的跳限制。

创建者地址（Originator Address）：这是创建者的链路层地址。

最后目的地址（Final Destination Address）：这是最后目的地的链路层地址。

3）广播头部

一个广播头部含有一个 LOWPAN_BC0 发送类型和一个序列号，如图 5.9 所示。

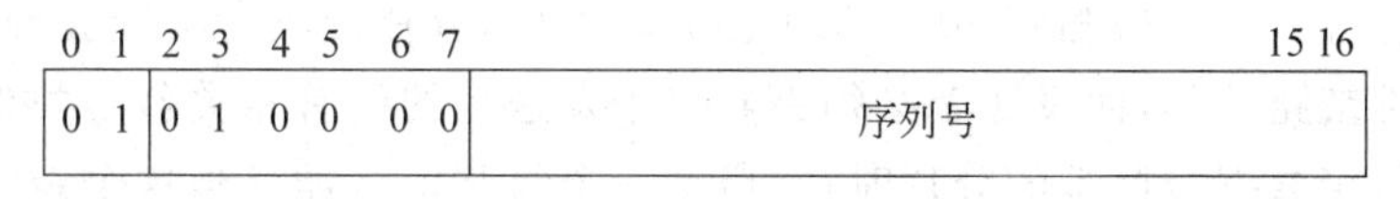

图 5.9　广播头部

序列号（Sequence Number）：8bit，用来检测重复的数据报，区分不同的帧。当源地址发送一个新的广播帧时，这个值加 1。

4）分片头部

若整个有效载荷（如 IPv6）数据报适合放入单一的 802.15.4 帧中，则不需要分片并且 LoWPAN 封装不应包含分片头。若数据报不适合放入单一的 802.15.4 帧中，则应该分成适应链路的片段。由于片偏差仅能表示成 8B 的倍数，因此，数据报的所有链路片段除最后一片外都必须是 8B 的倍数。第一个链路片段应该含有首个分片头，如图 5.10 所示。

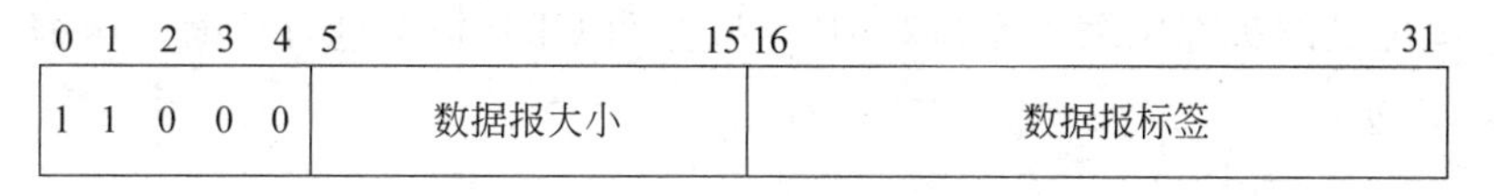

图 5.10　首个分片格式

第二个和随后的链路片段应该包含一个符合图 5.11 所示格式的分片头。

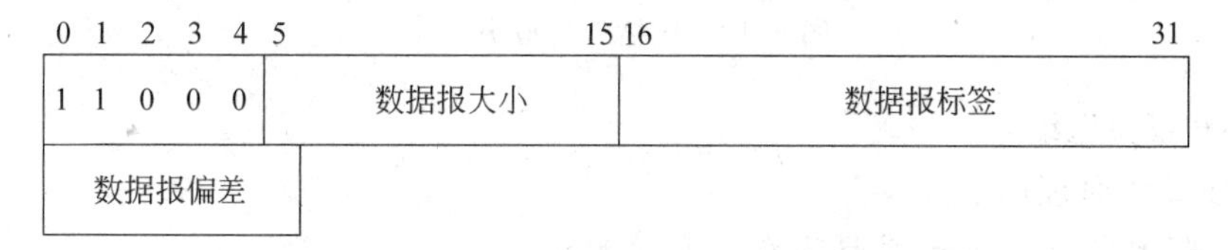

图 5.11　首个分片后面分片格式

数据报大小（datagram_size）：这个 11bit 域编码了链路层分片前（但在 IP 层分片后）整个 IP 分组的大小。datagram_size 的值应该对一个 IP 分组的所有链路层分片都是一样的。对 IPv6，这应该是 40B（未压缩 IPv6 头的大小），大于分组的 IPv6 头中有效载荷长度值。

数据报标签（datagram_tag）：数据报标签域的值对有效载荷（如 IPv6）数据报的所有链路分片都应该是相同的。对连续的需分片的数据报，发送者应该一次增加它们数据报标签域的值。此域的值增加到 65 535 后将返回到 0，因为此域是 16bit 长，表示的数值范围是 0～65 535，此域未定义初始值。

数据报偏差(datagram_offset)：此域仅在第二个及以后链路分片中出现，其值以 8B 为单位，并从有效载荷数据报的起始处计算。数据报首个字节(如 IPv6 头的开始处)具有偏差 0；首个链路分片隐含的数据报偏差值为 0。此域长度为 8bit。

链路分片的接收者如下所述。

① 发送者的 802.15.4 源地址(或 Mesh 出现时的创建者地址)。

② 目的地的 802.15.4 源地址(或 Mesh 出现时的最终目的地址)。

③ 数据报大小。

④ 数据报标签，用来识别属于一个特定数据报的所有链路分片。

一旦收到链路分片，接收者开始原始的未分片包。它使用数据报偏差域的值决定分片在原始包中的位置。一旦检测到 802.15.4 去关联事件，分片接收者必须丢弃未组装完的所有数据报的全部链路分片，而发送者必须丢弃仍未发送完的所有相关包。类似地，当节点首次接收到带有特定数据报标签的分片时，它启动一个组装定时器。当这个定时器超时，若整个包仍未组装完，则已有分片必须被丢弃，且组装状态必须被刷新。组装超时间隔必须被设置为一个最大值，即 60s，这也是 IPv6 组装过程的超时间隔。

4. 头部压缩

IPv6 数据报的头部加上 UDP 头部大大减少了 MAC 层的有效负载长度，会导致网络层报文的分段较为频繁，造成效率低下，加重网络负担。因此，对报文头部进行压缩至关重要。目前 6LoWPAN 适配层报头压缩一般都是通过压缩编码实现，应用较多且效率较高的是 HC1 和 HC2。HC1 负责压缩 IPv6 基本报头，HC2 负责压缩上层协议的报头。6LoWPAN 协议栈的传输层可以是 TCP、UDP、ICMP 协议，目前 WSN 较为常用的是 UDP 协议，因此 6LoWPAN 适配层的头部压缩主要是对 IPv6 报头和 UDP 报头进行压缩。压缩后的报头格式如图 5.12 所示。

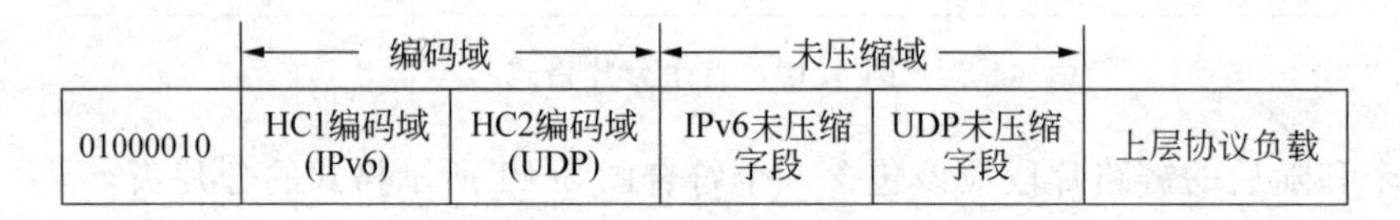

图 5.12　压缩后的报头格式

1) IPv6 报头压缩

HC1 压缩的原理如下。

(1) IP 版本号(Version)总是为 6，可以省略。

(2) IPv6 的地址若被压缩，则该地址必定是链路本地地址，前缀默认是 FE80::/64；当它的接口标识符是通过自动配置得来的时，可以从数据链路层的 MAC 地址推断出来。

(3) 负载长度(Payload Length)既可以从数据帧的帧长度字段推断得出，也可以从分段头的 Datagram Size 字段得到。

(4) 传输类型(Traffic Class)和流标签(Flow Label)都为 0。

(5) 下一个头部(Next Header)类型为 TCP、UDP 或 ICMP 中的一种，由 NH 字段

控制。

(6) 跳数限制(Hop Limit)域是 IPv6 头部中唯一不能压缩的字段,直接放在未压缩域中。

采用上述方法,最多可以将 IPv6 基本报头从 40B 压缩至 2B,其中 HC1 编码域与 Hop Limit 各占 8bit。未能压缩的域,需按照一定的顺序放在未压缩区域,一起发送到目的节点。经过 HC1 压缩后的头部格式如图 5.13 所示。

IPv6 Source Address	IPv6 Destination Address	Traffic Class and Flow Label	Next Header	HC2 Encoding

图 5.13 HC1 编码

① IPv6 Source Address(第 0 和 1 位)。

00：地址前缀未压缩,接口 ID 未压缩。

01：地址前缀未压缩,接口 ID 已压缩。

10：地址前缀已压缩,接口 ID 未压缩。

11：地址前缀已压缩、接口 ID 已压缩。

② IPv6 Destination Address(第 2 和 3 位)。

00：地址前缀未压缩,接口 ID 未压缩。

01：地址前缀未压缩,接口 ID 已压缩。

10：地址前缀已压缩、接口 ID 未压缩。

11：地址前缀已压缩、接口 ID 已压缩。

③ Traffic Class and Flow Label(第 4 位)。

0 表示未压缩,指示 Traffic Class 的 8bit 和 Flow Label 的 20bit 都被发送。1 表示 Traffic Class 和 Traffic Class 的值均为 0。

④ Next Header(第 5 位和 6 位)。

00：未压缩,所有 8bit 都被发送。

01：下一个头部是 UDP 报头。

10：下一个头部是 ICMP 报头。

11：下一个头部是 TCP 报头。

⑤ HC2 encoding(第 7 位)。

0 表示没有其他报头压缩字段;1 表示存在多个报头压缩字段,每个都是 HC2 编码格式,由 Next Header 决定是哪类 HC2 编码的应用类型。

2) UDP 报头压缩

当 IPv6 基本报头压缩中的 HC2 encoding 值为 1 时,表明还要对下一个头部进行压缩。这里介绍 UDP 报文头压缩。HC2 压缩只对 UDP 头部中的源端口、目的端口和长度进行压缩,UDP 校验和保持不动,以免 UDP 报文在传输中出错,最后整个压缩成 HC_UDP 头。经过压缩后,UDP 报头最多从原来的 8B 缩短为 4B。同样,未能压缩的字段,按照一定的顺序放在未压缩区域。HC_UDP 的具体格式如图 5.14 所示。

HC_UDP 编码展示如下(以第 0 位开始,以第 7 位结束)。

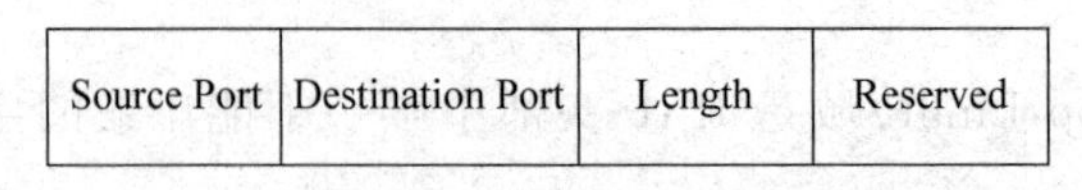

Source Port	Destination Port	Length	Reserved

图 5.14　HC_UDP 编码

Source Port(第 0 位)：0 表示未压缩,1 表示已压缩,压缩后的 4 位源端口放在未压缩域中。实际的 16 位源端口号由下式计算来得到,即 P＋短端口(short_port)值;P 的值为 61616(0xF0B0);短端口(short_port)被表示为一个 4 位的值。

Destination Port(第 1 位)：0 表示未压缩,1 表示已压缩,压缩后的 4 位目的端口放在未压缩域中。实际的 16 位目的端口号由下式计算得到,即 P＋短端口(short_port)值;P 的值为 61616(0xF0B0);短端口(short_port)被表示为一个 4 位的值。

Length(第 2 位)：0 表示未压缩,1 表示已压缩,可根据 IPv6 报头和扩展头部的长度推出。UDP 长度域的值等于 IPv6 头部中有效载荷长度值减去 IPv6 头部和 UDP 头部之间的所有扩展头长度。

Reserved(从第 3 到第 7 位)：保留位。

3) 未压缩域

(1) 未压缩 IPv6 域。它允许 IPv6 头部被压缩到不同的程度,因此不是完整的(标准的)IPv6 头部,仅未压缩域需要被发送,后面的头部(如原始 IPv6 头部的下一个头部域所指定的)紧跟 IPv6 未压缩域。

未压缩 IPv6 寻址由一个分派类型描述,此分派类型含有一个 IPv6 分派值,后跟未压缩 IPv6 头。这个分派类型前有另外的 LoWPAN 头。

跳限制是必须出现的未压缩 IPv6 域,这个域必须始终跟随编码域(如 HC1 编码),其他未压缩域必须跟随跳限制域。这些域是源地址前缀(64bit)和(/或)接口标识符(64bit)、目的地址前缀(64bit)和(/或)接口标识符(64bit)、通信类型(8bit)、流标签(20bit)、下一个头部(8bit),实际的下一个头部(如 UDP、TCP、ICMP 等)是跟随在未压缩域之后的。

(2) 未压缩和部分压缩 UDP 域。它允许 UDP 头被压缩到不同的程度,因此不是完整的(标准的)UDP 头部,仅未压缩域或部分压缩域需要被发送。

UDP 头部的未压缩域或部分压缩域必须始终跟随在 IPv6 头部和它的关联域之后。任何需携带的 UDP 头的出现顺序必须与标准的 UDP 头中相应域的出现顺序一样,如源端口、目的端口、长度和校验和。若源端口或目的端口是一个短端口符号(如压缩 UDP 头部所指出),则不使用 16bit,而是取 4bit。

5. 适配层地址生成

IPv6 标准通常有两种地址自动配置方案,即有状态的地址自动配置和无状态的地址自动配置。但有状态的地址自动配置方案常常需要人为干预,对于节点数量众多且网络拓扑经常变动的无线传感器网络并不适用,因此通常采用无状态的地址自动配置方案。

由 IPv6 协议可知,IPv6 地址由地址前缀和接口标识符两部分构成,两者均为 64 位。接口标识符可以手动配置,也可以从 MAC 地址得到。6LoWPAN 的特性要求节点支持无状态地址自动配置,此时需要节点能够自动从 IEEE 802.15.4 的 MAC 地址获取接口标识符。另外,IEEE 802.15.4 支持长、短两种地址。如何利用这两种地址获取接口标识符,并与地址前缀结合得到128位的IPv6地址呢？

当6LoWPAN中节点用EUI-64长地址，只要将长地址的U/L位求反就能得到IPv6接口标识符。这种地址构造方式可以最大程度地避免无状态地址自动配置过程中的地址冲突现象。由于6LoWPAN对邻居发现的优化依赖于这种方式生成的地址，所以这对于6LoWPAN是非常必要的。

当6LoWPAN中节点用16位短地址，地址由PAN协调器进行分配，且正在网络内部节点之间有效，若节点与IPv6网络通信，就需利用该16位地址，生成一个48位的地址，具体方法：MAC地址前16位使用节点PAN ID，中间置为0，后16位为节点短地址。再将这48位地址映射到EUI-64上，根据映射规则保证该地址具有唯一性，从而实现IPv6网络中节点之间的通信。

6. 适配层路由协议

6LoWPAN技术的特点决定了路由协议应该满足以下要求，即简化路由协议、减小路由开销、精简路由表、减少路由计算、降低占用内存和支持休眠机制等。按照路由决策层的不同，6LoWPAN中的路由可以分成两大类：一类叫Mesh Under路由转发，路由决策在适配层完成，利用Mesh报头进行简单的二层转发；另一类称为Route Over路由转发，路由决策在网络层完成，利用IP报头在3层进行数据报转发。

1）Mesh Under路由转发

在Mesh Under路由中，由适配层来构建多跳路由，将数据报发送到目的节点。数据报转发的过程对于网络层不可见，也就是说，数据报虽然在MAC层经过了多跳转发，但在网络层中仍然相当于是单跳的。图5.15所示为Mesh Under路由转发过程。

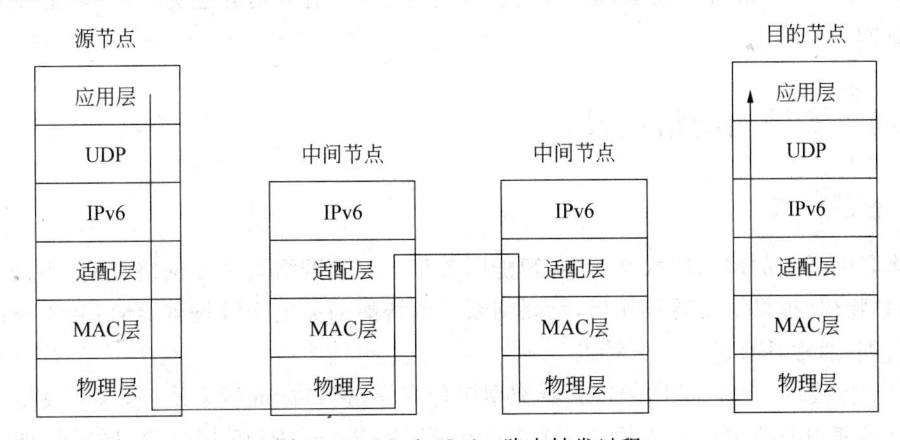

图5.15 Mesh Under路由转发过程

采用Mesh Under路由方式在网络中转发数据时，必须在适配层头部添加Mesh头部。该头部包含IEEE 802.15.4 MAC层的源地址和目的地址，在6LoWPAN中用Originator Address和Final Address来表示，以便转发过程中寻找下一跳的地址。数据报或者分片报文在路由转发的过程中不做任何处理，只在目的节点进行解压缩和重组。这种方法屏蔽了网络层地址，只采用MAC层地址作为路由转发的依据。

2）Route Over 路由转发

Route Over 路由与 Mesh Under 路由机制不同，路由的选路和决策是在网络层中完成的，所有节点都具有网络层路由的功能。每个中间节点都要把接收到的数据报送到网络层进行处理。数据报转发的过程对于网络层是可见的，换句话说，网络层的一跳与 MAC 层的一跳是一一对应的。

路由决策中使用的地址也不同于 Mesh Under 路由，不需要在适配层添加 Mesh 头部，采用的是 IPv6 地址。但是在每一跳的转发过程中，中间节点要对数据报进行处理，如完成分片与重组等。图 5.16 所示为 Route Over 路由转发过程图。

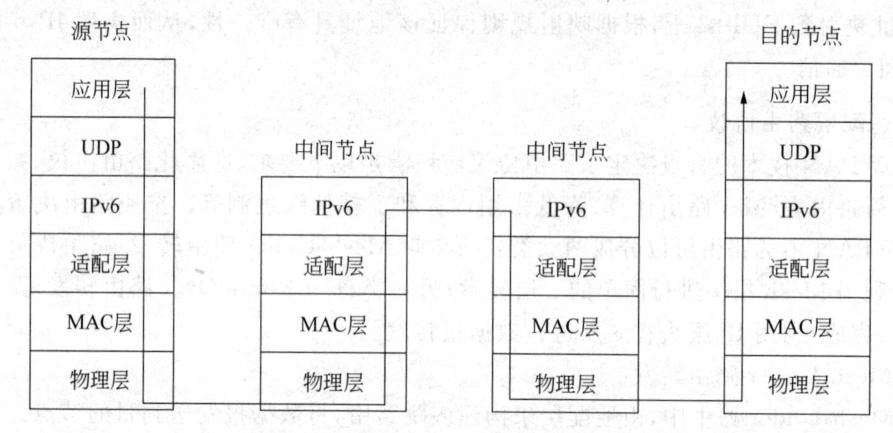

图 5.16　Route Over 路由转发过程

然而，Route Over 路由协议的处理过程较为复杂，不适合运算能力、存储和能量有限的无线传感网。

5.5　基于实例的网络层设计

5.5.1　智能网关

在物联网系统的网络层次结构中，智能网关位于末梢网络与主干网络之间，为接入到主干网络的“物体”提供协议转换作用，物联网系统的智能网关也会因场景、环境和需求的不同而有所区别，通常具有以下 3 个特点。

(1) 多种接口。目前常用的传感器类型多种多样，接口标准暂未统一，这就决定了接入网关的时候使用的技术也不尽相同，如 ZigBee、蓝牙、Wi-Fi、RJ45 接口等，同时智能网关在连接到主干网络上也要有多种选择，如 PSTN、2G/3G、LTE、LAN、DSL 等。一个网关要支持多少种类的接口取决于相关应用的需求、操作策略和实现方式等。

(2) 协议转换。有两种情况智能网关需要执行协议转换：一种是末梢网络中不同的感知域协议之间需要通信(如 ZigBee 与蓝牙之间)；另一种是末梢网络与主干网络之间的通信(如 ZigBee 与 3G 网络等)。

(3) 管理能力。一个智能网关首先需要有管理自己的能力，如权限管理、状态管理、移动性管理等。其次，连接到网关上的传感器也需要由相应的网关来负责管理。智能网关应该有识别、控制、诊断配置和维护这些接入设备的能力。

因此,智能网关处在物联网整体架构中十分重要的位置,其基本的需求是把末梢网络中不同的感知设备与互联网之间连接起来,解决这些网络和设备之间的异构问题,加强网关的自身管理与管理终端节点的能力。

1. 逻辑结构设计

这里将智能网关定义为物联网系统的整体架构中的重要"代理"角色,它的主要作用是在智能物体与Web网络空间中架起一座互通的桥梁,整合物联网感知层中传感器及末梢网络、汇聚感知数据并建模存储,将数据上传到数据资源开放平台作为Web资源进行共享与开放。智能网关不仅对异构的传感器接口提供适配接入的方案,同时要对感知数据进行抽象建模,按标准形成统一的格式,为物联网数据资源的传输、共享与跨平台应用建立基础。

从物联网系统功能的角度将网关划分为3个逻辑层次,自底向上分别是数据接收层、数据解析层和数据传输层3个层次(图5.17)。

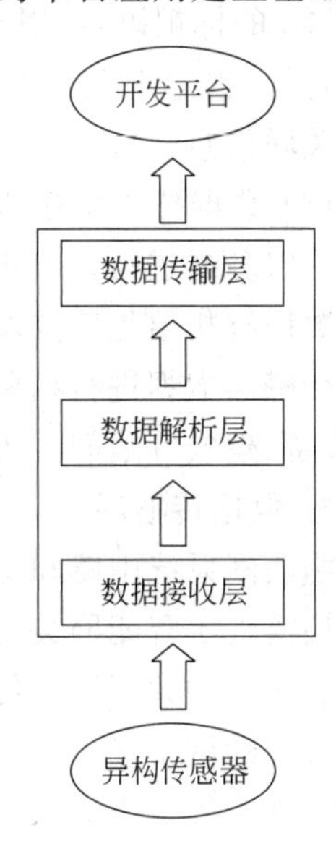

图5.17 物联网智能网关的逻辑结构

1)数据接收层

传感器作为物联网系统中最底层的硬件设备,是所有数据资源的最原始来源。由感知层中感知设备与末梢网络的异构给物联网的普及和推广带来了一定的障碍。智能网关的数据接收层作为网关的最底层结构,主要针对异构的末梢网络结构的多样性,提供了灵活的硬件接口的适配方案,实现传感器资源与网关的可靠连接,以便实现传感器数据的收集与处理。

在数据接收层的设计中,主要考虑以下几个方面。

(1)接口的多样性。

传感器接入层作为智能网关的最底层,是与感知层传感器设备与末梢网络直接接触的部分。考虑到传感器接口形式的异构性,接收层的设计必须根据实际情况,提供包括常见的RJ45、RS232等接口在内的多种传感器接入方案。

(2)接口的可靠性。

可靠性是网关能正常工作的基本保证,在数据接收层的设计过程中,对于可靠性的考虑不能忽视。

(3)接口的可拓展性。

在实际使用中,智能网关是根据不同的实际需求,部署到相应感知环境中的,网关接入的设备也会因环境、需求的不同而发生变化,所以在数据接收层的设计中,要为网关的可扩展性提供支持,减少网关在使用中进行升级、维护的成本。

智能网关的数据接收层包括硬件设备上接口的适配与支持和软件平台上的配置与管理两部分。

2)数据解析层

数据解析层主要是针对感知层传感器数据的异构情况进行设计的。数据是物联网系统中重要的元素,也是物联网系统中所有功能所围绕的重心。物联网系统的数据来源主要是对感知层传感器的数据资源进行建模抽象得到的。网关的数据接收层可以接入的传感器种类很多,如温度传感器、湿度传感器、光线传感器及花粉传感器等。在实际工作中,每种传感器节点都根据各自预先制定的采样及传输规则,连续不断地向数据接收层传输所采集的数据,从而形成异构的原始传感器数据流。这些数据不仅表示格式不尽相同,表达的意义也不直观,表示方式不适合使用机器语言进行处理。

网关的数据解析层的主要工作有以下几个方面。

(1) 数据有效性校验。对接收数据进行校验,过滤到包括因错误格式、传输接收不完整等造成的无效数据。

(2) 数据的抽象建模。按照数据抽象建模的原则,采用扩展环境标记语言(Extended Environments Mark-up Language,EEML)对接收的数据进行抽象建模。EEML 是一种基于 XML 的标记语言,用于描述传感器和控制装置的输出数据,通常用在有结构性语境的情况下,同时也用于交互式环境、接口设备等。最重要的是,EEML 支持添加有关数据来源的背景关联信息。

(3) 数据持久化存储。通过建立数据库与数据实体的映射关系,将抽象的数据保存到数据库服务器进行持久化存储。

数据解析层是感知层智能网关的重要组成部分,网关通过数据解析层的工作,将收集的各种传感器数据进行抽象、建模与存储,将异构的传感器数据形成统一的格式,为数据在系统、设备、建筑等之间的传输与进一步处理和应用提供支持。

3) 数据传输层

物联网系统中感知层与主干网之间的通信主要是通过智能网关来完成的。网关的数据接收层实现了智能网关与感知层的连接,数据传输层的作用则是将网关连接到 Internet 中,并将感知域的数据资源传到开放服务平台上。因此,数据传感层为网关接入 Internet 提供多种可用的网络接入方式,根据网关的部署环境以及实际的项目需求,可选择使用 2G/3G、LTE、LAN 等方式。

在完成网络连接的基础上,数据传输层还要完成数据资源上传到开放服务平台的功能。

2. 接口适配器的设计

智能网关的重要功能之一就是通过采用适当的适配方式,为各种接口异构的传感器资源接入到物联网系统中提供解决方案。为了实现这个需求,采用 Arduino 作为接口适配器,可以实现温度传感器、湿度传感器、GPS、花粉传感器等常见传感器接口适配的需求。

Arduino Uno 作为基础资源板,支持 USB 接口,可通过 USB 接口供电,也可以使用单独的 7～12V 电源供电,具有 14 个数字 I/O 口、6 个模拟 I/O 口。更重要的是,Arduino 提倡电子积木式开发,在设计中可以根据实际需求和传感器接口的具体类型选择不同 Interface Shield 扩展模块,更加方便、灵活地拓展制作各种传感器控制和数据收集节点,有效地解决了不同传感器与终端接入标准不一致的问题。

智能网关通过使用 Arduino 模块作为资源的收集节点,可以将作用了 Arduino 接口适配器适配的传感器以无线的方式接入进来,每一个 Arduino 适配器都会为相应的传感器生成唯一的标识,作为该传感器在网关上的标识。

1）传感器节点端适配器设计

传感器节点适配器部分的设计主要是完成接口的适配工作，同时将传感器的数据进行采集并通过ZigBee网络把传感器数据汇聚到网关中。节点适配器使用了3种Arduino模块，即Arduino Uno基础资源板、Adaptor Shield（接口适配扩展板）和Networking Shield（网络连接扩展板），这3个模块以积木的方式插接在一起。

（1）Arduino Uno是传感器节点适配器的基础资源板，其搭载的ATmega2560芯片作为整个适配器的微控制器，通过编程可以控制和管理"积木"上所有的扩展板与I/O引脚，是整个适配器的核心。

（2）Adapter Shield是拓展板，直接与传感器相连接的部分，其采用的扩展模块要针对不同的传感器接口的实际进行选择。它提供了丰富的扩展模块供选择，如Ethernet Shield（适配RJ45接口）、Interface Shield（适配SPI接口、I^2C接口、TCL5940接口等）、USB Hosting Shield（适配USB接口）等。对于个别没有官方支持的拓展板接口的传感器，可以参照Arduino开源的硬件原理图以及其接口标准，自己设计接口适配板的结构。Adapter Shield并不是必需的。若传感器支持ZigBee等无线网络，则可以将传感器直接接入到网关数据汇聚端的ZigBee网络中；如果传感器的接口比较简单，还可以直接连接到Arduino Uno基础资源板上的I/O接口上，通过编程即可实现传感器数据的采集。

（3）Network Shield，为了实现普通传感器的无线部署与数据的无线传输，在传感器节点的适配器上增加了这一模块。由于在设计中采用ZigBee网络的形式，所以一般采用XBee传感器扩展板VS与XBee模块组合的形式，利用XBee完成传感器节点的无线组网与数据传输。

2）网关数据汇聚端设计

网关数据汇聚主要负责接收各个传感器节点发送的传感器数据，并通过串口通信把数据传送给Real 210嵌入式开发平台进行数据分析、建模以及数据持久化等操作。

数据汇聚端也由Arduino模块以积木形式组成，与传感器节点适配器不同的是，它不需要Adapter Shield。同时，XBee模块负责接收数据而不是发送数据，Arduino Uno还承担着将数据以RS-232串口通信的形式发送给Real210嵌入式开发平台的工作。

3）网关管理模块的设计

在接入传感器硬件的同时，智能网关还需要在软件上对传感器进行注册和维护。网关的感知节点管理模块为用户提供了传感器节点的管理平台，其主要功能包括以下几个方面。

（1）感知节点的注册。用户在接入传感器的同时，需要在平台上对传感器进行注册，配置其名称、位置、传感器类型、数据种类、接入端口等多个参数，并记录传感器的唯一标识符source id。

（2）节点的维护。对已经接入注册的传感器等感知节点进行基本信息、配置参数的调整与修改。

（3）节点的删除。删除平台上已经注册的传感器节点的相应记录，结束对其进行监控的进程。同时可以选择是否保留数据以备使用。

（4）节点的监控。对已经接入的传感器进行监控，查看其运行状态、数据更新的频率等。

4）端口监听模块的设计

端口监听模块是智能网关资源收集与处理的一个主要模块，其功能是对网关的接入传感器的串口进行持续的监听，实时地接收所接入传感器上传的数据。监听模块不提供用户界面，对用户是不可见的，在智能网关的程序部署之后在后台自动运行。端口监听模块的流程图参见图 5.18 所示。

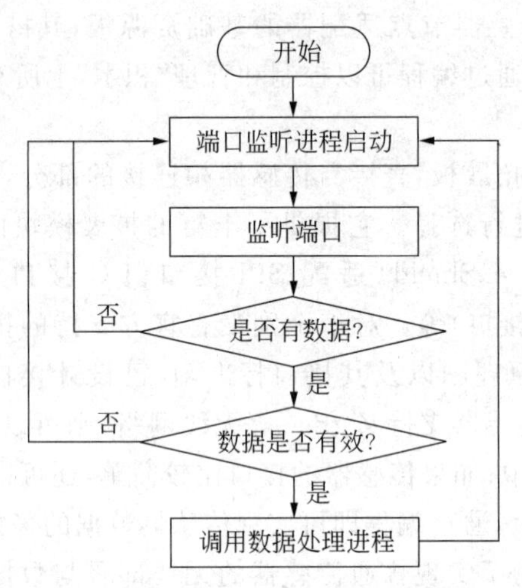

图 5.18　端口监听模块的流程图

3. 异构数据的抽象建模

数据的海量性、异构性与丰富性是物联网系统中数据的 3 个重要特点，智能网关作为物联网数据汇聚的最基本单位，在为上层开放平台与应用提供数据支撑时，首先要将异构的数据进行去异构化处理。智能网关通过采用数据建模的方式建立统一的数据模型，为数据在多平台、系统和架构中的开放共享建立通用的标准。

1）异构数据抽象建模的概念

软件工程中，数据建模是使用特定数据结构的数据建模技术为指定的某些数据建立抽象模型的一种数据处理方式。数据建模技术可以将复杂数据信息转换成人与机器容易理解与解析的表现形式，还可以使用多种方式对数据关系进行展示。

通过对感知层的传感器数据进行建模，可以确保涉及的资源、实体、关系和数据类型等被很好地定义。感知层的传感器数据建模，就是通过已经定义的可扩展的意义丰富的数据格式，对传感器数据进行匹配与抽象，形成格式统一、信息完整、语义的、扩展性强的数据结构，以便于用户的理解以及机器的处理，为物联网系统的数据资源的共享与开放打下统一数据格式的基础。

2）数据资源的层次划分

由于智能网关接入传感器设备资源的多样性和复杂性，其数据资源具有实时性强、种类丰富、数据量大等特点，并且数据格式各有特点。为了智能网关数据能够具有统一的展现方式和描述格式，在网关的设计中，根据传感器数据的具体特点，将资源数据抽象出 SensorNode、SensorDataType 和 DataValue 这 3 层数据节点（见表 5.5）。通过对数据节点的3个层次的划分，可以将各种异构数据资源进行统一的描述和展示，为利用EEML进行数据建模提供基础。

表5.5 智能网关中数据资源的节点

节点名称	含义
SensorNode	接入到网关中的每个上传传感器数据信息的资源节点
SensorDataType	每个资源节点中包含的数据类型
DataValue	某个数据类型特定时间的具体数值信息

3）基于EEML的数据建模

在智能网关的数据节点的3个层次划分的基础上，采用基于EEML的数据结构对异构数据进行统一建模，有其自己独特的优势。由于EEML在支持系统与系统之间进行通信，也支持实际存在的或者虚拟世界中的设备、建筑以及网络空间等事物之间进行通信。与功能类似的协议和数据结构相比，EEML的优势在于可以在各种实际环境和虚拟环境中同样使用而没有区别，并且它可以将部署周边、部署的经纬度坐标与时间信息等的关联内容都可作为对传感器节点描述的一部分。因此，在一个EEML描述的数据结构文档中，可以通过统一的格式描述多种类型传感器的感知数据以及其实时动态信息。

下面是通过EEML对智能网关中某种传感器数据资源进行建模的实例。

```
<?xml version="1.0" encoding="UTF-8" standalone="no"?>
<MyGateway>
  <Source id=f68294c3-adad-469d-809f-7eed6e70fbad">
    <Source_nane>房间温湿度</Source_nane>
    <registered_by>TestUser</registered_by>
    <register_time>2014-04-24 14:25:22.0</register_time>
    <last_update_time>2014-04-26 15:06:28.0</last_update_time>
    <view_time>90</view_time>
    <description>主卧室温湿度</description>
    <update_method>手动</update_method>
    <status>alive</status>
    <location disposition="true" donmain="true" exposure="true">
      <location_name>卧室</location_name>
      <longitude>33.95</longitude>
      <latitude>115.35</latitude>
       <elevatacan>300</elevatacan>
   </location>
   <email>test_user0@goole.com</email>
   <website>www.testuser.com</website>
   <data_type data_type_id="0" data_type_name="termp1">
     <units>C</units>
     <symbol>T</symbol>
     <type_d>normal</type_d>
```

```
        <value update_time="2014-04-26 15:06:28.0">0</value>
        <value update_time="2014-04-25 10:25:50.0">0</value>
      </data_type>
      <data_type data type_id="2" data_type_name="termp4">
        <units>%</units>
        <symbol>H</symbol>
        <type_d>normal</type_d>
        <value update_time="2014-04-26 15:06:28.0">0</value>
      </data_type>
    </Source>
  </MyGateway>
```


5.5.2 基于6LoWPAN组网

在智能家居系统中，智能照明是不可或缺的一部分。针对家庭中智能照明系统的需求，选择具有IP寻址、低功耗、应用广等特点的6LoWPAN技术，设计由传感器节点、控制节点和本地遥控器节点组成的照明监控系统的末梢网络，同时在现有互联网基础上设计基于6to4隧道技术的嵌入式网关，解决两者网络结构的差异性产生的数据报传输、处理等技术问题，实现了远程监控终端和照明系统中设备之间的端对端通信以及站点间通信。

1. 末梢网络的设计

6LoWPAN无线传感网络是实现智能照明的通信基础，直接影响着照明系统的稳定性以及照明质量。因此，设计合理的6LoWPAN无线传感网络至关重要。根据智能照明系统实际需求，在无线传感网络中加入了控制节点、传感器节点、本地遥控器节点。这3种节点与嵌入式网关共同组建了6LoWPAN无线传感网络，并协同工作实现智能照明监控。

1）系统网络结构

照明系统末梢网由灯控节点、窗控节点、传感器节点、本地遥控器节点、网关(6LoWPAN部分)等组成。这些设备在6LoWPAN网络中属于不同的节点类型，即协调器、路由器、终端设备。

协调器：协调器是无线网络中最基本的节点，它的任务是选择网络所用的射频信道，建立网络，设定参数，管理其他节点，存储信息等。允许其他节点通过该节点加入网络。在所设计的6LoWPAN无线传感网络中，网关的6LoWPAN功能模块端就相当于协调器的功能，在6LoWPAN无线传感网络中，最初只有协调器，该协调器首先启动与组建网络，允许灯控节点、窗控节点、传感器节点、本地遥控器节点等加入网络中。

路由器：主要作用是为消息的转发起中继作用，允许其他节点通过该节点加入网络。在6LoWPAN无线传感网络中，灯控节点与窗控节点属于路由器，传感器节点和本地遥控器节点可以通过控制节点加入到网络中。

终端设备：终端设备不能实现消息转发，只能发送或者接收消息。该类节点必须经过协调器或者路由器才能加入网络，其他节点不能通过终端加入网络。终端设备通常由电池供电，因此要求低能耗，空闲状态下可进入睡眠模式。在6LoWPAN无线传感网络中，传感器节点在不采集数据时，本地遥控器节点没有被按下时为节省功耗均可以进入休眠模式，所以传感器节点和本地遥控器节点为终端设备节点。

每个节点都应由用户在应用层将自己配置为协调器、路由器、终端设备中的一种。协调器也可以在应用层提前设置好网络的最佳信道，或者配置为自动扫描最佳信道。

在 6LoWPAN 网状拓扑网络中，节点之间的通信需要经过多跳进行转发。6LoPWAN 提供了 Mesh-Under 网状网络与 Route-Over 网状网络转发。

2）网络节点之间的通信过程

照明系统底层网络节点之间的通信是通过 6LoWPAN 实现的。在发送端，应用层产生数据后，加上传输层和网络层报头后，形成 IPv6 数据报后到达适配层。因 IPv6 定义的最大传输单元为 1280B，而下层的 IEEE 802.15.4 MAC 层只能传输最大为 127B 的数据报，除去加密算法的开销以及帧头开销，MAC 层为 IP 层报文的传输仅留下 81B。为了在 IEEE 802.15.4 MAC 层传输 IPv6 数据报，在发送端的 6LoWPAN 协议栈适配层就需要对发送的数据进行分片。将过大的数据报进行分片，从而实现 IPv6 数据报的传输是适配层的重要任务。

6LoWPAN 数据报分片格式参照图 5.10 和图 5.11，分片值的前 5 位用于对分片类型进行标识。如果前 5 位值是 11100，说明该分片是非初始 6LoWPAN 分片，还有后续的片段。如果前 5 位值是 11000，说明该分段是 6LoWPAN 初始分段。分片字节的后 3 位和下一字节一起构成分片的数据报大小字段。

数据报大小：数据报大小用于标识初始数据报的大小，它的长度是 11 位，这将允许重组后的数据单元的长度达到 2047B，而 IPv6 所定义的最大传输单元是 1280B，能够满足 IPv6 所定义的最大传输单元。6LoWPAN 没有提供后续分段标识位，而是在每个分片中都复制了将要被重组的数据报大小，这使得接收端无论先接收到哪一个分片，都可以根据片头的这个字段为即将重组的数据单元分配一个缓存区。

数据报标签：数据报标签为 16 位，与发送方的链路层地址、目的地链路层地址和数据报大小字段相结合，用来区分不同的将要被重组的数据报。若分片属于同一个数据报，则该字段的值均相同。随着 IPv6 数据报的不断分片，数据报标签字段的值也会递增，由于 6LoWPAN 使用有限的链路速度，16 位大小的标签是足够用的。即使源节点发送数据报时完全占用 250kb/s 的链路，4min 之后该 16 位的标签才会产生溢出。

数据报偏移：8 位的偏移值决定了各个分片在重组后的报文中的位置。由于在 IP 层中是以 8B 为计数单位，所以 8bit 即可覆盖整个 2047B。数据报的接收端根据这个字段值就可以有序地将数据报重组起来。

IPv6 设计的目的是为了每个数据报可以实现完全独立，这样每一个报头都包含了很多信息，这些信息通常都可以从上下文中推测出来。在 6LoWPAN 中，IP 报头加上 UDP 报头已经达到 48B，占用了 IEEE 802.15.4 数据报很大一部分的有效载荷，虽然使用分片功能可以满足 6LoWPAN 网络内部节点之间通信，但是效率最高的应该是可以将 IPv6 数据报放进 IEEE 802.15.4 数据报载荷中，因为这样可以较少占用信道容量，较少使用分片功能。在网络报头中，按顺序被反复发送的信息具有很大的冗余，即可以被压缩掉。6LoWPAN 适配层采用无状态报头压缩方式（HC1）实现对 IPv6 报头进行压缩。无状态指的是两个节点在交换压缩的数据报之前无须达成一致，仅利用数据报内部的冗余。在使用 HC1 时，可以选择性地使用 HC2。

3）控制节点

控制节点包括灯控节点与窗控节点，分别用于照明灯具与电动窗帘的监控。为了提高系统的响应速度以提高照明系统的控制质量，该节点不能为了降低功耗而进入休眠模式。因此，控制节点在无线传感网络中的设备类型设计为路由器。

控制节点内部包含一个 6LoWPAN 协议栈，进行 6LoWPAN 数据包的传输以及网络维护。协议栈应用层处理监控消息，解析照明系统监控消息与传感器节点采集的环境信息以及其他相关控制节点的状态信息，进行照明灯具与电动窗帘的智能控制与状态反馈。其工作流程如图 5.19 所示。

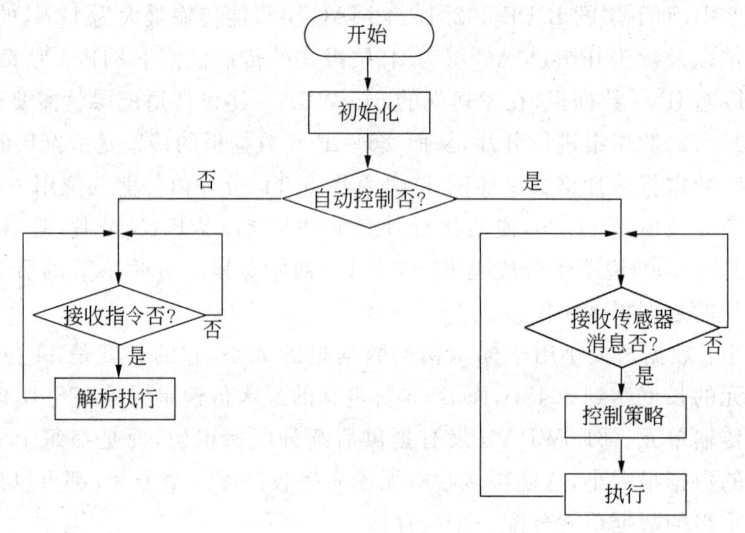

图 5.19　控制节点工作流程图

4）传感器节点

传感器节点采集照明环境信息并向控制节点或用户监控终端提供数据服务，以实现照明状态反馈，进行智能监控。传感器节点提供数据服务的质量将影响照明系统的调节性能。为了提高照明系统的调节性能，对传感器节点所提供的数据服务质量提出以下几点要求。

① 即插即用。传感器节点一般会根据实际需求，后期接入网络，因此应具备即插即用性。

② 实时性高。传感器节点向控制节点提供环境信息，实时性高低直接影响控制节点的控制效果的好坏。

③ 良好的鲁棒性。由于无线传感网络的移动性、信号质量的下降等因素将会引起传感器节点的掉线、重加入网络，在这种情况下传感器节点也应该尽可能地提供数据服务，因此传感器节点应具备良好的鲁棒性。

④ 低功耗。传感器节点由于灵活性需求而使用电池供电，因此在设计上要能保证低功耗。

针对以上几点要求，采用服务/客户模型方案，即传感器节点作为服务方，采集数据向服务请求方如控制节点或客户终端节点提供数据服务。

(1) 传感数据服务。

传感器节点作为服务端,向其他设备提供传感数据服务,需要传感数据服务的节点作为客户端向传感器节点申请传感数据服务。传感网络中的网络节点或互联网中的主机设备,若需要传感数据服务,则需要向相应的传感器节点注册。传感器节点作为服务端根据其注册表将采集到的传感数据发给指定的网络节点。

为保证传感器即插即用的灵活性与提供传感数据服务良好的鲁棒性,传感器节点与客户节点采取主动与被动相结合的方式建立服务关系。

① 作为获取服务的客户节点,在加入网络后会根据本地所需的传感数据服务主动在整个网络中搜索相应的传感器节点,传感器节点收到客户节点的搜索信息后,就会与自身设备描述信息进行匹配,若匹配成功则将该客户节点的设备地址加入到服务注册表,并根据服务注册表提供传感数据服务。图 5.20(a)表示客户节点主动建立连接过程。

② 作为提供服务的传感器节点,一旦加入网络就会向整个网络节点广播通知它的设备描述信息。网络中的客户节点若需要该传感器的服务,就会在收到此广播消息后,向该传感器节点发起注册流程。同时,为了避免网络阻塞,传感器节点在加入网络后只广播一次设备描述消息,图 5.20(b)表示客户节点被动建立连接过程。

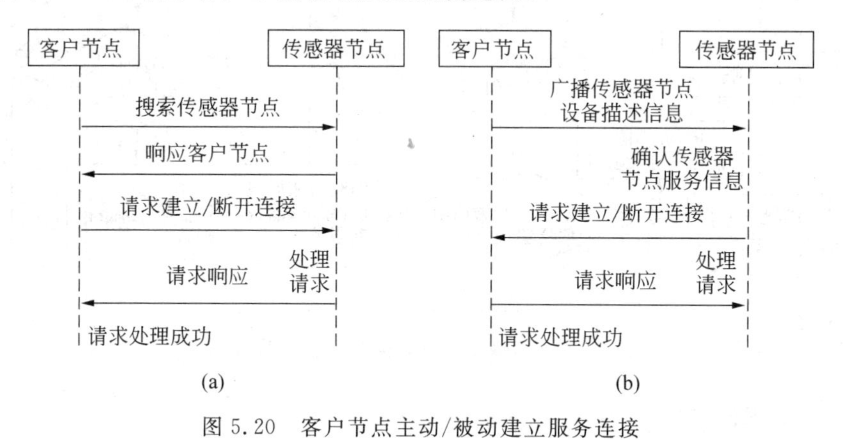

图 5.20 客户节点主动/被动建立服务连接

(2) 传感器软件设计。

系统软件基于恩智浦公司的 Jennet-IP 协议栈,该协议栈包含基于 IEEE 802.15.4 的无线网络协议及 Internet 协议(IP),并实现了两者的融合,提供了一个完善的无线物联网解决方案。同时,该协议栈实现了独立无线个域网(WPAN)及可与 Internet 连接的无线个域网两种组网方式。提供了一个具有自愈性、高稳定性与灵活性网络架构,其最大网络节点数目可以达到 500 个。

图 5.21 所示为传感器节点数据服务软件流程图,在传感数据服务请求任务的处理过程中采用了闭环处理机制。任务开始后,首先检查所需传感数据服务是否已经注册成功,若没有则在网络中发起搜索相应的传感器节点。若完成注册并建立服务连接后便可以获取传感数据交给应用层其他应用任务进一步处理,同时,在获取传感数据的过程中引入超时检测机制,若获取传感数据超时则自动判断当前服务连接已经断开,并重新发起服务注册请求任务;若建立服务连接失败,则进入任务延时等待,随后再次发起服务注册请求任务。超时检

测机制与闭环处理的设计思想提高了系统的鲁棒性,任务延时等待机制降低了无线网络的通信流量。上述的主动与被动连接,既能保证传感数据服务连接建立的实时性,又实现了传感器节点即插即用性,同时传感器节点与客户节点的闭环传感数据服务连接机制与时间控制机制提高了系统的鲁棒性,客户节点超时等待与限制传感器节点广播次数降低了网络流量,同时,传感器节点无服务请求的定时休眠降低了功耗。

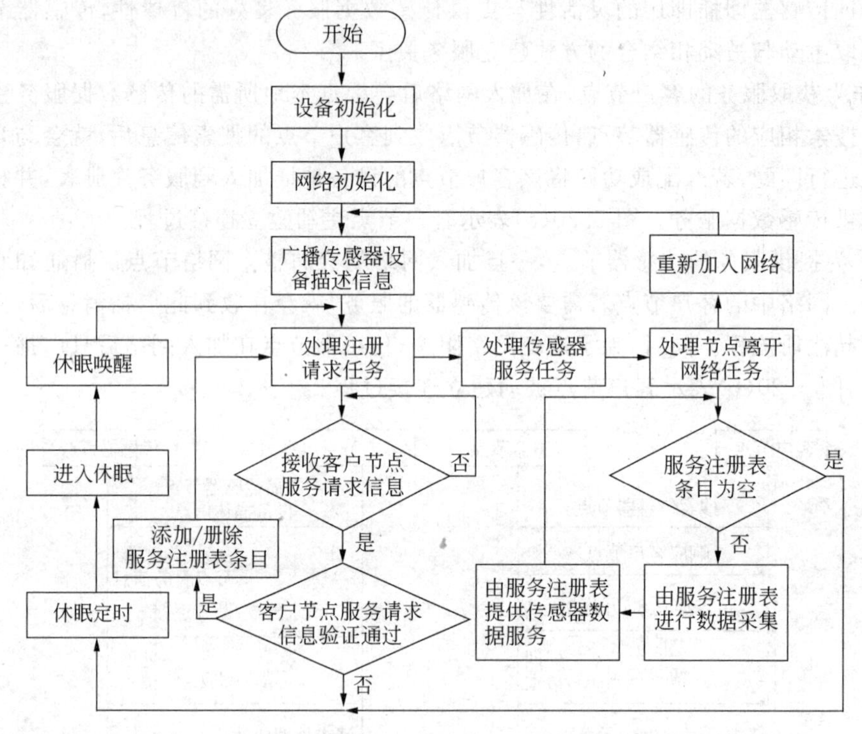

图 5.21　传感器节点数据服务软件流程图

(3) 传感器硬件设计。

为增强硬件平台的通用性,硬件设计采用根据功能分离、独立设计的思想。可根据实际应用需求灵活地设计、替换各部分功能电路。图 5.22 所示为硬件电路结构框图。系统硬件电路分为 3 个部分,即微控制器与射频收发电路、信号采集与处理电路和传感器组。微控制器与射频收发器选择恩智浦的超低功耗、高性能无线微控制器 JN516x,该微控制器除具备增强型 32 位 RISC 处理器外,还具备丰富的外设资源。其中,内部集成一个兼容 IEEE 802.15.4 的 2.4GHz 射频收发器,硬件支持 6LoWPAN 协议栈;丰富的存储资源包括 8～32KB 的片上 RAM、64～512KB 的 Flash 以及 4KB 的 EEPROM,支持不同的应用需求。同时,多种外设接口包括 I^2C、DART、SPI、ADC 和通用 IO 口等,为数据采集提供了不同的接口要求。

传感器组所包含的传感器根据实际应用需求进行添加。信号采集接口作为一个独立的电路,可根据传感器的输出信号类型灵活设计。

信号采集与处理电路包括信号采集接口、信号处理电路、数据采集接口 3 个部分。这 3 个部分独立设计,其中信号采集接口根据所选传感器信号特点进行设计;信号处理电路根据传感器输出信号特性及处理需求(放大倍数、通频带等)进行设计;数据采集接口则根据所选微控制器支持的外设接口特性进行设计。

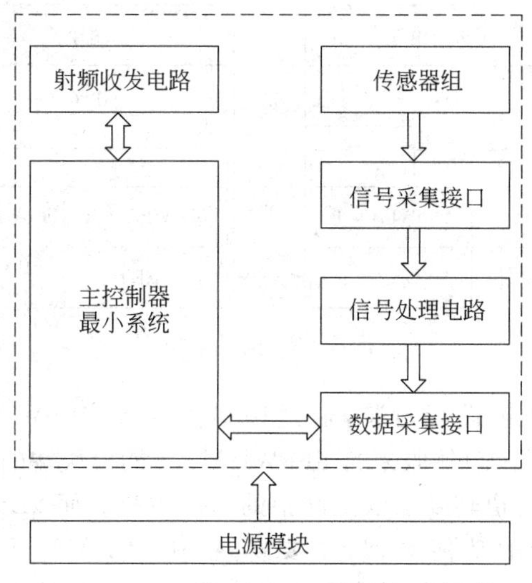

图 5.22　传感器节点电路框图

2. 嵌入式网关的设计

为实现通过互联网对基于 6LoWPAN 的智能照明系统的远程监控,需要解决互联网与 6LoWPAN 网络的融合问题,而两者之间的网络结构差异性使得融合过程面临着数据包传输、处理等技术难点。

当前实现 6LoWPAN 网络与互联网之间融合的网关分为 3 种:第一种是只考虑实现 6LoWPAN 网络与 IPv6 网络之间的通信,然而目前 IPv4 网络依然是互联网的主流,并且过渡到 IPv6 网络的过程需要较长的一段时间,因此该网关无法适应现实的互联网环境;第二种是通过 NAT-PT 技术实现 6LoWPAN 网络与 IPv4 网络之间的通信,而 IPv4 地址空间即将耗尽,向 IPv6 的迁移已经成为不可阻挡的潮流,该网关无法满足现实的需求;第三种是利用 ISATAP 隧道技术实现 6LoWPAN 网络与 IPv4/IPv6 双栈主机之间的通信,但基于 ISATAP 隧道技术的网关只适用于站点内通信,而不适用于站点间通信,这样就限制了远程监控终端的网络位置,站点外的远程监控终端无法实现对照明系统进行监控。需设计基于 6 to 4 隧道技术能够实现站点间通信的网关,实现 6LoWPAN 网络与 IPv4/IPv6 双栈主机之间的通信,这样既可以适应当前 IPv4 网络向 IPv6 网络过渡、两者并存的现实互联网环境,并解决了 IPv4 地址即将耗尽的问题以及远程监控终端网络位置受限的问题,实现了站点外远程监控终端对照明系统的监控。

1) 网关架构设计

网关主要由两个部分构成,即以太网功能模块端和 6LoWPAN 功能模块端(见图 5.23)。

以太网功能模块端在 Linux 系统中实现,在 Linux 内核中加载 6 to 4 隧道模块,实现与以太网中的双栈主机通信。在以太网功能模块端实现 6LoWPAN_E 层以便从 6to4 隧道获

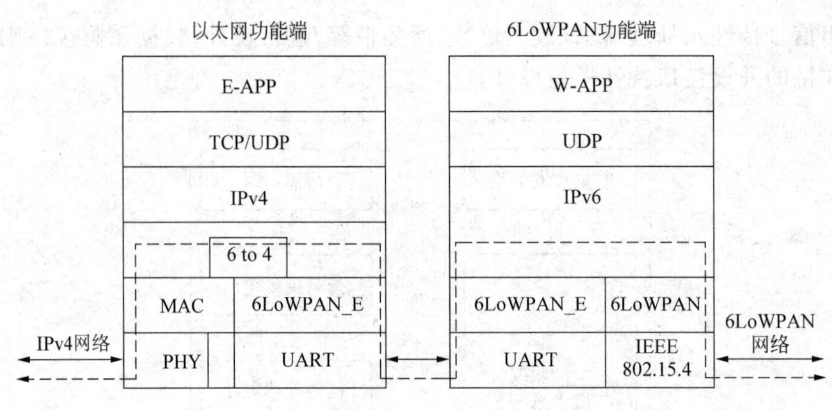

图 5.23　网关架构

取 IPv6 数据包并对数据包进行封装，通过串口发送至 6LoWPAN 功能模块端；同时，6LoWPAN_E 层也会通过串口接收来自 6LoWPAN 功能模块端的数据包，并解封装提取其中的 IPv6 包交给 6 to 4 隧道转发至以太网中的目的主机。而 6LoPWAN 功能模块端的功能与以太网功能模块端的功能类似，主要实现 6LoWPAN_E 层获取 IPv6 层的非本 6LoPWAN 网络的 IPv6 包，并对其封装通过串口发送至以太网功能模块端，同时通过串口接收来自以太网功能模块端的数据包，并对其进行解封装交给 IPv6 层路由转发至 6LoWPAN 网络中的目的节点。

2）硬件设计

为了提高网关的性能，网关电路分成两个模块，即以太网功能模块与 6LoWPAN 功能模块。

以太网模块内部运行 TCP/IP 协议栈（IPv4 协议栈及 IPv6 协议栈），与以太网相连，进行 IP 数据包与 6LoWPAN 数据包的转发；6LoWPAN 模块内部运行 6LoWPAN 协议栈，与 6LoWPAN 网络相连，进行 6LoWPAN 数据包与 IP 数据包的转发。两者之间通过串口进行数据交换。硬件结构如图 5.24 所示。

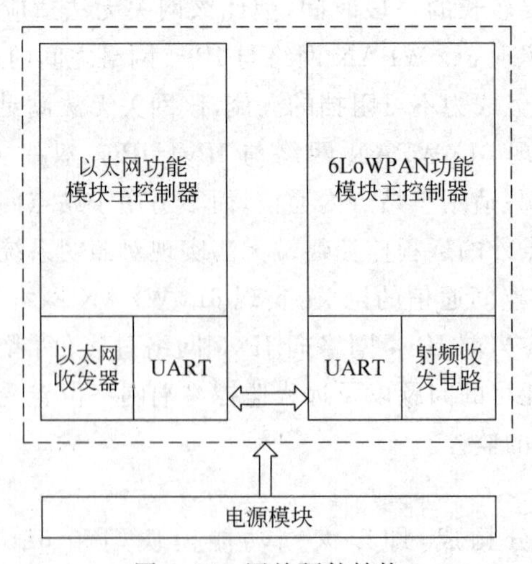

图 5.24　网关硬件结构

以太网功能模块主控制器采用 Freescale 公司的面向嵌入式应用的高性能、低功耗微处理器 iMX287。该微处理器基于 ARM926EJ-S 内核，运行时钟 454MHz，具有 128KB 的片上

SRAM 以及 128KB 的片上 ROM，并具有丰富的片上外设，包括兼容 IEEE 802.3 标准的 10/100Mb/s 以太网 MAC 层模块，可配置为单个 10/100M 的 GMII 接口或 RMII 接口，并兼容 IEEE 1588 标准，支持 50MHz/25MHz 时钟输出，为外部以太网 PHY 收发器提供运行时钟；同时片上外设有 5 个通信速率可达 3.25Mb/s 的具有硬件流控的 DART 接口等。这些硬件配置可以很好地满足实际应用需求。以太网功能模块的以太网收发器采用美国德州仪器的 10/100Mb/s 以太网物理层收发器 DP83848K，该收发器具有低功耗的特点，支持 MII/RNIII 两种接口。

6LoWPAN 功能模块控制器选用恩智浦公司的低功耗射频微控制器 JN5168，该微控制器有一个 32 位 RISC 架构内核，具有 32KB 的 RAM 及 512KB 的 ROM，同时内部集成兼容 IEEE 802.15.4 协议的 2.4G 射频收发器、MAC 层加速器以及 128 位 AES 安全处理器，能够很好地支持 6LoWPAN 协议栈的运行，该芯片内部也集成了两路通信速率可达 1Mb/s 的具有硬件流控的 DART 接口，能够满足与以太网功能模块的串行通信。

3）软件设计

网关软件分为两个部分，即以太网功能模块软件与 6LoWPAN 功能模块软件。

以太网功能模块端应用软件在 Linux 系统中实现，首先在 Linux 内核中加载 6 to 4 隧道模块，实现与以太网中的双栈主机通信。在以太网功能模块端实现 6LoWPAN_E 层以便从 6 to 4 隧道获取 IPv6 数据包并对数据包进行封装，通过串口发送至 6LoWPAN 功能模块端；同时，6LoWPAN_E 层也会通过串口接收来自 6LoWPAN 功能模块端的数据包，并解封装提取其中的 IPv6 包交给 6 to 4 隧道转发至以太网中的目的主机。

以太网功能模块端应用软件的开发基于多任务操作 Linux，主要创建处理两个任务，这两个任务均是依赖于所设计实现的 6LoWPAN_E 层来完成。第一个任务处理流程是：通过钩子函数获取 6 to 4 隧道中的 IPv6 数据包，对数据包进行解析并执行相应的操作，一般主要对数据进行转发，即按照设定数据格式封装并驱动串口发送至 6LoWPAN 功能模块端；第二个任务处理流程是通过串口获取来自 6LoWPAN 功能模块端的数据包并解析数据包，并把数据交给 6 to 4 隧道模块，通过 6 to 4 隧道发送到相应的互联网远程监控终端。

6LoWPAN 功能模块端应用软件的实现基于恩智浦提供的 6LoWPAN 软件开发包 JenNet-IP（JenNet-IP 是 6LoWPAN 协议栈的软件实现，内部包含一个微型操作系统，用户只需在应用层根据实际需求开发应用层软件）。6LoPWAN 功能模块端主要实现 6LoWPANd 层，通过 IPv6 层的回调函数获取 IPv6 层的非本 6LoPWAN 网络的 IPv6 包，并对其封装通过串口发送至以太网功能模块端，同时通过串口接收来自以太网功能模块端的数据包，并对其进行解封装交给 IPv6 层路由转发至 6LoWPAN 网络中的目的节点。其软件流程图如图 5.25 所示。

4）网关内部数据传输

综上所述，以太网功能模块端与 6LoWPAN 模块端之间需要进行数据交换，两者之间的稳定通信是通过 6LoWPAN_E 层来实现的。6LoWPAN_E 层的上层是网络层，下层是串口硬件驱动层，提供与网络层之间的数据交互接口，实现从网络层获取 IPv6 数据包或将 IPv6 数据包交给网络层，并提供与串口硬件驱动层的数据交互接口实现与串口硬件驱动层之间的数据包交互。6LoWPAN_E 层与网络层或串口硬件驱动层之间的交互接口函数是抽象的，需要在 Linux 环境和 JenNet-IP 栈环境中分别具体实现。这些接口的具体实现主要是通

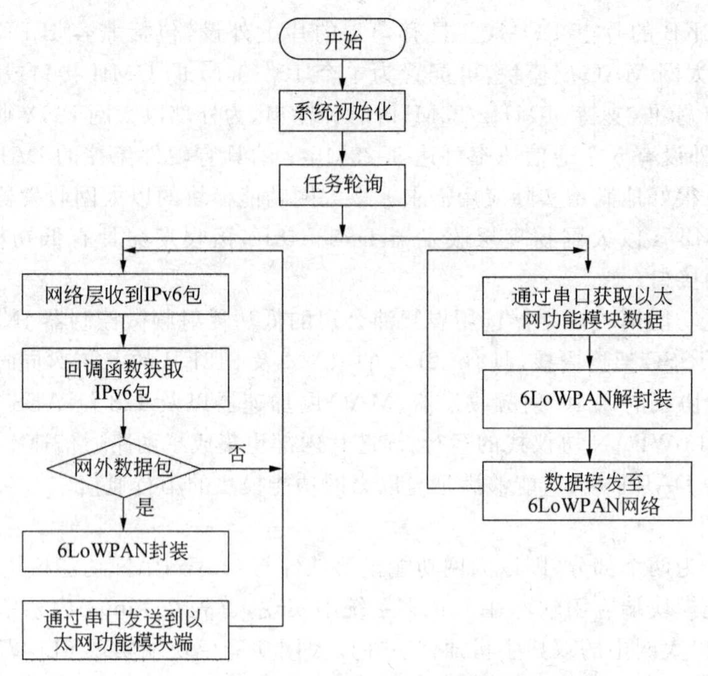

图 5.25　6LoWPAN 功能模块端应用软件流程框图

过 6 to 4 隧道钩子函数、JenNet-IP 网络层回调函数等实现。

同时，为实现以太网功能模块端与 6LoWPAN 模块端通过串口通信，设计了串口硬件驱动层完成两者之间的底层通信。串口硬件驱动层所使用的数据帧格式如表 5.6 所示。

表 5.6　串口硬件驱动层帧格式

帧格式	位数	说　明
帧头	8bit	消息头
帧长	16bit	数据帧总长度
数据	变长	IPv6 数据包
校验	16bit	除校验字节 CRC 值

帧头表示一帧数据的到来，接收端根据帧长字段来判断数据包的长度。校验字段用于检查数据是否传输有误，接收端根据校验和字段来判断数据帧在传输时是否出错、接收的数据帧是否完整。

5.6　小结

网络层是设计开发物联网系统的重点和难点，主要取决于物联网系统的场景、环境和需求的不同，所采用的传感器也就不同，设计的末梢网络拓扑结构随之不同，自然而然所产生的数据形式不同，接入不同的主干网络，多种网络协议之间转换等，采纳智能网关或者 6LoWPAN 方式，能让海量、异构、丰富的数据在物联网系统中传输，网络层成为了物联网系统中的信息“中枢”。

第6章　物联网系统设备选型

本章的主要知识点包括设备选型的一些基本原则和传感器设备选型、射频标签选型、中间件选型等内容。

6.1　设备选型概述

物联网应用系统中，往往包含一些硬件模块和部分软件组件。硬件模块一般有两种获取模式：一种模式是自己开发，但通常开发周期会比较长；另一种模式就是直接从市场上采购。随着物联网市场的不断扩大，专业化程度越来越高，一些专用的硬件配件也变得越来越便宜，所以很多时候直接从市场上采购硬件设备是一种比较合适的选择。

在进行硬件设备选型时，需要考虑以下几点。

1. 可扩展性

可扩展性又称为可伸缩性，它代表一种弹性，在系统扩展成长过程中，能够保证系统旺盛的生命力，通过很少的改动甚至只是硬件设备的添置或者参数的改变，就能实现整个系统处理能力的线性增长，实现高吞吐量、低延迟和高性能。

一般来说，硬件产品的应用场景都是比较单一的，这是由硬件产品满足相对单一的需求所决定的，因此其可扩展性相对较差，只能在选型时尽可能结合具体的应用需求进行选择。不过，对物联网系统中的网络设备，在进行选择时，特别是主干设备，在进行选择时应预留一定的扩展能力。例如，光口和电口，百兆、千兆和万兆端口，以及多模光纤接口和长距离的单模光纤接口等，其网络结构也应根据网络的扩充灵活地扩大容量，以保证对未来新业务的支持。

2. 可靠性

一般意义上的可靠性是指元件、产品或系统在一定时间内、一定条件下无故障地执行指定功能的能力或可能性。可通过可靠度、失效率、平均无故障间隔等来评价产品的可靠性。

对于物联网系统而言，可靠性是指产品在规定的条件下、规定的时间内完成规定的功能的能力。

“规定条件”包括使用时的环境条件和工作条件。例如，同一型号的传感器在不同的温/湿度环境下，其可靠性的表现就不大一样，要谈论产品的可靠性必须指明规定的条件是什么。

“规定时间”是指产品规定了的任务时间。随着产品任务时间的增加，产品出现故障的概率将增加，而产品的可靠性将是下降的。因此，谈论产品的可靠性离不开规定的任务时间。

“规定功能”是指产品规定了的必须具备的功能及其技术指标。所要求产品功能的多少和其技术指标的高低,直接影响到产品可靠性指标的高低,如射频标签的通信频率和读写速率。

3. 可管理性

可管理性一般是指一个系统能够满足管理需求的能力及管理该系统的便利程度。而对单一的硬件设备而言,可管理性可以理解为对设备参数的配置能力。

4. 安全性

物联网的安全性是至关重要的。许多终端设备,从高端到边缘节点都存在安全性问题。

5. 标准性和开放性

物联网系统往往是由一个有多种厂商设备组成的系统,因此,所选择的设备必须能够支持业界通用的标准和协议,以便能够和其他厂商的设备进行有效地互通。

6.2 传感器的选择

传感器是一种检测装置,能感受到被测量的信息,并能将感受到的信息,按一定规律变换成为电信号或其他所需形式的信息输出,以满足信息的传输、处理、存储、显示、记录和控制等要求。

6.2.1 传感器的组成

传感器一般由敏感元件、转换元件、变换电路和辅助电源 4 个部分组成,如图 6.1 所示。

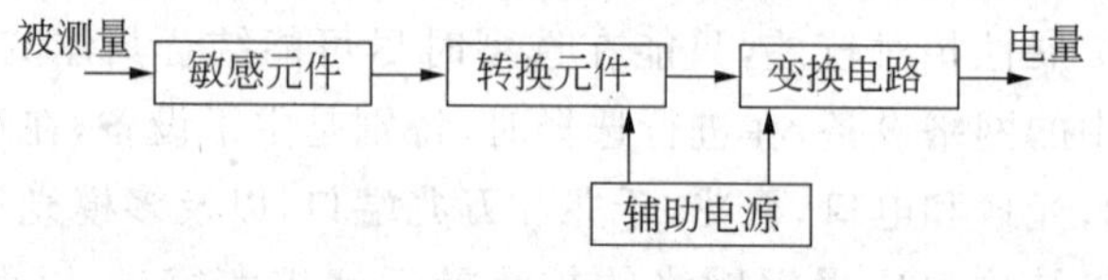

图 6.1 传感器的组成

敏感元件直接感受被测量,并输出与被测量有确定关系的物理量信号;转换元件将敏感元件输出的物理量信号转换为电信号;变换电路负责对转换元件输出的电信号进行放大调制;转换元件和变换电路一般还需要辅助电源供电。

6.2.2 传感器的分类

传感器的种类繁多,分类方法也很多,可以从不同的角度对传感器进行分类,如用途、工作原理、输出信号、制造工艺、测量目标、传感器构成以及作用形式等。

(1) 按用途可分为压力敏和力敏传感器、位置传感器、液位传感器、能耗传感器、速度传感器、加速度传感器、射线辐射传感器和热敏传感器。

(2) 按原理可分为振动传感器、湿敏传感器、磁敏传感器、气敏传感器、真空度传感器和生物传感器等。

(3) 按输出信号可分为:模拟传感器,将被测量的非电学量转换成模拟电信号;数字传感器,将被测量的非电学量转换成数字输出信号(包括直接转换和间接转换);膺数字传感器，将被测量的信号量转换成频率信号或短周期信号的输出(包括直接转换或间接转换)；开关传感器，当一个被测量的信号达到某个特定的阈值时，传感器相应地输出一个设定的低电平或高电平信号。

(4) 按其制造工艺可分为：集成传感器，是用标准的生产硅基半导体集成电路的工艺技术制造的，通常还将用于初步处理被测信号的部分电路也集成在同一芯片上；薄膜传感器，则是通过沉积在介质衬底(基板)上的相应敏感材料的薄膜形成的。使用混合工艺时，同样可将部分电路制造在此基板上。

厚膜传感器是利用相应材料的浆料，涂覆在陶瓷基片上制成的，基片通常是用 Al_2O_3 制成的，然后进行热处理，使厚膜成型。

陶瓷传感器采用标准的陶瓷工艺或其某种变种工艺(溶胶、凝胶等)生产。完成适当的预备性操作之后，已成型的元件在高温中进行烧结。厚膜和陶瓷传感器这两种工艺之间有许多共同特性，在某些方面，可以认为厚膜工艺是陶瓷工艺的一种变型。

每种工艺技术都有自己的优点和不足。由于研究、开发和生产所需的资本投入较低，以及传感器参数的高稳定性等原因，采用陶瓷和厚膜传感器比较合理。

(5) 按测量目的可分为：物理型传感器，是利用被测量物质的某些物理性质发生明显变化的特性制成的；化学型传感器，是利用能把化学物质的成分、浓度等化学量转化成电学量的敏感元件制成的；生物型传感器，是利用各种生物或生物物质的特性做成的，用以检测与识别生物体内化学成分的传感器。

(6) 按其构成可分为：基本型传感器，是一种最基本的单个变换装置；组合型传感器，是由不同单个变换装置组合构成的传感器；应用型传感器，是基本型传感器或组合型传感器与其他机构组合构成的传感器。

(7) 按作用形式可分为主动型传感器和被动型传感器。

主动型传感器又有作用型和反作用型，此种传感器对被测对象能发出一定探测信号，能检测探测信号在被测对象中所产生的变化，或者由探测信号在被测对象中产生某种效应而形成信号。检测探测信号变化方式的称为作用型，检测产生响应而形成信号方式的称为反作用型。雷达与无线电频率范围探测器是作用型实例，而光声效应分析装置与激光分析器是反作用型实例。

被动型传感器只是接收被测对象本身产生的信号，如红外辐射温度计、红外摄像装置等。

6.2.3 传感器的选型原则

根据前面的分类可以看出，现代传感器的原理和结构千差万别，如何根据具体的测量目的、测量对象以及测量环境选择合适的传感器，是获取精准测量数据的前提，测量的成败在很大程度上取决于传感器的选用是否合理。

选择传感器的基本原则如下。

1. 根据测量对象与测量环境确定传感器类型

要进行一个具体的测量工作，首先要考虑采用何种原理的传感器，这需要分析多方面的因素之后才能确定。因为，即使是测量同一物理量，也有多种原理的传感器可供选用，哪一种原理的传感器更为合适，则需要根据被测量的特点和传感器的使用条件考虑以下一些具体问题：量程的大小；被测位置对传感器体积的要求；测量方式为接触式还是非接触式；信号的引出方法，有线或是非接触测量；传感器的来源，国产还是进口，价格能否承受，还是自行研制。

2. 灵敏度的选择

通常，在传感器的线性范围内，希望传感器的灵敏度越高越好。因为只有灵敏度高时，与被测量变化对应的输出信号的值才比较大，有利于信号处理。但要注意的是，传感器的灵敏度高，与被测量无关的外界噪声也容易混入，也会被放大系统放大，影响测量精度。因此，要求传感器本身具有较高的信噪比，尽量减少从外界引入的干扰信号。

传感器的灵敏度是有方向性的。当被测量是单向量，而且对其方向性要求较高时，则应选择其他方向灵敏度小的传感器；如果被测量是多维向量，则要求传感器的交叉灵敏度越小越好。

3. 频率响应特性

传感器的频率响应特性决定了被测量的频率范围，必须在允许频率范围内保持不失真。实际上传感器的响应总有一定延迟，希望延迟时间越短越好。

传感器的频率响应越高，可测的信号频率范围就越宽。

在动态测量中，应根据信号的特点（稳态、瞬态、随机等）响应特性，以免产生过大的误差。

4. 线性范围

传感器的线性范围是指输出与输入成正比的范围。从理论上讲，在此范围内，灵敏度保持定值。传感器的线性范围越宽，则其量程越大，并且能保证一定的测量精度。在选择传感器时，当传感器的种类确定以后首先要看其量程是否满足要求。

但实际上，任何传感器都不能保证绝对的线性，其线性度也是相对的。当所要求测量精度比较低时，在一定范围内，可将非线性误差较小的传感器近似看作线性的，这会给测量带来极大的方便。

5. 稳定性

传感器使用一段时间后，其性能保持不变的能力称为稳定性。影响传感器长期稳定性的因素除传感器本身结构外，主要是传感器的使用环境。因此，要使传感器具有良好的稳定性，传感器必须要有较强的环境适应能力。

在选择传感器之前，应对其使用环境进行调查，并根据具体的使用环境选择合适的传感器，或采取适当的措施，减小环境的影响。

传感器的稳定性有定量指标，在超过使用期后，在使用前应重新进行标定，以确定传感器的性能是否发生变化。

在某些要求传感器能长期使用而又不能轻易更换或标定的场合，所选用的传感器稳定性要求更严格，要能够经受住长时间的考验。

6. 精度

精度是传感器的一个重要的性能指标，它是关系到整个测量系统测量精度的一个重要环节。传感器的精度越高,其价格越昂贵,因此,传感器的精度只要满足整个测量系统的精度要求就可以,不必选得过高。这样就可以在满足同一测量目的的诸多传感器中选择比较便宜和简单的传感器配件。

如果测量目的是定性分析的,选用重复精度高的传感器即可,不宜选用绝对量值精度高的;如果是为了定量分析,必须获得精确的测量值,就需选用精度等级能满足要求的传感器。

7. 功耗

理想的物联网传感器的特征是在系统中占用空间小,可隐藏并可最大限度地方便整合进任何产品;极低功耗,工作模式下为 μW 级,睡眠模式下为 nW 级。

对某些特殊使用场合,无法选到合适的传感器,则需自行设计制造传感器。自制传感器的性能应满足使用要求。

6.3 射频标签的选择

射频标签是产品电子代码(EPC)的物理载体,附着于可跟踪的物品上,可全球流通,并对其进行识别和读写。RFID(Radio Frequency IDentification)技术作为构建"物联网"的关键技术近年来受到人们的关注。

6.3.1 工作原理和通信频率

RFID 技术的基本工作原理并不复杂:标签进入磁场后,接收解读器发出的射频信号,凭借感应电流所获得的能量发送出存储在芯片中的产品信息(无源标签或被动标签),或者由标签主动发送某一频率的信号(有源标签或主动标签),解读器读取信息并解码后,送至中央信息系统进行有关数据处理。

从电子标签到阅读器之间的射频通信及能量感应方式来看,RFID 系统主要分成两种类型,即近场电感耦合(Inductive Coupling)系统和远场电磁反向散射耦合(Back-scatter Coupling)系统。另外,声表面波(Surface Acoustic Wave,SAW)也是一类 RFID 系统的基本工作原理。按照射频信号工作频率,RFID 系统可以划分为低频(LF)、高频(HF)、超高频(UHF)和微波(Microwave)4 种类型。

工作原理(图 6.2)和通信频率(表 6.1)是 RFID 系统设计时最重要的因素,两者存在一定的对应关系,同时对读写速率、批处理能力、环境限制因素等技术特性有很大影响。

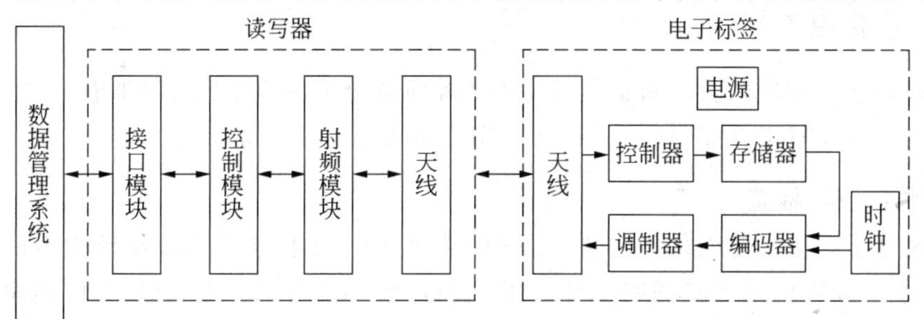

图 6.2 RFID 系统工作原理框图

表 6.1 不同频率电子标签的技术特性

性能	LF	HF	UHF	微波
通信频率	125kHz	13.56MHz	433MHz	2.45GHz
	225kHz		860～960MHz	5.8GHz
读写速率	较慢	中等	较快	极快
批量读取	无	小批量	大批量	大批量
环境限制	金属	金属	金属、液体	金属、液体
磁场原理	近场	近场、远场	远场	远场
国际标准	ISO 11784/11785	ISO/IEC 14443	ISO/IEC 18000—6	无统一标准
	ISO 18000—2	ISO/IEC 15693	EPC Class1 Gen2	

关于实际应用系统的设备选型及设计，还有以下重要因素需要考虑。

1. 电感耦合(LF、HF)

适合于中、低工作频率的近距离 RFID 系统，典型工作频率有 125kHz、225kHz 和 13.56MHz；作用距离一般小于 1m，典型作用距离为 10～20cm。

另外，利用射频高频(HF)频段还可以实现一种近距离无线通信技术，该项技术的工作频率为 13.56MHz。

2. 电磁波反射(UHF、微波)

适合于高频、微波工作的远距离视频识别系统，典型工作频率有 433MHz、915MHz、2.45GHz 和 5.8GHz；识别作用距离一般大于 1m，典型作用距离为 4～6m。

3. 声表面波

不属于一般意义上 RFID 系统，其电子标签一般不包含天线及内部电路，而是以声表面波器件为核心。它的工作频率为 1.7～2.5GHz，识别距离为数米。

克服传统电子标签在成本和性能上的许多限制，尤其是它可以使用在金属和液体物体上，能够在高温差(－100～300℃)和强电磁干扰的恶劣环境下使用，可以对速度大于 300km/h 的高速运动物体进行识别。这种标签突破了传统的远距离、区域感知 RFID 系统的诸多限制因素。

6.3.2 标签供电方式

根据标签是否集成内置的板载电源，可以将标签分成有源、无源和半有源 3 种类型，不同供电方式导致在技术性能、使用维护和应用成本方面存在一定区别。

1. 无源(被动)标签

被动式电子标签没有内部电源供电，利用波束供电技术将阅读器发送的电磁波转化为直流电源，激活标签内部电路回路工作。电磁波反射的工作方式决定其工作频率通常是以超高频(UHF)和微波为主。它的特点是寿命长、体积小、成本低，芯片的最小激活能量对电磁环境和作用距离作出了限制。

2. 有源(主动)标签

主动式电子标签内部携带了电源,它又分成主动广播和被动唤醒两种工作模式,低耗能的唤醒工作模式可以让使用寿命长达好几年。电源及供电电路导致这种标签寿命短、体积大、成本高,但是它的通信距离更远,同时也为传感器融合提供了基础。

3. 半有源(半主动)标签

一般而言,被动式标签的天线有两个任务,一是接收读写器所发出的电磁波,借以驱动标签 IC;二是标签回传信号时,需要靠天线的阻抗作切换,才能产生 0 与 1 的变化。问题是,想要有最好的回传效率的话,天线阻抗必须设计在“开路与短路”,这样又会使信号完全反射,无法被标签 IC 接收,半主动式标签正是为了解决这样的问题而设置的。

半主动式标签兼顾了被动式和主动式两种标签的设计特点,电源仅为内部计算提供能量,可以搭载传感器,而通信能量是从阅读器发射的电磁波中获取的。

半主动式类似于被动式,不过它多了一个小型电池,电力恰好可以驱动标签 IC,使得 IC 处于工作状态。这样的好处在于,天线可以不用管接收电磁波的任务,充分作为回传信号之用。比起被动式,半主动式有更快的反应速度、更高的效率。

6.3.3 标签材质及封装

封装占据了电子标签的大部分成本,同时还应该根据应用场合选择最佳的材料与形状,封装材料和形状的不同对于安装使用方式有一定影响。封装的主要工艺包括天线基板制作、一次封装(Inlay)和二次封装(绝缘膜涂覆、冲裁)。

1. 纸质封装

纸质标签通常价格便宜、维护简单,但不够耐用,由面层、芯片线路层、胶层和底层组成,可带有不干胶等自粘贴功能。铁路电子客票是其典型应用。

2. 塑料封装

塑料标签是通过特殊的工艺将芯片及天线与塑料基材封装而成,一般采用 PVC 和 PSP 基材,由面层、芯片层、底层组成。塑封标签的形状最为多样,常见的有卡片状(ISO 9810、ISO 7816)的信用卡、智能卡,线形的运载工具标签、圆形的钥匙扣以及各种异形标签。

3. 玻璃封装

玻璃标签将芯片和天线用特殊物质固定于玻璃容器之中,一般为圆柱体形状,用于将标签注射入动物体内实现追踪等特殊应用场合。

6.3.4 阅读器的技术参数

1. 工作频率和频带宽度

天线的工作频率和频带宽度必须符合 RFID 系统设计时的频率范围要求,与电子标签所采用的工作频率相匹配。

2. 天线的增益

天线增益越高,它在发射方向上的辐射效果越强。实际 RFID 系统通常采用 4dBi、

6dBi、8dBi 和 11dBi 等不同数值。

3. 天线极化方向

天线电磁波由电场和磁场组成，电场的方向就是天线极化方向，主要有线极化和圆极化两种方式。圆极化与线极化天线相比，对标签方位不敏感，但读写距离要短一些，天线需要与标签的极化类型匹配才能达到最好的读写效果。

4. 波瓣宽度

波瓣宽度越窄，辐射的方向性越好，作用距离越远，抗干扰能力越强；但是同时天线的覆盖范围也就越小。

6.3.5 阅读器安装使用方式

1. 固定式

设备供应商所提供通用阅读器产品，一般需要将天线、阅读模块和主控机分别固定安装于指定位置，并通过数据接口将它们连接起来。为满足产品定制或特殊应用领域的需求，市场上也有 OEM 模块或者专用的工业阅读器。

此外，发卡器是电子标签的专门写入装置，有的甚至支持批量处理。

2. 移动式

手持机将 PDA 与 RFID 阅读模块集成到一起，既可以识别电子标签，也可以执行各种信息化操作，通常采用可充电电池供电。适用于数据补录、车间巡查、仓库盘点等移动作业。

6.4 中间件的选择

中间件是一种独立的系统软件或服务程序，分布式应用软件借助这种软件在不同的技术之间共享资源。中间件位于客户机/服务器的操作系统之上，管理计算机资源和网络通信，是连接两个独立应用程序或独立系统的软件。相连接的系统，即使它们具有不同的接口，但通过中间件相互之间仍能交换信息。执行中间件的一个关键途径是信息传递。通过中间件，应用程序可以工作于多平台或操作系统环境。

6.4.1 中间件选择原则

要选择一个技术上符合要求的中间件既要了解自己的需求，还得能对一个中间件软件作出技术上的评估。随着中间件的广泛应用，最终用户和应用开发商时常面临这个问题。中间件的种类越来越多，单一产品的功能特性又越来越丰富，如果不得要领，就会陷入到无尽的细节之中。因此，掌握评估和选择的方法就非常重要。

选择中间件当然不能只关注技术，必须考虑厂商实力、提供的服务、价格等相关因素，但技术上是否满足需要无疑是第一位的。

1. 以同类中间件的“标准功能”作为参考

可以从具体需求出发，看看这个软件是否适用，或者好不好。如果要评估的这一类中间件软件通常具有的功能——标准功能，就有了一个可作为参考的依据。可以看一看待选的这些中间件有没有这些“标准功能”，如果没有，是否有重要的影响。

各种中间件软件的“标准功能”是什么？对于这个问题没有统一和绝对的答案，但可以有多数人或多数厂家可以接受的答案，不妨作为参考。如果找不到现成的，也可以自己试着去归纳，向各个厂家要一下产品的介绍材料，做一下比较，“标准功能”通常包含在产品的共性功能中。

2. 把握功能需求、非功能需求与技术标准3个方面

在设计一个软件时，可以把对软件的需求划分成功能需求和非功能需求。功能需求指明软件必须执行的功能，定义系统的行为，即软件在某种输入条件下要给出确定的输出必须做的处理或转换。功能需求通常是软件功能的“硬指标”——如“支持分布式环境中消息的可靠传输”；非功能需求不描述软件做什么，描述软件如何做。非功能需求通常作为软件设计的“软指标”——如“系统具有可伸缩性”。为此，可以把功能需求对应的功能称为“功能性特征”，把非功能需求对应的功能称为“非功能性特征”。评估一个中间件软件，最主要的是看这个软件的功能，包括功能性特征和非功能性特征，是否符合要求，或者符合大多数人的通常要求。

如果知道某一种中间件软件的“标准功能”，可以进一步把它分成“功能性的特征”和“非功能性特征”。如果不知道，只需从具体需求出发，研究一下待选的这些中间件的“功能性特征”和“非功能性特征”是否满足具体的功能需求和非功能需求。

中间件是处于支撑地位的通用软件，其技术的标准化具有重要意义。中间件对技术标准的支持表现为使用标准的API、使用标准化的技术和实现标准化的功能等几个方面。中间件支持标准通常意味着用户和应用对厂商的依赖更小、应用开发人员学习使用一种新产品更容易，中间件软件可以和更多的系统互操作，技术更开放。因此，评估一个中间件不仅要看它是否具有某项功能，还要看这个功能是否使用了标准的技术。

3. 功能性特征是中间件的基本特征

中间件的功能性特征是一种中间件软件的基本特征。不同种类的中间件的差异首先表现为基本功能的不同，因此不能总结出一套适合所有中间件门类的、一般性的“功能性特征”。

对于某一个具体的中间件软件，能够把它的功能性特征提取出来。假定某一中间件定位于解决分步式环境中消息的发送者和接收者之间消息传输、管理和控制问题，该软件提供了多种消息交换方式，支持多种消息类型，提供可靠传输等服务质量控制机制，该软件支持多系统平台，支持高吞吐量的业务处理等。很显然，可以把“提供多种消息交换方式、支持多种消息类型、提供可靠传输等服务质量控制机制”看成是该中间件的功能性特征，而把“支持高吞吐量的业务处理”作为非功能性的特征。

如果中间件的选择者能够从自己的需求中归纳出对中间件的“功能需求”，就可以把它们和面前的中间件的功能性特征做一下对比。

功能性特征一般比较容易测试，因而也比较容易验证。

4. 非功能性特征是跨中间件的共性特性

软件的“非功能需求”是软件需求的重要方面。中间件软件的“非功能性特征”也是中间件功能的重要方面。事实上,中间件软件的非功能性特征是跨中间件种类的、非常重要的一般性特征,是中间件软件功能强大的表现。

许多情况下,非功能性和功能性之间并非有严格的界线。比如,对于消息中间件来说,可靠传输一定是功能性的特征;对于其他的中间件未必如此;对于安全中间件来说,安全不能算作非功能性特征。

非功能性特征一般比较难以测试,但仍然是一定程度可测试的。

5. 支持标准对于中间件必不可少

面向消息的中间件一直以来缺乏技术标准/规范。自从J2EE制定出基于Java的消息传输服务(JMS)以后,人们对消息中间件的技术要求就又多了一项内容。相比较而言,事务处理监控程序(交易中间件)相关的技术规范就要多一些,主要是X/OPEN(现称为OPENGROUP)的分布式事务处理系列规范,包括TPM的架构、应用与TPM的接口及事务提交管理协议等重要内容。对于J2EE应用服务器,技术规范的影响就更大。甚至可以说,J2EE应用服务器的功能体现在了对技术标准和规范的支持上。

标准/规范虽然重要,但不可迷信,唯标准是从。因为,第一,“标准”可能仅是建议性的,并非所有的厂商都会遵守;第二,“标准”可能是妥协的结果,只是将提交的多个可选内容统统收入,各项内容甚至不能互换;第三,“标准”可能是不完整的,仅仅实现了标准要求的内容可能意味着欠缺重要的功能。

比如,X/OPEN DTP模型中定义的应用与TPM的接口就是妥协的结果。“标准”就是两个厂家提交的完全不同的建议的罗列,两者完全不能互换。事实上,也未见第三家厂商遵从上述的“标准”。这样的“标准”也只具有参考意义。再看JMS,JMS当前规范只涉及一个消息服务器,规范只保证该服务器的客户方都使用一个一致的接口。如果厂商只是实现了JMS规范定义的内容,那么它就不能支持服务器到服务器之间的可靠传输,其功能就会大打折扣。无论是用户还是中间件厂商,对标准都不应该迷信。

中间件对标准的支持一般会体现在软件的功能性特征上,多数情况下是可测试和验证的。

6.4.2 RFID中间件

RFID中间件是物联网应用系统非常重要的一类中间件,这类中间件扮演者连接应用系统与硬件接口的角色。通透性是应用系统的关键,正确抓取数据、确保数据读取的可靠性以及有效地将数据传送到后端系统都是必须考虑的问题。传统应用程序与应用程序之间数据通透是通过中间件架构来解决的,并发展出各种应用软件;同理,中间件的架构设计解决方案便成为RFID应用的一项极为重要的核心技术。

RFID中间件扮演RFID标签和应用程序之间的中介角色,从应用程序端使用中间件所提供一组通用的应用程序接口,即能连到RFID读写器,读取RFID标签数据。这样,即使存储RFID标签的数据库软件或后端应用程序增加或改由其他软件取代,或者RFID读写器种类增加等情况发生时,应用端不需修改也能处理,省去多对多连接的维护复杂性问题。

一般来说,RFID中间件具有下列特色。

(1) 独立于架构。RFID中间件独立并介于RFID读写器与后端应用程序之间,并且能够与多个 RFID 读写器以及多个后端应用程序连接,以减轻架构与维护的复杂性。

(2) 数据流。RFID 的主要目的在于将实体对象转换为信息环境下的虚拟对象,因此数据处理是 RFID 最重要的功能。RFID 中间件具有数据的搜集、过滤、整合与传递等特性,以便将正确的对象信息传到企业后端的应用系统。

(3) 处理流。RFID 中间件采用程序逻辑及存储再转送(Store-and-Forward)功能来提供顺序的消息流,具有数据流设计与管理的能力。

(4) 标准。RFID 为自动数据采样技术与辨识实体对象的应用。EPCglobal 目前正在研究为各种产品的全球唯一识别号码提出通用标准,即 EPC(产品电子编码)。EPC 是在供应链系统中,以一串数字来识别一项特定的商品,通过无线射频辨识标签由 RFID 读写器读入后,传送到计算机或是应用系统中的过程称为对象命名服务(Object Name Service,ONS)。对象命名服务系统会锁定计算机网络中的固定点抓取有关商品的消息。EPC 存放在 RFID 标签中,被 RFID 读写器读出后,即可提供追踪 EPC 所代表的物品名称及相关信息,并立即识别及分享供应链中的物品数据,有效率地提供信息透明度。

6.5 无线传感器网络的选择

无线传感器网络作为一门面向应用的研究领域,在近几年获得了飞速发展。在关键技术的研发方面,学术界从网络协议、数据融合、测试测量、操作系统、服务质量、节点定位、时间同步等方面开展了大量研究,取得丰硕的成果;工业界也在环境监测、军事目标跟踪、智能家居、自动抄表、灯光控制、建筑物健康监测、电力线监控等领域进行应用探索。随着应用的推广,无线传感器网络技术开始暴露出越来越多的问题。不同厂商的设备需要实现互联互通,且要避免与现行系统的相互干扰,因此要求不同的芯片厂商、方案提供商、产品提供商及关联设备提供商达成一定的默契,齐心协力实现目标。所以选择无线传感器网络时要考虑的一个重要因素就是标准。

到目前为止,无线传感器网络的标准化工作受到了许多国家及国际标准组织的普遍关注,已经完成了一系列草案甚至标准规范的制定。其中最出名的就是 IEEE 802.15.4/ZigBee 规范,它甚至已经被一部分研究及产业界人士视为标准。IEEE 802.15.4 定义了短距离无线通信的物理层及链路层规范,ZigBee 则定义了网络互联、传输和应用规范。尽管 IEEE 802.15.4 和 ZigBee 协议已经推出多年,但随着应用的推广和产业的发展,其基本协议内容已经不能完全适应需求,加上该协议仅定义了联网通信的内容,没有对传感器部件提出标准的协议接口,所以难以承载无线传感器网络技术的梦想与使命。另外,该标准在落地不同国家时,也必然要受到该国家地区现行标准的约束。为此,人们开始以 IEEE 802.15.4/ZigBee 协议为基础,推出更多版本以适应不同应用、不同国家和地区。

尽管存在不完善之处,IEEE 802.15.4/ZigBee 仍然是目前产业界发展无线传感网技术当仁不让的最佳组合。

6.5.1 PHY/MAC 层标准

无线传感器网络的底层标准一般沿用了无线个域网(IEEE 802.15)的相关标准部分。

无线个域网(Wireless Personal Area Network,WPAN)的出现比传感器网络要早,通常定义为提供个人及消费类电子设备之间进行互联的无线短距离专用网络。无线个域网专注于便携式移动设备(如个人电脑、外围设备、PDA、手机、数码产品等消费类电子设备)之间的双向通信技术问题,其典型覆盖范围一般在10m以内。IEEE 802.15工作组就是为完成这一使命而专门设置的,且已经完成一系列相关标准的制定工作,其中就包括了被广泛用于传感器网络的底层标准IEEE 802.15.4。

1. IEEE 802.15.4b 规范

IEEE 802.15.4标准主要针对低速无线个域网(Low-Rate Wireless Personal Area Network,LR-WPAN)制定。该标准把低能量消耗、低速率传输、低成本作为重点目标(这和无线传感器网络一致),旨在为个人或者家庭范围内不同设备之间低速互联提供统一接口。由于IEEE 802.15.4定义的LR-WPAN网络的特性和无线传感器网络的簇内通信有众多相似之处,很多研究机构把它作为传感器网络节点的物理及链路层通信标准。

IEEE 802.15.4标准定义了物理层和介质访问控制子层,符合开放系统互联模型(OSI)。物理层包括射频收发器和底层控制模块,介质访问控制子层为高层提供了访问物理信道的服务接口。

IEEE 802.15.4在物理(PHY)层设计中面向低成本和更高层次的集成需求,采用的工作频率分为868MHz、915MHz和2.4GHz等3种,各频段可使用的信道分别有1个、10个、16个,各自提供20kb/s、40kb/s和250kb/s的传输速率,其传输范围介于10~100m之间。由于规范使用的3个频段是国际电信联盟电信标准化组(ITU Telecommunication Standardization Sector,ITUT)定义的用于科研和医疗的ISM(Industrial Scientific and Medical)开放频段,被各种无线通信系统广泛使用。为减少系统间干扰,协议规定在各个频段采用直接序列扩频(Direct Sequence Spread Spectrum,DSSS)编码技术。与其他数字编码方式相比较,直接序列扩频技术可使物理层的模拟电路设计变得简单,且具有更高的容错性能,适合低端系统的实现。

IEEE 802.15.4在介质访问控制层方面,定义了两种访问模式。其一为带冲突避免的载波侦听多路访问方式(Carrier Sense Multiple Access with Collision Avoidance,CSMA/CA)。这种方式参考无线局域网(WLAN)中IEEE 802.11标准定义的DCF模式,易于实现与无线局域网(Wireless LAN,WLAN)的信道级共存。CSMA/CA是在传输之前,先侦听介质中是否有同信道(Co-Channel)载波,若不存在,意味着信道空闲,将直接进入数据传输状态;若存在载波,则在随机退避一段时间后重新检测信道。这种介质访问控制层方案简化了实现自组织(Ad Hoc)网络应用的过程,但在大流量传输应用时给提高带宽利用率带来了麻烦;同时,因为没有功耗管理设计,所以要实现基于睡眠机制的低功耗网络应用,需要做更多的工作。

IEEE 802.15.4定义的另一种通信模式类似于802.11标准定义的PCF模式,通过使用同步的超帧机制提高信道利用率,并通过在超帧内定义休眠时段,很容易实现低功耗控制。PCF模式定义了两种器件,即全功能器件(Full-Function Device,FFD)和简化功能器件(Reduced-Function Device,RFD)。FFD设备支持所有的49个基本参数,而RFD设备在最小配置时只要求它支持38个基本参数。在PCF模式下,FFD设备作为协调器控制所有关联的 RFD 设备的同步、数据收发过程,可以与网络内任何一种设备进行通信。而 RFD 设备只能和与其关联的 FFD 设备通信。在 PCF 模式下,一个 IEEE 802.15.4 网络中至少存在一个 FFD 设备作为网络协调器(PAN Coordinator),起着网络主控制器的作用,担负簇间和簇内同步、分组转发、网络建立、成员管理等任务。

IEEE 802.15.4 标准支持星型和点对点两种网络拓扑结构,有 16 位和 64 位两种地址格式。其中 64 位地址是全球唯一的扩展地址,16 位段地址用于小型网络构建,或者作为簇内设备的识别地址。IEEE 802.15.4b 标准拥有多个变种,包括低速超宽带的 IEEE 802.15.4a,及最近中国正在着力推进的 IEEE 802.15.4c 和 IEEE 802.15.4e,以及日本主要推动的 IEEE 802.15.4d,在这里就不深入讨论了。

2. 蓝牙技术

1998 年 5 月,就在 IEEE 802.15 无线个域网工作组成立不久,5 家世界著名的 IT 公司,即爱立信(Ericsson)、IBM、英特尔(Intel)、诺基亚(Nokia)和东芝(Toshiba),联合宣布了一项叫做"蓝牙(Bluetooth)"的研发计划。1999 年 7 月蓝牙工作组推出了蓝牙协议 1.0 版,2001 年更新为版本 1.1,即人们熟知的 IEEE 802.15.1 协议。该协议旨在设计通用的无线空中接口(Radio Air Interface)及其软件的国际标准,使通信和计算机进一步结合,让不同厂家生产的便携式设备具有在没有电缆的情况下实现近距离范围内互通的能力。计划一经公布,就得到了包括摩托罗拉(Motorola)、朗讯(Lucent)、康柏(Compaq)、西门子(Siemens)、3Com、TDK 以及微软(Microsoft)等大公司在内的近 2000 家厂商的广泛支持和采纳。

蓝牙技术也是工作在 2.4GHz 的 ISM 频段,采用快速跳频和短包技术减少同频干扰,保证物理层传输的可靠性和安全性,具有一定的组网能力,支持 64Kb/s 的实时语音。蓝牙技术日益普及,市场上的相关产品也在不断增多,但随着超宽带技术、无线局域网及 ZigBee 技术的出现,特别是其安全性、价格、功耗等方面的问题日益显现,其竞争优势开始下降。2004 年蓝牙工作组推出 2.0 版本,带宽提高 3 倍,且功耗降低一半,在一定程度上重建了产业界信心。

由于蓝牙技术与 ZigBee 技术存在一定的共性,所以它们经常被应用于无线传感器网络中。

6.5.2 其他无线个域网标准

无线传感器网络要构建从物理层到应用层的完整网络,而无线个域网标准为其提前制定了物理层及介质访问控制层规范。除了前面讨论的 IEEE 802.15.4 及蓝牙技术外,无线个域网技术方案还包括超宽带(UWB)技术、红外(IrDA)技术、家用射频(HomeRF)技术等,其共同的特点是短距离、低功耗、低成本、个人专用等,它们均在不同的应用场景中被用于无线传感器网络的底层协议方案,下面简单加以介绍。

1. 超宽带(UWB)技术

超宽带(Ultra Wide-Band,UWB)技术起源于 20 世纪 50 年代末,是一项使用从几赫兹到几吉赫兹的宽带电波信号的技术,通过发射极短暂的脉冲,并接收和分析反射回来的信号,就可以得到检测对象的信息。UWB 因为使用了极高的带宽,故其功率谱密度非常平坦,表现为在任何频点的输出功率都非常小，甚至低于普通设备放射的噪声，故其具有很好的抗干扰性和安全性。超宽带技术最初主要作为军事技术在雷达探测和定位等应用领域中使用，美国FCC(联邦通信委员会)于2002年2月准许该技术进入民用领域。除了低功耗外，超宽带技术的传输速率轻易可达100Mb/s以上，其第二代产品可望达到500Mb/s以上，仅这一项指标就让其他众多技术望尘莫及。围绕UWB的标准之争从一开始就非常激烈，Freescale的DS-UWB和由TI倡导的MBOA逐步脱颖而出，近几年国内在这方面的研究也非常热门。

由于其功耗低、带宽高、抗干扰能力强，超宽带技术无疑具有梦幻般的发展前景，但超宽带芯片产品却迟迟未曾面市，这无疑留给人们一个大大的遗憾。近年来开始出现相关产品的报道，不过这项底蕴极深的技术还需要整个产业界的共同推动。目前超宽带技术可谓初露锋芒，相信它属于大器晚成、老而弥坚的类型，在无线传感器网络应用中必会大有作为。

2. 红外(IrDA)技术

红外技术是一种利用红外线进行点对点通信的技术，是由成立于1993年的非营利性组织红外线数据标准协会IrDA(Infrared Data Association)负责推进的，该协会致力于建立无线传播连接的世界标准，目前拥有130个以上的正式企业会员。红外技术的传输速率已经从最初FIR的4Mb/s上升为现在VFIR的16Mb/s，接收角度也由最初的30°扩展到120°。由于它仅用于点对点通信，且具有一定方向性，故数据传输所受的干扰较少。由于产品体积小、成本低、功耗低、不需要频率申请等优势，红外技术从诞生到现在一直被广泛应用，可谓无线个域网领域的一棵常青树。经过多年的发展，其硬件与配套的软件技术都已相当成熟，目前全世界有至少5000万台设备采用IrDA技术，并且仍然以年递增50%的速度在增长。当今有95%的手提电脑都安装了IrDA接口，而遥控设备(电视机、空调、数字产品等)更是普遍采用红外技术。

但是IrDA是一种视距传输技术，核心部件红外线LED也不是十分耐用，更无法构建长时间运行的稳定网络，造成红外技术终究没能成为无线个域网的物理层标准技术，仅在极少数无线传感器网络应用中进行过尝试(如定位跟踪)，并且是与其他无线技术配合使用的。

3. 家用射频技术

家用射频工作组(Home Radio Frequency Working Group，HomeRF WG)成立于1998年3月，是由美国家用射频委员会领导的，首批成员包括Intel、IBM、康柏、3Com、飞利浦Philips、微软、摩托罗拉等公司，其主旨是在消费者能够承受的前提下，建设家庭中的互操作性语音和数据网络。家用射频工作组于1998年即制定了共享无线访问协议(Shared Wireless Access Protocol，SWAP)，该协议主要针对家庭无线局域网。该协议的数据通信采用简化的IEEE 802.11协议标准，沿用了以太网载波侦听多路访问/冲突检测(CSMA/CD)技术；其语音通信采用DECT(Digital Enhanced Cordless Telephony)标准，使用时分多址(TDMA)技术。家用射频工作频段是2.4GHz，最初支持数据和音频最大数据的传输速率为2Mb/s，在新的家用射频2.x标准中采用了WBFH(Wide Band Frequency Hopping，宽带跳频)技术，增加跳频调制功能，数据带宽峰值可达10Mb/s，已经能够满足大部分应用。

2000年左右，家用射频技术的普及率一度达到45%，但由于技术标准被控制在数十家公司手中，并没有像红外技术一样开放，特别是802.11b标准的出现，从2001年开始，家用射频的普及率骤然降至30%，2003年家用射频工作组更是宣布停止研发和推广，曾经风光无限的家用射频终于退出无线个域网的历史舞台，犹如昙花一现。

6.5.3　路由及高层标准

在前面介绍的底层标准的基础上，已经出现了一些包括路由及应用层的高层协议标准，主要包括ZigBee/IEEE 802.15.4、6LowPAN、IEEE 1451.5(无线传感通信接口标准)等。另外，Z-Wave联盟、Cypress(Wireless USB传感器网络)等也推出了类似的标准，但是在专门为无线传感器网络设计的标准出来以前，ZigBee无疑是最受宠爱的，也受到了较多的应用厂商的推崇，这里简单介绍一下。

1. ZigBee协议规范

ZigBee联盟成立于2001年8月，最初成员包括霍尼韦尔(Honeywell)、Invensys、三菱(Mitsubishi)、摩托罗拉和飞利浦等，目前拥有超过200多个会员。ZigBee 1.0(Revision 7)规格正式于2004年12月推出，2006年12月，推出了ZigBee 2006(Revision 13)，即1.1版，2007年又推出了ZigBee 2007 Pro，2008年春天又有一定的更新。ZigBee技术具有功耗低、成本低、网络容量大、时延短、安全可靠、工作频段灵活等诸多优点，目前是被普遍看好的无线个域网解决方案，也被很多人视为无线传感器网络的事实标准。

ZigBee联盟对网络层协议和应用程序接口(Application Programming Interfaces，API)进行了标准化。ZigBee协议栈架构基于开放系统互联模型7层模型，包含IEEE 802.15.4标准以及由该联盟独立定义的网络层和应用层协议。ZigBee所制定的网络层主要负责网络拓扑的搭建和维护，以及设备寻址、路由等，属于通用的网络层功能范畴，应用层包括应用支持子层(Application Support Sub-layer，APS)、ZigBee设备对象(ZigBee Device Object，ZDO)以及设备商自定义的应用组件，负责业务数据流的汇聚、设备发现、服务发现和安全与鉴权等。

另外，ZigBee联盟也负责ZigBee产品的互通性测试与认证规格的制定。ZigBee联盟定期举办ZigFest活动，让发展ZigBee产品的厂商有一个公开交流的机会，完成设备的互通性测试；而在认证部分，ZigBee联盟共定义了3种层级的认证：第一级(Level 1)是认证物理层与介质访问控制层，与芯片厂有最直接的关系；第二级(Level 2)是认证ZigBee协议栈(Stack)，又称为ZigBee兼容平台认证(Compliant Platform Certification)；第三级(Level 3)是认证ZigBee产品，通过第三级认证的产品才允许贴上ZigBee的标志，所以也称为ZigBee标志认证(Logo Certification)。

协议芯片是协议标准的载体，也是最容易体现知识产权的一种形式。目前市场上出现了较多的ZigBee芯片产品及解决方案，有代表性的包括Jennic的JN5121/JN5139、Chipcon的CC2430/CC2431(被TI收购)及Freescale MC13192、Ember的EM250 ZigBee等系列的开发工具及芯片。

2. IEEE 1451.5标准

除了以上两种通用规范以外，在无线传感器网络的不同应用领域，也正在酝酿着特定行业的专用标准，如电力水力、工业控制、消费电子和智能家居等。这里以工控领域为例简单讨论一下 IEEE 1451. x，当然工业标准纷繁复杂，最近正在制定专门面向工业自动化应用的无线技术标准 ISA SP100，有很多中国工业及学术界同仁努力参与了该标准的制定工作。

IEEE 1451 标准族是通过定义一套通用的通信接口，以使工业变送器（传感器＋执行器）能够独立于通信网络，并与现有的微处理器系统、仪表仪器和现场总线网络相连，解决不同网络之间的兼容性问题，并最终能够实现变送器到网络的互换性与互操作性。IEEE 1451 标准族定义了变送器的软硬件接口，将传感器分成两层模块结构。第一层用来运行网络协议和应用硬件，称为网络适配器（Network Capable Application Processor，NCAP）；第二层为智能变送器接口模块（Smart Transducer Interface Module，STIM），其中包括变送器和电子数据表格 TEDS。IEEE 1451 工作组先后提出了 5 项标准提案（IEEE 1451. 1～IEEE 1451. 5），分别针对不同的工业应用现场需求，其中 IEEE 1451. 5 为无线传感通信接口标准。

IEEE 1451. 5 标准提案于 2001 年 6 月最新推出，在已有的 IEEE 1451 柜架下提出了一个开放的标准无线传感器接口，以满足工业自动化等不同应用领域的需求。IEEE 1451. 5 尽量使用无线的传输介质，描述了智能传感器与网络适配器模块之间的无线连接规范，而不是网络适配器模块与网络之间的无线连接，实现了网络适配器模块与智能传感器的 IEEE 802. 11、Bluetooth、ZigBee 无线接口之间的互操作性。IEEE 1451. 5 提案的工作重点在于制定无线数据通信过程中的通信数据模型和通信控制模型。IEEE 1451. 5 建议标准必须对数据模型进行具有一般性的扩展以允许多种无线通信技术可以使用，主要包括两个方面：一方面是为变送器通信定义一个通用的服务质量（QoS）机制，能够对任何无线电技术进行映射服务，另一方面对每一种无线射频技术都有一个映射层用来把无线发送具体配置参数映射到服务质量机制中。关于该标准具体内容，这里就不再详细讨论了。

3. 6LowPan 草案

无线传感器网络从诞生开始就与下一代互联网相关联，6LowPan（IPv6 over Low Power Wireless Personal Area Network）就是结合这两个领域的标准草案。该草案的目标是制定如何在 LowPAN（低功率个域网）上传输 IPv6 报文。当前 LowPAN 采用的开放协议主要指前面提到的 IEEE 802. 15. 4 介质访问控制层标准，在上层并没有一个真正开放的标准支持路由等功能。由于 IPv6 是下一代互联网标准，在技术上趋于成熟，并且在 LowPan 上采用 IPv6 协议可以与 IPv6 网络实现无缝连接，因此互联网工程任务组（Internet Engineering Task Force，IETF）成立了专门的工作组制定如何在 802. 15. 4 协议上发送和接收 IPv6 报文等相关技术标准。

在 802. 15. 4 上选择传输 IPv6 报文主要是因为现有成熟的 IPv6 技术可以很好地满足 LowPan 互联层的一些要求。首先在 LowPan 网络里面很多设备需要无状态自动配置技术，在 IPv6 邻居发现（Neighbor Discovery）协议里基于主机的多样性已经提供了两种自动配置技术，即有状态自动配置与无状态自动配置。另外，在 LowPan 网络中可能存在大量的设备，需要很大的 IP 地址空间，这个问题对于有着 128 位 IP 地址的 IPv6 协议不是问题；其次在包长受限的情况下，可以选择 IPv6 的地址包含 802. 15. 4 介质访问控制层地址。

IPv6 与 802. 15. 4 协议的设计初衷是应用于两个完全不同的网络，这导致了直接在 802. 15. 4 上传输 IPv6 报文会有很多的问题。首先两个协议的报文长度不兼容，IPv6 报文允许的最大报文长度是1280B,而在802.15.4的介质访问控制层最大报文长度是127B。由于本身的地址域信息(甚至还需要留一些字节给安全设置)占用了25B,留给上层的负载域最多102B,显然无法直接承载来自IPv6网络的数据包;其次两者采用的地址机制不相同,IPv6采用分层的聚类地址,由多段具有特定含义的地址段前缀与主机号构成;而在802.15.4中直接采用64位或16位的扁平地址;另外,两者设备的协议设计要求不同,在IPv6的协议设计时没有考虑节省能耗问题。而在802.15.4很多设备都是电池供电,能量有限,需要尽量减少数据通信量和通信距离,以延长网络寿命;最后,两个网络协议的优化目标不同,在IPv6中一般关心如何快速地实现报文转发问题,而在802.15.4中,如何在节省设备能量的情况下实现可靠的通信是其核心目标。

总之,由于两个协议的设计出发点不同,要IEEE 802.15.4支持IPv6数据包的传输还存在很多技术问题需要解决,如报文分片与重组、报头压缩、地址配置、映射与管理、网状路由转发和邻居发现等。

6.6 小结

一个完整的物联网系统是由多个软件和硬件模块构成的,很多时候并不需要自己设计和开发所有的这些模块。这一方面是因为效率的问题,另一方面也是因为产业分工。即使从成本的角度考虑,有时自己开发可能还不如直接从市场上采购成本会更低一些。这个时候,如何从市场上选择成熟的产品就成为一个十分重要的问题。当然,需要选择的不一定是软件或硬件产品,要构建一个完整的物联网系统,还需要知道如何“选择”网络,这一工作虽然本质上属于设计阶段的工作,但对网络标准的了解却是必需的。事实上,本章所介绍的所有“选择”工作都可以看成是设计阶段的工作。

第7章　物联网系统集成

本章的主要知识点包括系统集成在物联网产业链中的作用、系统集成的主要特点和分类以及系统集成方案的选择。

7.1　物联网产业链结构

物联网产业链结构主要包括感应芯片及核心器件研发者、网络通信服务商、系统集成服务商、软件及智能信息系统开发商、感知末端及通信设备制造商、专业应用服务提供商、应用客户等7个主要环节。其中，最重要的环节是感应芯片及核心器件研发、系统集成服务商，前者决定了整个产业链的技术水平，后者在复杂链条的商业模式创新上有非常高的要求。

1. 核心传感设备制造商

核心传感设备制造商是指RFID、传感器、智能芯片等物联网核心技术产品生产制造商。这些主要产品类型一般包括RFID芯片、芯片识读设备，摄像头、温度、湿度、浓度等传感器，智能嵌入式控制芯片、通信核心控制芯片等。由于这类企业的技术水平决定了整个行业的发展高度，因此，随着物联网的发展这类企业品牌效应将得以凸显。

2. 感知末端设备制造商

物联网的感知末端设备制造已有相当的产业规模。感知末端设备制造商包括传感节点设备、传感器网关等末端网络产品设备以及RFID读写设备、传感系统及设备、智能控制系统等设备的制造企业。

3. 通信硬件设备制造商

通信硬件设备制造商是指专门生产各种网络通信专用设备设施，为数据传输服务提供硬件支持。目前包括网络交换机、路由器、网络服务器、存储设备、网络专用设备等硬件的制造商，典型的代表有IBM、惠普、思科、爱立信、诺基亚、西门子、华为和中兴等。

4. 数据传输网络提供商

数据传输网络提供商的作用是为物联网数据传输提供支撑和服务，包括互联网、电信网、广电网、电力通信网、专用网和可能新建的专用物联网通信网等。目前，我国的主要数据传输网络提供商有中国移动、中国电信、中国联通等运营商，这些网络运营商的经营范围包括了2G通信网络、3G通信网络、4G通信网络、广电网、固话网和互联网等。

5. 软件开发设计服务商

软件开发设计服务商本质上是一些系统软件、应用软件、中间件、数据库等的开发服务提供商，包括开发应用平台及应用中提供应用软件和相关设备的厂商。由于物联网应用的行业特征比较明显，因此应用软件的开发也要针对物联网应用的特定行业进行设计。与物联网相关的软件开发服务主要分布在物理层和感知层。

6. 系统解决方案服务商

系统解决方案服务商是物联网系统的另一个重要组成部分，主要指针对客户的需求提出问题、分析问题和解决问题，并提供符合客户需求的全套解决方案。这种解决方案可以是基于硬件的，也可以是基于软件应用的，可以是单一企业的，也可以是多个企业的联合。物联网的各类运营商、系统集成商、服务提供商都可能成为解决方案服务商的客户。同时，系统集成商、服务提供商和网络提供商有时候也可能承担系统解决方案服务商的角色。

7. 系统集成服务商

系统集成服务商根据客户需求，将实现物联网的硬件、软件和网络系统集成为一个完整解决方案提供给客户的供应服务商。部分系统集成服务商也提供软件产品和行业解决方案。从本质上讲，系统集成服务商是把所有实现物联网的硬件和软件集成为一个解决方案的厂商，也是整个物联网产业链的重要环节，其推出的解决方案直接影响物联网业务的应用和推广。

8. 内容服务提供商

内容服务提供商是在物联网现有资源和原始数据基础上进行二次开发创新、开发形成有一定内容资源服务性质的网络产品的服务提供商。内容服务提供商往往能为广大用户提供大量丰富且实用的信息和知识。

9. 专业运营服务提供商

专业运营服务提供商是指物联网行业的应用系统专业运营服务商，能为客户提供统一的终端设备鉴权、计费、统一标识编码管理、认证等服务，并提供终端接入控制、终端管理、行业应用管理、业务运营管理和平台管理等服务。专业运营服务提供商与电信运营商在物联网产业链上的角色基本相同，其区别在于专业运营服务提供商并没有属于自己的通信网络，它是通过租用电信运营商网络、采用集成商解决方案为不同行业的物联网应用提供服务。与电信运营商相比，其优势在于它可以租用不同运营商的网络快速组建自己的应用网络，因此对于地区内运营商众多并且竞争激烈的环境或者跨国家的行业应用来说，具有一定的竞争优势。

10. 其他中间服务商

除了以上功能明确的企业外，常见的物联网企业还包括战略服务、管理服务、咨询服务、金融服务、风险服务等中间服务商等，它们也是物联网未来发展的主要推动力量。

物联网产业链的价值结构模型如图 7.1 所示。

在该价值结构模型中，用户是价值输送的最终目标，应用平台是价值交换、传递、共享和增值的主要场所，网络通信服务商是价值运行的渠道，设备制造商通过技术水平的提升为价值创造提供基础和实现方式，系统集成服务商了解用户需求，通过软件和解决方案获取价值元素，并交由专业应用服务商实施，完成产业链增值过程。

在整个物联网产业价值链中，设备提供商是目前物联网导入期最大的受益者。因为 RFID 和传感器需求量最为广泛，且厂商目前最了解客户需求。RFID 和传感器是整个网络

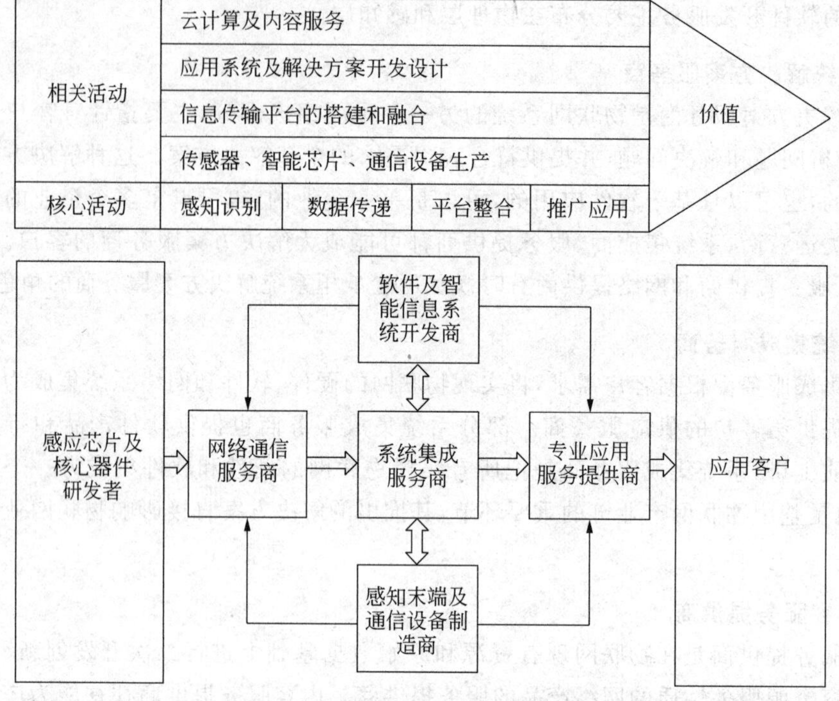

图 7.1 物联网产业链的价值结构模型

的触角，所以潜在需求量最大。

系统集成商是整个产业链中市场空间比较大的一块，在物联网发展中期将会开始受益，而且也最具有发展前景，是整个产业链中市场空间比较大的一块，因为物联网所包含的范围非常广，而且标准也五花八门，因此，在用户端进行项目实施时，需要集成商进行产品和应用方案的整合。不过，与传统 IT 集成商不同的是，系统集成商除了要对硬件产品和技术比较熟悉，对于行业的具体应用也要有很深的了解，甚至不只是一两个行业，必须要有很好的跨行业应用整合能力；否则很难成为合格的物联网解决方案集成商。

中间件与应用软件可谓是物联网产业链条中的关键因素，是其核心和灵魂。物联网软件包含 M2M 中间件和(嵌入式)Edgeware(也可统称为软件网关)、实时数据库、运行环境和集成框架、通用的基础构件库以及行业化的应用套件等。应用软件可以说是物联网产业链上市场空间最大的一块，针对行业的物联网应用软件开发商将面临巨大的发展机遇。

网络提供商目前在国内主要以电信运营商为主，其他企业很难参与进去。

运营及服务提供商是整个物联网产业链中最具持续性的。可以想象，未来物联网将会产生海量信息的处理和管理需求、个性化的数据分析的要求，这些需求必将催生物联网运营商的需求量，因此，对物联网运营商而言，面临的将是一个从无到有的市场，增长空间非常大。

7.2 系统集成

系统集成就是通过结构化的综合布线系统和计算机网络技术，将各个分离的设备(如 PC)、功能和信息等集成到相互关联的、统一和协调的系统中，使资源达到充分共享，实现集中、高效、便利的管理。系统集成应采用功能集成、网络集成、软件界面集成等多种集成技术。系统集成实现的关键在于解决系统之间的互联和互操作性问题,它是一个多厂商、多协议和面向各种应用的体系结构。这需要解决各类设备、子系统间的接口、协议、系统平台、应用软件等与子系统、建筑环境、施工配合、组织管理和人员配备相关的一切面向集成的问题。

系统集成的本质是最优化的综合统筹设计,对物联网应用系统而言,系统集成包括计算机软件、硬件、操作系统技术、数据库技术、网络通信技术等的集成以及不同厂家产品选型、搭配的集成。系统集成所要达到的目标是整体性能最优,即所有部件和成分合在一起后不但能工作,而且全系统是低成本的、高效率的、性能匀称的、可扩充性和可维护的系统,为了达到此目标,系统集成商的优劣是至关重要的。

7.2.1 系统集成技术的演变历程

系统集成技术的演变经历了10多年的时间,产生了几代从不成熟到逐渐成熟的集成技术,为企业带来不断增长的商业价值。

20世纪60年代到70年代期间,企业应用大多是用来替代重复性劳动的一些简单设计。当时并没有考虑到企业数据的集成,唯一的目标就是用计算机代替一些孤立的、体力性质的工作环节。

20世纪80年代,企业规模开始扩大,企业业务和数据日趋复杂,一些公司开始意识到应用集成的价值和必要性,很多公司的技术人员试图在企业系统整体概念的指导下对已经存在的应用进行重新设计,以便将它们集成在一起。此时,点到点的集成技术开始出现,在各个应用系统之间通过各自不同的接口进行点到点的简单连接,实现信息和数据的共享。

20世纪80年代末至90年代初,随着企业规模的进一步扩大,应用系统不断增加,简单的点到点连接已经很难满足不断增长的应用集成要求,企业迫切需要新的集成方法,既少写代码又无须巨额花费就将各种旧的应用系统和新的系统集成起来。EAI(Enterprise Application Integration,企业应用集成)技术的出现在一定程度上解决了这些问题,它采用CORBA/DCOM、MOM[①] 等技术,实现了对企业信息的集成,促进了企业的进一步发展。

20世纪90年代中后期,企业业务的迅速发展以及与电子商务的结合对应用集成解决方案提出了更高的要求,局限于信息集成的EAI集成技术很难实现企业业务流程的自动处理、管理和监控,基于BPI(Business Process Improvement,业务流程集成)的集成技术成为更加合适的集成选择方案。BPI集成技术通过实现对企业业务流程的全面分析管理,可以满足企业与客户、合作伙伴之间的业务需求,实现端到端的业务流程,顺畅企业内外的数据流、信息流和业务流。BPI集成技术是当前集成技术发展的主流。

BPI涵盖了EAI和BPM(Business Process Management,业务流程管理)/BAM(Business Activity Monitoring,业务活动监控)的概念,它实现跨越不同应用系统、人员、合作伙伴之间业务流程和信息的管理,具有图形化流程建模、模型驱动的业务流程管理、管理系统、人员和合作伙伴的活动、由上至下的建模、流程状态的全局可视性、流程模型的时间和

① CORBA(Common Object Request Broker Architecture,公共对象请求代理体系结构)、DCOM(Distributed Component Object Model,分布式组件对象模式)、MOM(Message Oriented Middleware,消息中间件)。

异常管理、业务流程分析和业务流程智能、动态反馈和业务流程的动态适应能力、支持 Web Service 等核心能力。可以简化企业业务流程,使其易于重用、管理、监控和扩展,能够使企业更高效、更经济地整合内部系统以及外部合作伙伴,从而为企业节省成本,提高投资回报率。

与 EAI 构架相比,基于 BPI 的第二代集成技术优势在于对业务流程的支持。BPI 集成从流程入手,是由上至下的集成方法,而 EAI 主要着眼于应用层和数据层的集成,是由下至上的集成方法。面向数据和应用集成的 EAI 技术大大削减以前点到点集成的成本,并提供了功能强大的消息中间件平台,但是,它适应新的商业模型的能力有限,对于企业业务流程的支持能力决定了它在竞争能力上的局限性;而 BPI 技术以流程为中心,并涵盖了 EAI 技术,顺畅了企业核心流程,提供实时错误检测和管理、自动化异常管理,使企业具有端到端可视能力,并能快速适应市场变化。

目前,集成技术正向第三代集成技术演变,即根据不同行业集成技术的特点,推出基于行业的预建构集成包,预先解决行业共性的问题,从而缩短集成项目开发周期。

7.2.2 系统集成的特点

系统集成有以下几个显著特点。

(1) 系统集成要以满足用户的需求为根本出发点。

(2) 系统集成不是选择最好产品的简单行为,而是要选择最适合用户的需求和投资规模的产品和技术。

(3) 系统集成不是简单的设备供货,它体现更多的是设计、调试与开发的技术和能力。

(4) 系统集成包含技术、管理和商务等方面,是一项综合性的系统工程。技术是系统集成工作的核心,管理和商务活动是系统集成项目成功实施的可靠保障。

(5) 性能以及性价比的高低是评价一个系统集成项目设计是否合理和实施是否成功的重要参考因素。

总之,系统集成是一种商业行为,也是一种管理行为,其本质是一种技术行为。

7.2.3 系统集成的分类

系统集成包括设备系统集成和应用系统集成。

1. 设备系统集成

设备系统集成,也可称为硬件系统集成,在大多数场合简称为系统集成或称为弱电系统集成,以区分于机电设备安装类的强电集成。它指以搭建组织机构内的信息化管理支持平台为目的,利用综合布线技术、楼宇自控技术、通信技术、网络互联技术、多媒体应用技术、安全防范技术、网络安全技术等将相关设备、软件进行集成设计、安装调试、界面定制开发和应用支持。设备系统集成也可分为智能建筑系统集成、计算机网络系统集成和安防系统集成。

(1) 智能建筑系统集成,指以搭建建筑主体内的建筑智能化管理系统为目的,利用综合布线技术、楼宇自控技术、通信技术、网络互联技术、多媒体应用技术、安全防范技术等将相关设备、软件进行集成设计、安装调试、界面定制开发和应用支持。智能建筑系统集成实施的子系统包括综合布线、楼宇自控、电话交换机、机房工程、监控系统、防盗报警、公共广播、门禁系统、楼宇对讲、一卡通、停车管理、消防系统、多媒体显示系统和远程会议系统。对于功能近似、统一管理的多幢住宅楼的智能建筑系统集成,又称为智能小区系统集成。

(2) 计算机网络系统集成,指通过结构化的综合布线系统和计算机网络技术,将各个分离的设备(如 PC)、功能和信息等集成到相互关联、统一协调的系统之中,使系统达到充分共享,实现集中、高效、便利的管理。系统集成应采用功能集成、网络集成、软件集成等多种集成技术,其实现的关键在于解决系统间的互联和互操作问题,通常采用多厂家、多协议和面向各种应用的架构,需要解决各类设备、子系统间的接口、协议、系统平台、应用软件等与子系统、建筑环境、施工配合、组织管理和人员配备相关的一切面向集成的问题。

(3) 安防系统集成,指以搭建组织机构内的安全防范管理平台为目的,利用综合布线技术、通信技术、网络互联技术、多媒体应用技术、安全防范技术、网络安全技术等将相关设备、软件进行集成设计、安装调试、界面定制开发和应用支持。安防系统集成实施的子系统包括门禁系统、楼宇对讲系统、监控系统、防盗报警、一卡通、停车管理、消防系统、多媒体显示系统和远程会议系统。安防系统集成既可作为一个独立的系统集成项目,也可作为一个子系统包含在智能建筑系统集成中。

2. 应用系统集成

应用系统集成,以系统的高度为客户需求提供应用的系统模式,以及实现该系统模式的具体技术解决方案和运作方案,即为用户提供一个全面的系统解决方案。应用系统集成已经深入到用户具体业务和应用层面,在大多数场合,应用系统集成又称为行业信息化解决方案集成。应用系统集成可以说是系统集成的高级阶段,独立的应用软件供应商将成为核心。

本节介绍的集成方法基本上都属于应用系统集成的范畴。

系统集成还包括构建各种不同操作系统的服务器,使各服务器间可以有效地通信,给客户提供高效的访问速度。

7.3 系统集成方案选型

企业应用集成应当与企业自身的各作业作为一个整体而存在,它可以协助企业更好地达到自身的经营目标。企业的管理层一般是出于降低运营成本、提高运营效率从而提高企业的应变能力和竞争力的目的而引进的企业应用集成方案。而企业应用集成更应该作为企业谋求长期利益和赢取战略性优势的手段。

信息集成解决方案有多种形式,可分为不同级别,方案的形成依赖于许多因素,包括公司的大小、行业类别、应用的集成度和项目的复杂度等。例如,适用于单个企业内部信息系统集成的用户界面集成方案,目前较为流行的完成数据复制的数据集成方案,适用于不同地域的 XML 传输集成方案以及 Web Service 集成方案等。

7.3.1 数据集成方案

数据集成是把不同来源、格式、特点及性质的数据在逻辑上或物理上有机地集中,从而为企业提供全面的数据共享。在很多情况下,这个过程十分重要。比如,商业领域中两个类似的公司需要合并他们的数据库、科学领域中不同的生物信息库中的研究成果整合。随着数据量和共享现有数据需求的爆炸式增长,数据集成提及的频率也日益增加,它已经成为大量理论工作的焦点,各种不同的开放性问题等待解决。其中数据集成面临的一个很重要的问题就是数据格式、类型等方面的不同造成的数据访问差异性,也就是异构数据集成的问题。

下面说明异构数据的定义。异构数据是指由数据资源在计算机体系结构、操作系统、数据库、数据格式等方面的不同而导致的在数据读写方面存在很大差异性的数据。

根据因数据格式、类型不同导致的读写方法上的差异性,可以把数据资源分为 3 类,即结构化数据、非结构化数据和半结构化数据。

结构化数据主要是指具有固定的结构、规范的表现形式以及一致的基本属性的一类数据。这类数据通常存储在数据库中,由于数据库具有严格的格式定义和数据约束,往往同一数据库中的数据在读写等操作上具有很强的一致性,而且非常方便。但是,在信息系统构建之初,各种不同的信息系统采用的数据库管理系统不同,数据库设计和实施方法千差万别,在企业信息化不断建设过程中,如何共享这些异构数据库中的结构化数据是很重要的一个问题,即异构数据库集成问题。

非结构化数据是指与结构化数据相比,不方便用数据库二维关系表现或无额外附带信息进行描述的数据。这类数据在格式方面没有明确的规范约束,在内容方面通常以各种多样化、不规则的形式存在,如比较常见的文本文档、电子表格和图片等。

半结构化数据是指表示格式不像数据库中的结构化数据那样严格规整,结构方面存在着很大的灵活性和可扩展性,方便用户自定义,又不像非结构化数据那样无附带描述信息,而是可以进行自我描述的数据。它是介于结构化数据和非结构化数据之间的数据表示形式。比如比较常见的互联网中的 Web 页面,以 HTML 或者 XML 形式存在的数据,具有一定的自我描述功能。

异构数据集成是指屏蔽异构数据源读写操作上的差异性,包括基于关系数据库的结构化数据、基于 XML 的半结构化数据和以不同格式文档形式存在的非结构化数据,把这些访问方法不同的数据进行物理或者逻辑的集中,进一步提供一致全面的数据共享方法,使用户感觉不到数据的多源性和异构性,访问这些数据源像访问一个数据源。

数据集成发生在企业内的数据库和数据源级别,通过将数据从一个数据源移植到另一个数据源来完成数据集成。数据集成是现有信息集成解决方案中最普遍的一种形式。数据集成跳过了原有系统的表示层与应用逻辑模块,通过中间件直接进入应用软件的数据结构或数据库来创建新的集成,数据集成模型结构如图 7.2 所示。

目前,数据集成的主要方式有数据复制、数据邦联和面向接口集成。具体来说,数据复制是指从一个应用数据源中直接复制出需要的数据;数据邦联是将多数据库邦联整合成一个中间件,即一个统一视图的虚拟数据库,该中间件层次可用来整合各数据库的资源和对应的应用;数据库与数据仓库技术,是将各个数据源的数据预先集成,并存在共享库中,供用户直接查询和分析使用。

数据集成方案能很好地处理与数据管理相关的数据存储、检索、转换、可伸缩性、可靠性和可用性等方面的难题,数据集成方案也正在迅速适应物流应用程序引入的数据和访问模式的多样性。

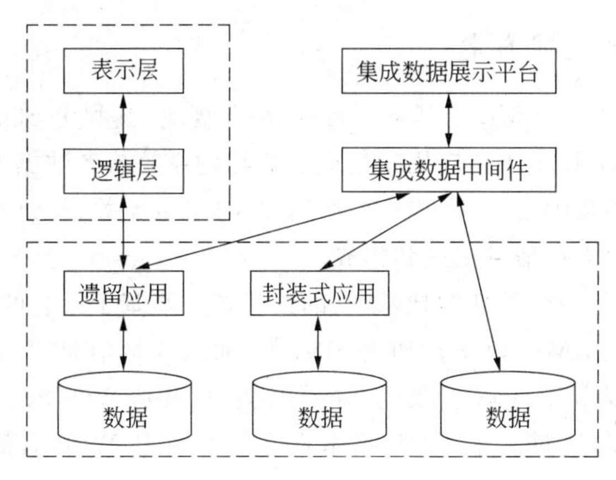

图 7.2 数据集成模型示意图

数据集成通常用于以下几种情况。

(1) 信息源较多,需要整合不同信息源中的数据进行处理,从而辅助相关决策。例如,从多个包含过磅数据的数据源获取相关的过磅数据,并将其传输给理货应用。

(2) 同时需要为多个应用提供某种权限,从而需要处理好相应的数据并发操作,如不同的部门和操作人员同时需要对货物装卸数据进行提取和分析。

(3) 需要将数据在不同格式的数据源中进行转化、处理和同步。例如,当有客户的信息进行修改以后,需要将相应的信息进行提取并处理,同时同步更新其他数据源中的信息,以保障各个数据源之中的信息同步。

7.3.2 业务流集成方案

以业务流程为中心并且负责企业遗留系统和应用程序之间的协调,在链接到应用程序的同时为自动业务流程处理提供智能化的工具;业务流程集成是一套被自动处理和被组件/服务以及人们执行的终端到终端的协调合作与交易的工作活动/任务,从而达到所要求的业务结果或者是达到业务目标,业务活动监测也是业务流程集成的重要组成部分。

作为系统集成的关键环节,业务流程的集成基于业务流程架构,将其与其他资源进行整合,从而实现将企业的业务数据、应用和服务等进行集成。同时,除了针对一个企业内部,业务流集成方案还可以应用于企业间的业务集成,从而将不同企业的业务流程进行集成,实现共享。面向业务流程的集成主要用来解决以业务流程为主要处理对象的企业集成问题,因此较常应用于供应链企业。

业务流集成方案应用过程集成模型对相关的业务和信息传递的方法进行设计和处理,通过一些可视化的监控设计,可以对企业的相关作业流程进行随时的掌握和控制。同时,通过将企业业务过程和其他资源、数据进行的有效结合,可以将企业的多模块下的业务数据、作业应用功能以及服务进行集成。在供应链企业之间,也可以应用业务流程的集成,将多企业的相关业务应用和服务进行集成,从而形成完整的作业链之间的无缝衔接。不过在处理企业间集成问题的时候,需要将企业间的业务进行两两对接,并且针对业务流程的设计需要反复讨论,工作量较大。

7.3.3 Web Service集成方案

Web Service是一种以XML为基础开发的Web规范，其利用SOAP协议[①]与其他系统进行互动。Web Service技术主要应用中集成企业异构系统或者数据上，其目标就是在企业遗留的各种异构系统的基础之上，搭建一个通用的、与平台无关、与语言无关的平台，各个遗留系统可以依靠此平台进行信息交换和集成。

Web Service并不是一个纯新的技术，它的技术核心是基于已有的一系列开放的技术规范和标准上，如HTTP、XML、SOAP和WSDL等，而这也恰恰是Web Service技术迅速发展的一个重要原因。Web Service发展迅速的另一个原因是Web Service技术的简单性，无论是其使用的网络协议，还是基于XML技术定义的SOAP、WSDL，都集成了原有的、已经被广泛接受的技术。

目前的基于Web Service技术的应用集成，则是在组件和消息中间件的基础上，结合XML标准所形成的一种最为松散的应用集成方式；在集成范围上，Web Service集成方案适用于企业范围和跨企业的不同应用之间的集成。利用Web Service技术可以方便地集成供应链中的异构系统。该方案不需要对原管理信息系统进行修改作业，在不对原业务系统的应用产生大的影响的前提下，在原生产业务系统的基础上创建SOAP接口，就可以方便地实现系统之间的集成和衔接，并且可以进行系统间的数据访问和相应的操作。在面向供应链企业的信息集成过程中，企业应用系统中原先已经存在的Web服务可以利用集成平台方便的参与集，同时也可以通过集成平台设计和暴露新的Web服务。

与传统的信息集成方案进行比较，可以发现Web Service集成方案具有以下优势。

(1) 便捷。与一些较为传统的系统集成方案相比较，Web Service集成方案在设计、开发、维护和使用上具有更高的便捷性，从而使在多个应用系统之间创建连接变得更为容易。

(2) 开放标准。Web Service集成方案中应用的是一些开放的标准，如XML、UDDI、SOAP和HTP，因此避免了企业为了信息集成而对相关技术的投资。

(3) 灵活。传统的系统集成方案是一种点对点的集成，当其中一方发生改变的时候，需要通知另一方，才能保证改变的可行性，因此整个集成相对来说很死板，一旦发生变化，就需要投入很高的开发时间和精力。相比之下，Web Service集成方案由于暴露的是接口，内部处理并不影响其他系统对于数据的访问和操作或是影响不大，因此它具有更高的灵活性。

(4) 效率高。传统系统集成方案中，某个业务系统中较大的应用会作为一个单独的实体而存在，然后进行集合。然而基于Web Service的集成方案允许企业先把自身业务系统中的不同应用划分为一些小的处理逻辑组件，之后集成的时候将其进行包装和发布即可。因此，操作性强，且集成得更高效。

(5) 动态性。相对于传统集成方案的静态性，Web Service集成是通过提供动态的服务接口来实现集成的。

Web Service可以广泛应用在供应链企业的协作中，与传统数据集成和业务流程集成方

---

① SOAP(Simple Object Access Protocol，简单对象访问协议)是交换数据的一种协议规范，是一种轻量的、简单的、基于XML的协议，它被设计成在Web上交换结构化的和固化的信息。

式相比，Web Service集成方案具有更加灵活和轻型的构建方式。总体而言，Web Service技术为实现供应链中企业间的应用集成提供了最有力的支持。因此本书主要选择基于Web Service技术的商品汽车信息集成系统构建方案。

由以上分析可以得出，选用Web Service作为新的系统集成方案确实是一个不错的选择。随着基于开放标准的Web Service技术的发展，人们很快认识到基于服务的功能整合的优势将越来越明显。

7.4 小结

对物联网应用系统而言，系统集成包括计算机软件、硬件、操作系统技术、数据库技术、网络通信技术等的集成，以及不同厂家产品选型、搭配的集成。其典型的应用就是智能家居系统集成。

智能家居系统集成是通过各种网络技术把家庭中各种异构的设备互联到一起，同时，把家庭的设备和Internet互联到一起，使得设备与设备之间、设备与Internet之间能够相互通信，实现设备的相互操作、管理、信息共享等应用，来满足人们对居住环境在高效、舒适、安全、便利、环保等方面的需求。

第 8 章　物联网系统测试

本章的主要知识点包括系统测试的基本概念、软件测试、硬件测试和无线传感器网络测试等内容。

8.1　系统测试概述

系统测试是将已经确认的软件、硬件、网络等其他元素结合在一起，进行系统的各种组装测试和确认测试。系统测试是针对整个产品系统进行的测试，目的是验证系统是否满足了需求规格的定义，找出与需求规格不符或与之矛盾的地方，从而提出更加完善的方案。

系统测试发现问题之后要经过调试找出错误原因和位置，然后进行改正，是基于系统整体需求说明书的测试，应覆盖系统所有联合的部件。对象不仅仅包括需测试的软件，还要包含软件所依赖的硬件，甚至包括某些数据、某些支持软件及其接口等。

测试的主要内容包括以下两项。

(1) 功能测试。即测试软件系统的功能是否正确，其依据是需求文档，如《产品需求规格说明书》。由于正确性是软件最重要的质量因素，所以功能测试必不可少。

(2) 健壮性测试。即测试软件系统在异常情况下能否正常运行的能力。健壮性有两层含义：一是容错能力；二是恢复能力。

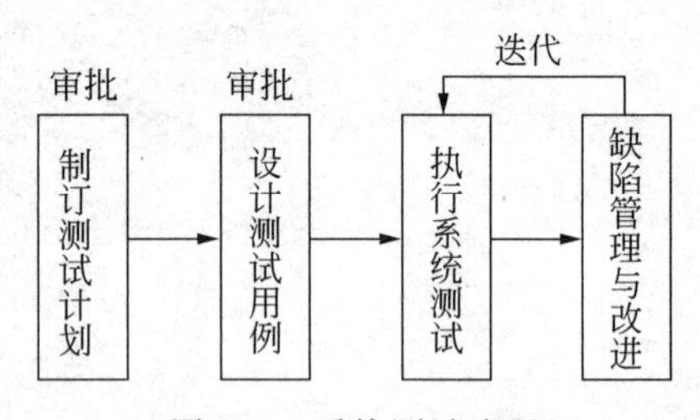

图 8.1　系统测试流程

系统测试的流程如图 8.1 所示。

1. 制订系统测试计划

系统测试小组各成员共同协商测试计划。测试组长按照指定的模板起草《系统测试计划》。该计划主要包括以下内容。

(1) 测试范围(内容)。

(2) 测试方法。

(3) 测试环境与辅助工具。

(4) 测试完成准则。

(5) 人员与任务表。

项目经理审批《系统测试计划》。该计划被批准后，进行下面的步骤。

2. 设计系统测试用例

(1) 系统测试小组各成员依据《系统测试计划》和指定的模板，设计(撰写)《系统测试用例》。

(2) 测试组长邀请开发人员和同行专家,对《系统测试用例》进行技术评审。

该测试用例通过技术评审后,进行下面的步骤。

3. 执行系统测试

(1) 系统测试小组各成员依据《系统测试计划》和《系统测试用例》执行系统测试。

(2) 将测试结果记录在《系统测试报告》中,用“缺陷管理工具”来管理所发现的缺陷,并及时通报给开发人员。

4. 缺陷管理与改进

(1) 在1~3中,任何人发现软件系统中的缺陷时都必须使用指定的“缺陷管理工具”。该工具将记录所有缺陷的状态信息,并可以自动产生《缺陷管理报告》。

(2) 开发人员及时消除已经发现的缺陷。

(3) 开发人员消除缺陷之后应当马上进行回归测试,以确保不会引入新的缺陷。

8.2 软件测试

软件测试是使用软件自动或者人工操作手段来运行测试某个系统,同时是为了发现程序中的错误也是执行程序的过程,寻找软件错误的测试,若成功的软件测试,就很可能是一项新的软件测试手段,不但能发现并改正软件中的错误,还可以进一步提升软件的质量。

软件测试的目的在于检验软件是否满足规定需求、弄清预期与实际结果之间的差别。软件开发中质量控制的一个重要步骤是软件测试,其目的是找出程序中的缺陷,以便能够尽早发现软件的问题并解决问题,确保能够完善软件的预期相关功能,将软件分成由低层到高层,争取在最短时间内建立标准的软件质量模型。

软件测试应该贯穿于整个软件开发生命周期的一个完整过程,测试的尽早介入是软件测试的一个基本原则;将软件测试仅仅看作是运行软件工作产品进行相关的检查活动或者软件开发的一个阶段,这不是系统化测试的理念。为了有效地实现软件测试各个层面的测试目标,需要和软件开发过程一样,定义一个正式而完整的软件测试过程,即涉及各个软件测试活动、技术、文档等内容的过程,来指导和管理软件测试活动,以提高测试效率和测试质量,同时改进软件开发过程和测试过程。

8.2.1 软件测试分类

软件测试可以根据以下几种方式进行分类。

(1) 按测试阶段划分,可以分为单元测试、集成测试、系统测试和验收测试。

① 单元测试。单元测试是对软件中的基本组成单位进行的测试。目的是检验软件基本组成单位的正确性。

② 集成测试。集成测试是在软件系统集成过程中所进行的测试。目的是检查软件单位之间的接口是否正确。

③ 系统测试。系统测试是对已经集成好的软件系统进行彻底的测试,以验证软件系统的正确性和性能等是否满足其规约所指定的要求。

④ 验收测试。验收测试是部署软件之前的最后一个测试操作。验收测试的目的是确保软件准备就绪,向软件购买者展示该软件系统满足其用户的需求。

(2) 按是否查看源代码划分,可以分为白盒测试、黑盒测试和灰盒测试。

① 黑盒测试,指的是把被测的软件看作是一个黑盒子,不去关心盒子里面的结构是什么样子的,只关心软件的输入数据和输出结果。

它只检查程序功能是否按照需求规格说明书的规定正常使用,程序是否能适当地接收输入数据而产生正确的输出信息。黑盒测试着眼于程序外部结构,不考虑内部逻辑结构,主要针对软件界面和软件功能进行测试。

② 白盒测试,指的是把盒子盖子打开,去研究里面的源代码和程序结果。

它是按照程序内部的结构测试程序,通过测试来检测产品内部动作是否按照设计规格说明书的规定正常进行,检验程序中的每条通路是否都能按预定要求正确工作。

③ 灰盒测试介于黑盒测试与白盒测试之间。

可以这样理解,灰盒测试关注输出对于输入的正确性,同时也关注内部表现,但这种关注不像白盒那样详细、完整,只是通过一些表征性的现象、事件、标志来判断内部的运行状态,有时候输出是正确的,但内部其实已经错误了,这种情况非常多,如果每次都通过白盒测试来操作,效率会很低,因此需要采取这样的一种灰盒的方法。

(3) 按是否运行程序划分,可以分为静态测试和动态测试。

静态测试就是不实际运行被测软件,而只是静态地检查程序代码、界面或文档中可能存在的错误的过程。

动态测试,指的是实际运行被测程序,输入相应的测试数据,检查实际输出结果和预期结果是否相符的过程,所以判断一个测试属于动态测试还是静态测试,唯一的标准就是看是否运行程序。

(4) 除了以上划分方法,还有回归测试、冒烟测试和随机测试。

这 3 种测试在软件功能测试过程中,既不算具体明确的测试阶段也不算是具体的测试方法。

① 冒烟测试。冒烟测试是指在对一个新版本进行系统大规模的测试之前,先验证一下软件的基本功能能否实现、是否具备可测性。

引入到软件测试中,就是指测试小组在正规测试一个新版本之前,先投入较少的人力和时间验证一个软件的主要功能,如果主要功能都没有实现,则打回开发组重新开发。这样做的好处是可以节省大量的时间成本和人力成本。

② 回归测试。回归测试是指修改了旧代码后,重新运行测试以确认修改后没有引入新的错误或导致其他代码产生错误。

回归测试一般是在进行软件的第二轮测试开始的,验证第一轮中发现的问题是否得到修复。当然,回归也是一个循环的过程,如果回归的问题通不过,则需要开发人员修改后再次进行回归,直到通过为止。

③ 随机测试。随机测试是指测试中的所有输入数据都是随机生成的,其目的是模拟用户的真实操作,并发现一些边缘性的错误。

随机测试可以发现一些隐蔽的错误,但是也有很多缺点,比如测试不系统,无法统计代码覆盖率和需求覆盖率,发现的问题难以重现。一般是放在测试的最后执行。

随机测试更专业的升级版叫做探索性测试。探索性测试可以说是一种测试思维技术。它没有很多实际的测试方法、技术和工具,但是却是所有测试人员都应该掌握的一种测试思维方式。探索性强调测试人员的主观能动性,抛弃繁杂的测试计划和测试用例设计过程,强调在碰到问题时及时改变测试策略。

探索性测试应该是未来测试领域的一个方向。

8.2.2 软件测试过程

软件测试过程按测试的先后顺序可以分为单元测试、集成测试、系统测试和验收测试。

1. 单元测试阶段

(1) 模块接口测试。通过所测模块的数据流进行测试。调用所测模块时的输入参数与模块的形式参数的个数、属性和顺序是否匹配。

(2) 局部数据结构测试。局部数据结构是为了保证临时存储在模块内的数据在程序执行过程中完整、正确,模块的局部数据结构往往是错误的根源。

(3) 路径测试。对模块中重要的执行路径进行测试。

(4) 错误处理测试。比较完善的模块设计要求能预见出错的条件,并设置适当的出错处理机制,以便在一旦程序出错时,能对出错程序重做安排,保证其逻辑上的正确性。

(5) 边界条件测试。软件经常在便捷上失效,边界条件测试是一项基础测试,也是后面系统测试中功能测试的重点。

2. 集成测试阶段

(1) 把各个模块连接起来时,穿越模块接口的数据是否会丢失。

(2) 各个子模块组合起来,能否达到预期要求的功能。

(3) 一个模块的功能是否会对另一个模块的功能产生不利影响。

(4) 全局数据结构是否有问题。

(5) 单个模块的误差积累起来是否会被放大,从而达到不可接受的程度。

3. 系统测试阶段

一般系统的主要测试工作都集中系统测试阶段。根据不同的系统,所进行的测试种类也很多。系统测试阶段,主要进行的工作包括以下几项。

(1) 功能测试。这是对产品的各功能进行验证,以检查是否满足需求的要求。

功能测试的大部分工作也是围绕软件的功能进行,设计软件的目的也就是满足客户对其功能的需求。如果偏离这个目的,任何测试工作都是没有意义的。

功能测试又可以细分为很多种,如逻辑功能测试、界面测试、易用性测试、安装测试和兼容性测试等。

(2) 性能测试。这是通过自动化测试工具模拟多种正常、峰值以及异常负载条件来对系统的各项性能指标进行测试。

软件的性能包括很多方面,主要有时间性能和空间性能两种。

① 时间性能。其主要是指软件的一个具体的响应时间,如一个登录所需要的时间、一

个交易所需要的时间等。当然，抛开具体的测试环境，来分析一次事务的响应时间是没有任何意义的。需要搭建一个具体且独立的测试环境。

② 空间性能。其主要指软件运行时所消耗的系统资源，如硬件资源、CPU、内存、网络带宽消耗等。

(3) 安全测试。检查系统对非法入侵的防范能力。

安全测试是在软件产品的生命周期中，特别是产品开发基本完成到发布阶段，对产品进行检验以验证产品是否符合安全需求定义和产品质量标准的过程。

安全测试越来越受到企业的关注和重视，是由于安全性问题造成的后果是不可估量的，尤其对于互联网产品最容易遭受各种安全攻击。

(4) 兼容测试。兼容性测试主要是测试系统在不同的软、硬件环境下是否能够正常运行。

4. 验收测试阶段

其包括功能确认测试、安全可靠性测试、易用性测试、可扩充性测试、兼容性测试、资源占用率测试和用户文档资料验收。

8.2.3 软件测试的原则

软件测试从不同的角度会派生出两种不同的测试原则，从用户的角度出发，就是希望通过软件测试能充分暴露软件中存在的问题和缺陷；从开发者的角度出发，就是希望测试能表明软件产品不存在错误，已经正确地实现了用户的需求。

为了达到上述原则，需要注意以下几点。

(1) 所有的测试都应追溯到用户需求。因为软件的目的是使用户完成预定的任务，满足其需求，而软件测试揭示软件的缺陷和错误，一旦修正这些错误就能更好地满足用户需求。

(2) 应尽早且不断地进行软件测试。由于软件的复杂性和抽象性，在软件生命周期各阶段都可能产生错误，所以不应把软件测试仅仅看作是软件开发的一个独立阶段，而应当把它贯穿到软件开发的各个阶段。在需求分析和设计阶段就应开始进行测试工作，编写相应的测试计划及测试设计文档，同时坚持在开发各阶段进行技术评审和验证，这样才能尽早发现和预防错误，杜绝某些缺陷和错误，提高软件质量，测试工作进行得越早，越有利于提高软件的质量，这是预防性测试的基本原则。

(3) 在有限的时间和资源下进行完全测试，找出软件所有的错误和缺陷是不可能的，软件测试不能无限进行下去，应适时终止。因为，测试输入量大、输出结果多、路径组合太多，用有限的资源来达到完全测试是不现实的。

(4) 测试只能证明软件存在错误而不能证明软件没有错误，测试无法显示潜在的错误和缺陷，进一步测试可能还会找到其他错误和缺陷。

(5) 充分关注测试中的集群现象。在测试的程序段中，若发现的错误数目多，则残存在其中的错误也越多，因此应当花较多的时间和代价测试那些具有更多错误数目的程序模块。

(6) 开发人员原则上应避免测试自己的程序。考虑到人们的心理因素，自己揭露自己程序中的错误是件不愉快的事，自己不愿意否认自己的工作；另外，由于思维定式，自己难以发现自己的错误。因此,测试一般由独立的测试部门或第三方机构进行。

(7) 尽量避免测试的随意性。软件测试是有组织、有计划、有步骤的活动,要严格按照测试计划进行,要避免测试的随意性。

(8) 妥善保存一切测试过程文档,测试的重现性往往要靠测试文档。

为了发现更多的错误让系统更完善,设计测试用例时不但要选择合理的输入数据作为测试用例,而且要选择不合理的输入数据作为测试用例,使系统能应付各种情况。

测试过程不但要求软件开发人员参与,而且一般要求有专门的测试人员进行测试,并且还要求用户参与,特别是验收测试阶段,用户是主要的参与者。

8.2.4 静态测试和动态测试

从静态测试的概念可以知道,它包括了代码测试、界面测试和文档测试 3 个方面。

对于代码测试,主要测试代码是否符合相应的标准和规范。

对于界面测试,主要测试软件的实际界面与需求中的说明是否相符。

对于文档测试,主要测试用户手册和需求说明是否符合用户的实际需求。

其中后两者的测试容易一些,只要测试人员对用户需求很熟悉,并比较细心就很容易发现界面和文档中的缺陷。而对程序代码的静态测试要复杂得多,需要按照相应的代码规范模板来逐行检查程序代码。那么从哪里能够获得这个规范模板呢?其实没有一个统一的标准,一般来讲,开发者公司内部都有自己的编码规范,如《C/C++ 编码规范》,测试人员只需要按照其中的条目逐条测试就可以了。一些白盒测试工具中就自动集成了各种语言的编码规范,如 Parasoft 公司的 C++ Test 就集成了 C/C++ 的编码规范,只要单击一个按钮,这些工具就会自动检测代码中不符合语法规范的地方,非常方便。

1. 静态测试的优点

① 不必动态地运行程序,不必设计测试用例,不用判读结果。

② 可以由人工进行,充分发挥人的逻辑思维优势,检测出错误的水平很高。

③ 不需要特别条件,容易开展。

下面通过一个实际的例子说明 C 语言程序的静态分析和动态分析。

```
#include <stdio.h>
max(float x, float y)
{
    float z;
    z=x>y?x:y;
    return(z);
}
main()
{
   float a, b;
   int c;
   scanf("%f, %f",&a,&b);
   c=max(a,b);
```

```
    printf("Max is %d\n", c);
}
```

这段用C语言编写的小程序比较简单，实现的功能为：在主函数里输入两个单精度的数a和b，然后调用max子函数来求a和b中的大数，最后将大数输出。

现在就对代码进行静态分析，主要根据一些C语言的基础知识来检查。

把问题分为两种：一种是必须修改的；另一种是建议修改的。

必须修改的问题有以下3个。

(1) 程序没有注释。注释是程序中非常重要的组成部分，一般占到总行数的1/4左右。程序开发出来不仅是给程序员看的，其他程序员和测试人员也要看。有了注释，别人就能很快地了解程序实现的功能。注释应该包含作者、版本号和创建日期等以及主要功能模块的含义。

(2) 子函数max没有返回值的类型。由于类型为单精度，可以在max()前面加一个float类型声明。

(3) 精度丢失问题。大家注意“c=max(a,b)”语句，c的类型为整型int，而max(a,b)的返回值z为单精度float，将单精度的数赋值给一个整型的数，C语言的编译器会自动地进行类型转换，将小数部分去掉，比如z=2.5，赋给c则为2，最后输出的结果就不是a和b中的大数，而是大数的整数部分。

建议修改的问题也有3个。

(1) main函数没有返回值类型和参数列表。虽然main函数没有返回值和参数，但是将其改为void main(void)，来表明main函数的返回值和参数都为空，因为在有的白盒测试工具的编码规范中，如果不写void会认为是个错误。

(2) 一行代码只定义一个变量。

(3) 程序适当加些空行。空行不占内存，会使程序看起来更清晰。

程序修改如下。

```
#include <stdio.h>
float max(float x, float y)                        //返回两个单精度数中的大数
{
    float z;
    z=x>y?x:y;
    return(z);
}
void main(void)
{
    float a;
    float b;
    int c;

    scanf("%f,  %f", &a, &b);
    c=max(a,b);
    printf("Max is %d\n", c);
}
```

根据上面的分析来编写一个简单的C语言代码规范(见表8.1)。

表8.1 简单的C语言代码规范

规范编号	规范内容	是否通过
1	一行代码只做一件事情	
2	代码行的最大长度控制在70～80个字;否则不便于阅读和打印	
3	函数和函数之间,定义语句和执行语句之间加空行	
4	在程序开头加注释,说明程序的基本信息;重要的函数模块加注释,说明函数的功能	
5	低层次的语句比高层次的缩进一个Tab格(4个空格)	
6	不要漏掉函数的参数和返回值,如果没有则用void表示	

2. 动态测试的特点

(1) 实际运行被测程序,取得程序运行的真实情况和动态情况,再进行分析。

(2) 必须生成测试数据来运行程序,测试质量依赖于测试数据。

(3) 生成测试数据、分析测试结果的工作量很大,开展测试工作费时、费力。

(4) 动态测试中涉及多方面的工作,人员多、设备多、数据多,要求有较好的管理和工作规程。

还是以前面的那段代码为例,实际运行修改后的程序,输入1.2和3.5两个实数,按Enter键,得到结果3.500000,与预期的相符合。

这是一个动态测试的过程。可能有的读者会问,以上过程不也是黑盒测试的过程吗?黑盒、白盒和动态、静态,它们之间有什么关系呢?

它们只是测试的不同角度而已,同一个测试,既有可能是黑盒测试,也有可能是动态测试;既有可能是静态测试,也有可能是白盒测试。

黑盒测试有可能是动态测试(运行程序,看输入输出),也有可能是静态测试(不运行,只看界面)。

白盒测试有可能是动态测试(运行程序并分析代码结构),也有可能是静态测试(不运行程序,只静态查看代码)。

动态测试有可能是黑盒测试(运行,只看输入输出),也有可能是白盒测试(运行并分析代码结构)。

静态测试有可能是黑盒测试(不运行,只查看界面),也有可能是白盒测试(不运行,只查看代码)。

8.2.5 测试用例设计

测试用例就是一个文档,描述输入、动作或者时间和一个期望的结果,其目的是确定应用程序的某个特性是否正常工作。

1. 测试用例的基本要素

软件测试用例的基本要素包括测试用例编号、测试标题、重要级别、测试输入、操作步骤和预期结果。

1）用例编号

测试用例的编号有一定的规则。比如系统测试用例的编号这样定义规则：PROJECT1-ST-001，命名规则是项目名称＋测试阶段类型（系统测试阶段）＋编号。定义测试用例编号，便于查找测试用例，也便于测试用例的跟踪。

2）测试标题

对测试用例的描述，测试用例标题应该清楚表达测试用例的用途，如“测试用户登录时输入错误密码时软件的响应情况”。

3）重要级别

定义测试用例的优先级别，可以笼统地分为4个不同的等级。

4）输入限制

提供测试执行中的各种输入条件。根据需求中的输入条件，确定测试用例的输入。测试用例的输入对软件需求中的输入有很大的依赖性，如果软件需求中没有很好地定义需求的输入，那么测试用例设计中会遇到很大的障碍。

5）操作步骤

提供测试执行过程的步骤。对于复杂的测试用例，测试用例的输入需要分为几个步骤完成，这部分内容在操作步骤中详细列出。

6）预期结果

提供测试执行的预期结果，预期结果应该根据软件需求中的输出得出。如果在实际测试过程中，得到的实际测试结果与预期结果不符，那么测试不通过；反之则测试通过。

软件测试用例的设计主要从上述6个要素进行考虑，结合相应的软件需求文档，在掌握一定测试用例设计方法的基础上，可以设计出比较全面、合理的测试用例。

2. 测试用例方法

黑盒测试用例设计方法包括等价类划分法、边界值分析法、错误推测法、因果图法、判定表驱动法、正交试验设计法和功能图法等。

白盒测试把测试对象看作一个打开的盒子，允许测试人员利用程序内部的逻辑结构及有关信息，设计或选择测试用例，对程序所有逻辑路径进行测试。通过在不同点检查程序的状态，确定实际的状态是否与预期的状态一致。

不论是黑盒测试还是白盒测试，都不可能把所有可能的输入数据都拿来进行穷举测试。因为可能的测试输入数据数目往往达到天文数字。下面来看两个例子。

假设一个程序 P 有输入 X 和 Y 及输出 Z，参看图8.2。在字长为32位的计算机上运行。如果 X、Y 只取整数，考虑把所有的 X、Y 值都作为测试数据，按黑盒测试方法进行穷举测试，力图全面、无遗漏地“挖掘”出程序中的所有错误。这样做可能采用的测试数据组（X_i，Y_i）的最大可能数目为 2^{64}。如果程序 P 测试一组 X、Y 数据需要1ms，且一天工作24h，一年工作365天，要完成 2^{64} 组测试，需要5亿年。

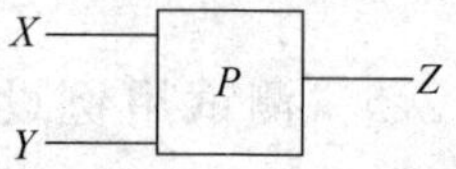

图8.2　黑盒子

而对一个具有多重选择和循环嵌套的程序，不同的路径数目也可能是天文数字。假设给出一个图8.3所示的小程序的流程图，其中包括了一个执行达20次的循环。那么它所包含的不同执行路径数高达 5^{20} 条，若要对它进行穷举测试，覆盖所有的路径。假使测试程序对每一条路径进行测试需要 1ms，同样假定一天工作 24h，一年工作 365 天，那么要想把图 8.3 所示的小程序的所有路径测试完，则需要 3170 年。

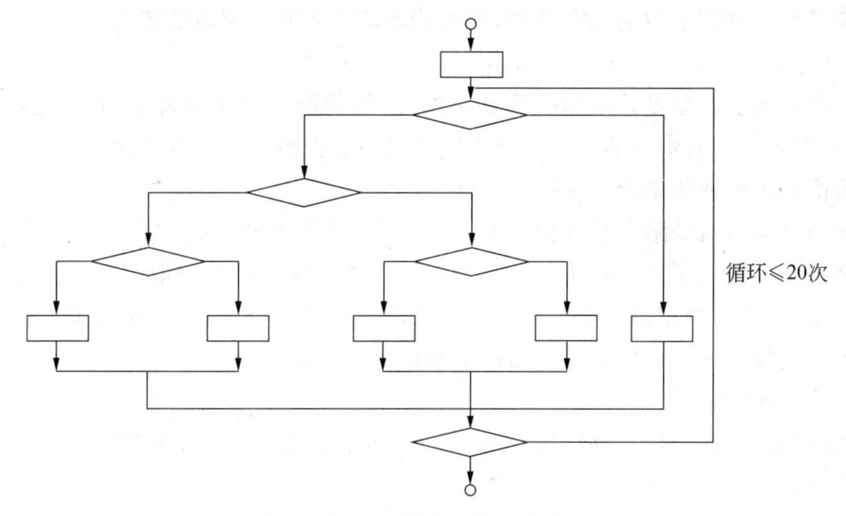

图 8.3 白盒测试中的穷举测试

以上的分析表明，实行穷举测试，由于工作量过大，实施起来是不现实的。任何软件开发项目都要受到期限、费用、人力和机时等条件的限制，尽管为了充分揭露程序中所有隐藏错误，需要针对所有可能的数据进行测试，但事实说明这样做是不可能的。

软件工程的总目标是充分利用有限的人力、物力资源，高效率、高质量、低成本地完成软件开发项目。在测试阶段既然穷举测试不可行，为了节省时间和资源、提高测试效率，就必须要从数量极大的可用测试用例中精心地挑选少量的测试数据，使得采用这些测试数据能够达到最佳的测试效果，能够高效率地把隐藏的错误揭露出来。

白盒测试的典型方式是逻辑覆盖。逻辑覆盖是以程序内部的逻辑结构为基础的设计测试用例的技术。这一方法要求测试人员对程序的逻辑结构有清楚的了解，甚至要能掌握源程序的所有细节。由于覆盖测试的目标不同，逻辑覆盖又可分为语句覆盖、判定覆盖、判定—条件覆盖、多重条件覆盖及路径覆盖。

1）语句覆盖

语句覆盖就是设计若干个测试用例，运行被测程序，使得每一可执行语句至少执行一次。这种覆盖又称为点覆盖，它使得程序中每个可执行语句都得到执行，但它是最弱的逻辑覆盖，效果有限，必须与其他方法交互使用。

2）判定覆盖

判定覆盖就是设计若干个测试用例运行被测程序，使得程序中每个判断的取真分支和取假分支至少经历一次。判定覆盖又称为分支覆盖。

判定覆盖只比语句覆盖稍强一些，但实际效果表明，只是判定覆盖，还不能保证一定能查出在判断的条件中存在的错误。因此，还需要更强的逻辑覆盖准则去检验判断内部条件。

3）条件覆盖

条件覆盖就是设计若干个测试用例，运行被测程序，使得程序中每个判断的每个条件的可能取值至少执行一次。

条件覆盖深入到判定中的每个条件，但可能不能满足判定覆盖的要求。

4）判定—条件覆盖

判定—条件覆盖就是设计足够的测试用例，使得判断中每个条件的所有可能取值至少执行一次，同时每个判断本身的所有可能判断结果至少执行一次。换言之，即是要求各个判断的所有可能的条件取值组合至少执行一次。

判定—条件覆盖有缺陷。从表面上来看，它测试了所有条件的取值。但是事实并非如此。往往某些条件掩盖了另一些条件。会遗漏某些条件取值错误的情况。为彻底地检查所有条件的取值，需要将判定语句中给出的复合条件表达式进行分解，形成由多个基本判定嵌套的流程图。这样就可以有效地检查所有的条件是否正确了。

5）多重条件覆盖

多重条件覆盖就是设计足够的测试用例，运行被测试程序，使得每个判断的所有可能的条件取值组合至少执行一次。

这是一种相当强的覆盖准则，可以有效地检查各种可能的条件取值的组合是否正确。它不但可覆盖所有条件的可能取值的组合，还可覆盖所有判断的可取分支，但可能有的路径会遗漏掉，测试还不完全。

6）路径测试

路径测试就是设计足够的测试用例，覆盖程序中所有可能的路径。这是最强的覆盖准则。但在路径数目很大时，真正做到完全覆盖是很困难的，必须把覆盖路径数目压缩到一定限度。

8.3 硬件测试和软件测试的区别

（1）测试目的不同。硬件测试的目的主要是保障硬件的可靠性，以及硬件和硬件的连接关系的正确性与准确性。软件测试的目的主要是保证软件流程的正确性，以及正确地应用逻辑关系。

（2）测试手段不同。硬件测试的手段，主要是针对硬件本身以及环境的测试，如老化测试、寿命测试、故障率测试等。软件测试，主要是通过对软件的输入进行控制，从而达到不同的测试结果，通过输入输出的差异比较测试是否正确和准确。

（3）测试工具不同。硬件测试更多的是使用硬件进行，如示波器等。软件测试相对来说，用到的只是数据性的工具或者软件。

（4）测试结果的稳定性不同。硬件测试有可能在相同的条件下（如相同的温度），出现不同的测试结果。软件测试的输入相同，如果没有引入随机数据，则其输出是相同的。

尽管有以上不同，但总体上的测试过程大致上是相同的。对物联网系统而言，涉及的主要硬件设备是传感器和 RFID，对这部分设备的测试主要是在单元测试阶段进行，测试的主要内容是是否满足功能和性能需求。

尽管在设备选型阶段，对传感器和RFID的选择已经充分考虑了两者在功能和性能方面的特性，但对整个系统设计而言，由于传感器网络设计的原因，还要考虑传感器的能耗以及传输功率能否满足实际需求。这部分测试工作则要在集成测试阶段完成。

8.4　系统集成测试

8.4.1　集成测试概述

集成测试(也叫组装测试、联合测试)是单元测试的逻辑扩展。它最简单的形式是：把两个已经测试过的单元组合成一个组件，测试它们之间的接口。从这一层意义上讲，组件是指多个单元的集成聚合。在现实方案中，许多单元组合成组件，而这些组件又聚合为程序的更大部分。方法是测试片段的组合，并最终扩展成进程，将模块与其他组的模块一起测试。最后，将构成进程的所有模块一起测试。此外，如果程序由多个进程组成，应该成对测试它们，而不是同时测试所有进程。

集成测试组合单元时出现的问题。通过使用要求在组合单元前测试每个单元并确保每个单元的生存能力的测试计划，可以知道在组合单元时所发现的任何错误很可能与单元之间的接口有关。这种方法将可能发生的情况数量减少到更简单的分析级别。一个有效的集成测试有助于解决相关的软件与其他系统的兼容性和可操作性的问题。

集成测试是在单元测试的基础上，测试在将所有的软件单元按照概要设计规格说明的要求组装成模块、子系统或系统的过程中各部分工作是否达到或实现相应技术指标及要求的活动。也就是说，在集成测试之前，单元测试应该已经完成，集成测试中所使用的对象应该是已经经过单元测试的软件单元。这一点很重要，因为如果不经过单元测试，那么集成测试的效果将会受到很大影响，并且会大幅增加软件单元代码纠错的代价。

集成测试是单元测试的逻辑扩展。在现实方案中，集成是指多个单元的聚合，许多单元组合成模块，而这些模块又聚合成程序的更大部分，如分系统或系统。集成测试采用的方法是测试软件单元的组合能否正常工作，以及与其他组的模块能否集成起来工作。最后，还要测试构成系统的所有模块组合能否正常工作。集成测试所持的主要标准是《概要设计规格说明》，任何不符合该说明的程序模块行为都应该加以记载并上报。

集成测试的目标是按照设计要求使用那些通过单元测试的构件来构造程序结构。单个模块具有高质量但不足以保证整个系统的质量。有许多隐蔽的失效是高质量模块间发生非预期交互而产生的。

以下两种测试技术适用于集成测试。

(1) 功能性测试。使用黑盒测试技术针对被测模块的接口规格说明进行测试。

(2) 非功能性测试。对模块的性能或可靠性进行测试。

另外，集成测试的必要性还在于一些模块虽然能够单独地工作，但并不能保证连接起来也能正常工作。在某些局部反映不出来的问题，有可能在全局上会暴露出来，影响功能的实现。此外，在某些开发模式中，如迭代式开发，设计和实现是迭代进行的。在这种情况下，集成测试的意义还在于它能间接地验证概要设计是否具有可行性。

集成测试是确保各单元组合在一起后能够按既定意图协作运行，并确保增量的行为正确。它所测试的内容包括单元间的接口以及集成后的功能。使用黑盒测试方法测试集成的功能,并且对以前的集成进行回归测试。

8.4.2 集成测试实例

一个智能家居系统,主要功能包括安防智能开关、RFID智能门禁、居室温湿度监测、烟雾监测、语音电话及温湿度智能报警、远程主机远程环境实时监测、基于LBS[①]的GPS定位等,以便实时发现家居隐患。

系统集成测试效果如图8.4所示。

图8.4 系统集成测试效果

当系统初始化时,安防系统自动打开,远程主机实时接收并计算手机GPS发送过来的坐标数据,对比主人事先设定的阈值。当智能家居与手机的距离小于设定的阈值时,安防系统自动关闭;当智能家居与手机的距离大于设定的阈值时,安防系统自动打开。

当安防智能开关系统开启时,智能门禁变为堵塞状态;当安防智能开关系统关闭时,智能门禁处于准备就绪状态。当智能门禁子系统堵塞时,RFID接收设备处于关闭状态,不能读取电子钥匙(RFID标签);只有当智能门禁准备就绪时,RFID接收设备才可以正常读取主人的电子钥匙,之后对比加密信息。如果加密信息匹配,电子门锁自动开启;当加密信息不匹配时,电子门锁还是处于关闭状态。

通过触发器实时获取温湿度信息,通过ZigBee协调器将数据传输给6410核心板,之后通过运算转化,将其转换为摄氏度和相对湿度,并实时显示在LCD显示屏中。

当安防智能开关系统开启时,烟雾传感器处于激活状态,实时监测当时的烟雾状况。当监测到有烟雾时,发送报警信号给控制中心,进而发送给远程主机处理中心。

在平时,语音电话是充当普通语音电话,可以拨打和接听电话,里面插上可用的SIM卡就可以了。当检测到温湿度的值超过设定的阈值时,控制中心会自动以短信方式发送给用

---

① LBS(Location Based Service,基于位置的服务),它是通过电信移动运营商的无线电通信网络(如GSM网、CDMA网)或外部定位方式(如GPS)获取移动终端用户的位置信息(地理坐标或大地坐标),在地理信息系统平台的支持下,为用户提供相应服务的一种增值业务。

户报警信息。发送报警短信的电话号码用户可以自行设置。

将所有模块进行集成测试，结果如表 8.2 所示。

表 8.2　系统集成测试结果

传感器	6410 核心板	远程主机	手　机
烟雾传感器报警	将信号发给远程主机	远程主机显示	N/A
RFID 阅读器开启	激活门禁系统	远程监控子系统	传送 GPS 信号给远程主机

8.5　无线传感器网络测试

无线传感器网络（Wireless Sensor Network，WSN）是一种集传感器、控制器、计算能力、通信能力于一身的嵌入式设备。它们跟外界物理环境交互，将收集到的信息通过传感器网络传送给其他的计算设备，如传统的计算机等。随着传感器技术、嵌入式计算技术、通信技术和半导体与微机电系统制造技术的飞速发展，制造微型、弹性、低功耗的无线网络传感器已逐渐成为现实。

无线网络传感器一般集成一个低功耗的微控制器（MCU）以及若干存储器、无线电/光通信装置、传感器等组件，通过传感器、动臂机构以及通信装置和它们所处的外界物理环境交互。一般说来，单个传感器的功能是非常有限的，但是当它们被大量地分布到物理环境中，并组织成一个传感器网络，再配置以性能良好的系统软件平台，就可以完成强大的实时跟踪、环境监测、状态监测等功能。

无线传感器网络是物联网系统的一个重要组成部分。

8.5.1　无线传感器网络故障类型

WSN 由分布式传感器节点（Sensor Node）、汇聚节点（Sink Node）、互联网（包括卫星）和任务管理节点四部分组成。

如图 8.5 所示（实心代表选中的传输路径节点），通过随机部署（如无人机播撒）或预定义部署在监测区域的大量传感器节点，自组织地形成多跳无线通信网络，并通过传感器节点间的传递将各种感兴趣事件或者目标的相关信息沿某条路径逐跳地传送给汇聚节点或具有

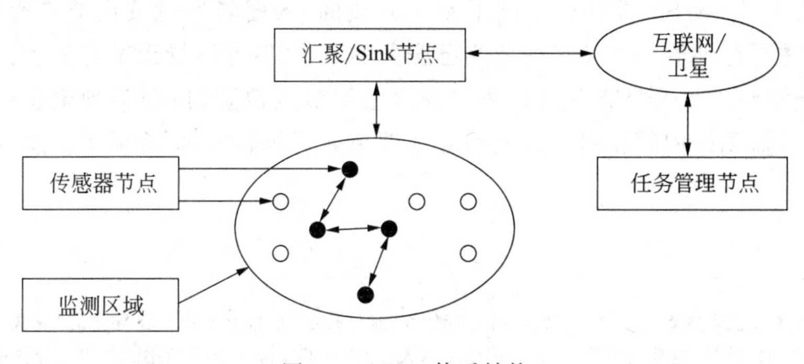

图 8.5　WSN 体系结构

较强处理、存储和通信能力、配备足够能源的基站(Base Station),再由汇聚节点或基站通过卫星网络、移动通信网络或 Internet 等方式将数据传送到任务管理节点。用户可以通过任务管理节点查看、查询相关数据,并通过控制任务管理节点发送相应的命令以控制网络。实现对被测对象的远程监控和操作。

根据 WSN 体系结构和实现功能,其故障可分为节点故障和网络故障两种。

1. 节点故障

WSN 有两种节点,即传感器节点和汇聚节点。因此,节点故障也分传感器节点故障和汇聚节点故障。

(1) 传感器节点故障。传感器节点故障分硬故障和软故障。硬故障是指节点无法和网络中其他节点通信,主要是由节点损毁、节点布置和电源不足等因素造成的。其中,节点损毁可分为四类故障,即能量供应模块故障、传感器模块故障、处理器模块故障和无线通信模块故障。节点通信距离过大或者由于障碍、地形产生强烈的趋肤效应①也会影响数据的传递。此外,能耗过大会大大降低节点的生命周期。软故障是指节点虽然与上层应用有关的工作状态不正常,但仍然可以继续运转并与其他节点进行通信。

(2) 汇聚节点故障。汇聚节点是一个增强功能的传感器节点,它用于连接传感器网络与 Internet 等外部网络,实现两种协议之间的通信转换。对于簇形结构网络,负责发布簇首节点的监测任务。若它出现故障,所有管辖范围内无其他路由可选的传感器节点都不能实现正常的数据访问。在强烈的电磁干扰环境下,汇聚节点与卫星连接产生强烈的波动,甚至连接失败,导致无法访问节点的数据。

2. 网络故障

网络故障可划分为以下几种。

(1) 连接失败。覆盖监测区域的传感器节点不能正常相连,包括相邻节点的直接相连和不相邻节点多跳相连,导致目标区域节点通信不通畅。

(2) 信道拥塞。数据流在信道传输过程中,由于负载过大引发冲突。目的节点不能或只能部分接收数据,同时也大大增加了数据端到端传输的能耗。

(3) 时钟异步。不同节点都有自己的本地时钟。节点的采集、传输、空闲、休眠等几个状态对时钟同步依赖性很强,同步报文本地处理时间的不确定性、缓存、MAC 协议处理、回退等产生的时间上的误差。

(4) 非法入侵。WSN 在物理空间上是全开放的,入侵者通过读出节点密钥、程序等机密信息,甚至重写存储器将该节点变成为已服务的一个“卧底”,导致节点失去预设功能。

(5) 寻址偏差。传感器节点只有通过少数已知节点位置,按照某种定位机制才能确定自身的位置,若监测区域的相对位置或绝对地理坐标不能确定,则降低了信息“保真度”。

---

① 当导体中有交流电或者交变电磁场时,导体内部的电流分布不均匀,电流集中在导体的“皮肤”部分,也就是说,电流集中在导体外表的薄层,越靠近导体表面,电流密度越大,导线内部实际上电流较小。结果使导体的电阻增加,使它的损耗功率也增加。这一现象称为趋肤效应。

8.5.2 无线传感器网络故障诊断的特点

无线传感器网络的故障诊断具有一些特殊特点。

(1) 复杂性。因为无线传感器网络结构层次复杂,各个组件之间紧密联系,所以使其发生故障的原因和故障的征兆之间的关系错综复杂。

(2) 层次性。由于无线传感器网络本身就是多层次的系统,而每个故障都与系统的某一层相联系,决定了对其进行故障诊断应具有复杂的层次性。但是对 WSN 故障诊断的分层次又为确定诊断的策略和模型提供了便利,提高了对 WSN 故障诊断这一复杂问题的解决效率。

(3) 相关性。无线传感器网络的某层某组件发生故障,必然导致其他与之对应或联系的部件状态的变化,进一步引起功能性的变化,这会导致 WSN 发生新的故障,即故障的相关性。

(4) 延时性。故障从初始产生,到中间发展,再到最终形成,这是一个量变—质变的过程。这个过程必然需要一定的时间,这就为无线传感器网络的早期预测与诊断提供了可能。

(5) 不确定性。一是 WSN 故障的产生原因具有不确定性;二是故障的检测与诊断过程本身也具有某些不确定性;三是 WSN 的系统、元素和联系的描述方法的不确定性。这些不确定性决定了对 WSN 进行故障诊断具有不确定性。

8.5.3 无线传感器网络故障检测与诊断方式

无线传感器网络的故障诊断从实时性方面可以将诊断分为离线诊断方式和在线诊断方式。由于离线方式不满足无线传感器网络实时性的要求,所以一般情况下会选用在线诊断方式。通常在线方式下有 3 种激活 WSN 故障诊断策略的方法可供选择。

(1) 自适应—自启动的故障诊断。汇聚节点检测到某节点发生数据异常现象时自动运行针对该节点的故障诊断操作,如汇聚节点检测到感知数据发生突变或节点间的通信异常中断时。

(2) 周期性启动的故障诊断操作。由汇聚节点的时钟控制设置时钟周期 T,周期性地启动故障诊断策略。但是由于这种方法会增加不必要的能耗,所以不适合能量有限的 WSN 节点故障诊断。

(3) 任务管理节点下达启动命令对节点进行故障诊断。由任务管理节点(用户)直接下达对节点的故障诊断命令。

无线传感器网络节点的传感器件故障检测的前提是假设节点故障时仍然可以和其他节点保持正常的通信。当节点不能与外界正常通信或者能源耗尽时,这类故障的检测需要由其他节点来完成。根据故障检测的过程可以将节点故障检测方式分为集中式检测方式和分布式检测方式两种。

1. 集中式故障检测与诊断方式

集中式故障诊断方式是通过在汇聚节点(基站节点)或任务管理节点部署检测诊断程序以达到实时、动态的检测无线传感器网络状态的目的。

WSN 的 Sink 节点是一簇无线传感器网络节点的管理者和数据汇总处,负责用户层信息的中间传递。任务管理节点是网络的终端显示和数据汇总处，它是用户可以直接发布命令和控制网络的地方。无线传感器网络的Sink节点或任务管理节点在线进行节点故障检测与诊断就是在Sink节点或任务管理节点进行信息汇聚，通过运行故障检测、诊断程序或算法，从而进行节点故障的全局检测与诊断。

另外，运用这种集中式故障诊断方式对WSN节点进行故障诊断，也可以在图8.4所示的传感器节点、汇聚节点甚至任务管理节点处进行分布式异地诊断。但是需要汇聚节点有较强的处理能力、存储能力、通信能力和能源供给等资源。尤其是随着WSN网络规模的增大，用于检测和诊断的状态信息的传递所消耗的网络资源也会大量增加。

汇聚节点负责对其他传感器节点状态信息的收集工作，需要收集的状态信息如表8.3所示。当无线传感器网络的初始化操作完成后，汇聚节点保存WSN其他节点的路由表信息、邻居节点列表、链路质量等参数值。在网络运行中，汇聚节点可以有两种方式收集信息：一是向其他节点发送收集信息的指令，然后，其他节点向汇聚节点回复并上报信息；二是由WSN节点主动、周期性地上报状态信息。汇聚节点就是根据这些信息判断网络发生故障与否以及发生了什么故障。

表8.3　与诊断有关的信息要素收集

名　称	信息描述
节点编号	节点的ID
邻居节点列表	由邻居ID号组成一个列表
链路质量	用0(100%传送)至100(100%丢失)间的一个数来表示
信号强度	用−45～17间(CC2420)的一个数来表示
通信数据包	节点传输和收到的数据位
感知信息(温度)	节点感知的本地信息
剩余电量	用0(无电量)至100(满电量)间的一个百分数来表示
下一跳(路由表)	路由的下一跳节点
路径链路质量	从节点到Sink节点的链路质量的一种度量(Sink成功率统计)

故障类型与判断策略如表8.4所示，策略均由汇聚节点判断。

表8.4　故障类型与判断策略对照表

故障类型	征兆描述	用于故障诊断的信息要素
无故障	节点正常通信、电量充足、感知信息正常	所有信息要素
能源不足/电源故障	被测节点剩余能量低于设定值、成功率严重下降(超过设定的阈值)或无法通信	节点剩余电量、通位数据包
节点丢失	被测节点不出现在任何节点的邻居列表中	所有邻居表
孤立节点	被测节点没有任何邻居	该节点的邻居表

续表

故障类型	征兆描述	用于故障诊断的信息要素
路由改变—拓扑变化	比较当前路由表与上次路由表的变化	该节点的路由表信息
无线通信故障	① 被测节点是否定期有信息 ② 被测节点是否响应汇聚节点的询问命令 ③ 被测节点能否正确执行汇聚节点发送的指令 ④ 改变发射频率后，发出询问命令被测节点有无响应 ⑤ 被测节点能否传递邻居节点位息 ⑥ 被测节点是否连续 n 个周期以上无信息返回	节点编号、通信数据包、邻居节点列表
射频干扰故障	比较数据包发送成功率和链路质量的减少	通信数据包、链路质量
邻居表改变	比较当前邻居表与上次邻居表的变化	该节点的邻居表
路由质量改变	该节点与邻居的链路质量低于统计定义的门槛值，将当前和以前的路由质量填入日志	该节点的邻居表、链路质量
处理器故障	① 被测节点定期是否有信息返回 ② 被测节点是否连续 n 个周期以上无信息返回 ③ 被测节点能否响应汇聚节点的询问命令 ④ 被测节点能否正确执行汇聚节点发送的指令 ⑤ 被测节点能否传递邻居节点信息	节点编号、通信数据、邻居节点列表
传感器故障	感知信息长期不变或恒为0、感知信息异于正常值	感知信息

2. 分布式故障检测与诊断方式

与集中式故障诊断方式不同的是，分布式故障诊断方式不是由汇聚节点统一部署完成故障的检测与诊断，而是由每一个 WSN 节点各自自行检测与诊断。

每一个 WSN 节点都是一个独立的、小型分布式系统，具有一定的分布式计算能力。可以在 WSN 节点的核心模块中嵌入故障诊断程序或算法，并且需要在 WSN 节点上配置相应的故障诊断硬件设施，那么每一个 WSN 节点即可进行故障自检测和诊断。

关于分布式故障诊断方法，图 8.6 所示是一种典型的分布式故障诊断的基本步骤。对于几种常见的 WSN 节点通信故障，如隐藏终端、网络拥塞、链路不对称等，算法分为多个阶段进行，每个阶段分别诊断一种故障。每一阶段的故障诊断主要分两步处理：第一步首先判断某一类故障是否发生；第二步处理故障。由于不同故障可能导致的故障现象是相同或相似的，因此，应该根据实际情况来安排各个阶段的诊断顺序。举例来说，如图 8.6 所示，隐藏终端和网络拥塞都会导致传输层的队列缓冲区满而发生溢出以及信道竞争、占用的冲突现象。假如诊断算法先判断是否网络拥塞故障，则可能得出错误的诊断结论。而如果首先利用 MAC 层提供的信息判断是否发生隐藏终端故障，不是隐藏诊断故障再判断是否是网络拥塞，这样就可以大大降低误警率。

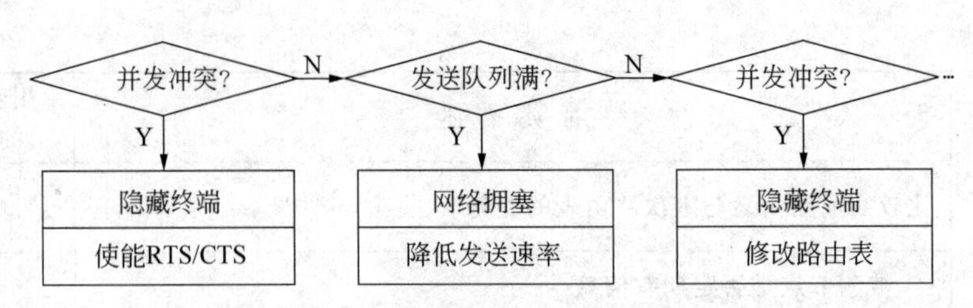

图 8.6 分布式故障检测与诊断案例

8.6 小结

系统测试是物联网系统开发过程中一个非常重要的环节。通过本章的学习可以了解系统测试和集成测试的基本概念,掌握软件测试和硬件测试的基本过程和方法。作为物联网系统中一个重要的组成部分,对无线传感器网络中可能出现的故障类型以及检测和诊断方式的理解对完成无线传感器网络的测试是非常必要的。

附录A 家庭智能照明系统需求分析报告

1. 引言

1）编写目的

为确保家庭智能照明系统的开发工作顺利进行，特将项目的需求及在开发工作中所涉及的相关问题以书面形式加以约定，并作为项目开发工作的基础性文件，以便团队根据本文档开展和检查工作。

在本文档中，首先从用户的角度出发，对用户的需求进行全面的分析，然后将用户的需求经过分析和转化后变为系统的功能需求和非功能需求，以确定本系统设计的限制和有效性需求。

2）项目背景

随着计算机网络技术的不断革新与应用、社会经济的发展、生活质量的日益改善和生活节奏的不断加快，人们的生活日益信息化、智能化，人们对生活品质也越来越重视。在家庭生活中，除了满足最基本的生活需求，人们更希望利用智能化的设备来提高生活质量，丰富生活情趣。如何建立一个高效率、低成本的智能家居系统已经成为当今世界的一个热点问题。

而在智能家居系统中，有一个至关重要的部分就是智能照明。在日常生活中，人们对照明的需求已经不仅仅是为了驱散黑暗。随着LED智能化技术不断改革与创新，LED智能照明系统功能更强大和多样化，特别是随着飞利浦的HUE、兆昌照明的FUTRE、小米的Yeelight等LED智能灯泡的出现，智能家居中的照明功能越来越多元化，用户可以按照自身的需求自定义场景模式，通过智能手机对灯具进行调光、遥控、控制光色等，随时改变环境色彩，制造浪漫，以达到烘托气氛、愉悦人心的目的。因此，需要开发一套智能的家庭照明系统，利用先进的通信设备、完备的信息终端、自动化和智能化的灯具、发达的通信网络等，通过对周围环境数据的收集，自动调整灯光到合适的状态，从而为人们提供一个营造方便舒适的生活环境。

3）术语定义

智能家居：是以住宅为平台，利用综合布线技术、网络通信技术、安全防范技术、自动控制技术、音/视频技术将家居生活有关的设施集成，构建高效的住宅设置与家庭日常事务的管理系统，提升家居安全性、便利性、舒适性、艺术性，并实现环保节能的居住环境。

智能照明：利用先进电磁调压及电子感应技术，对供电进行实时监控与跟踪，自动平滑地调节电路的电压和电流幅度，改善照明电路中不平衡负荷所带来的额外功耗，提高功率因数，降低灯具和线路的工作温度，达到优化供电目的的照明控制系统。

UML（Unified Modeling Language，统一建模语言）是一个支持模型化和软件系统开发的图形化语言，为软件开发的所有阶段提供模型化和可视化支持，包括由需求分析到规格、再到构建和配置。

用例：是对一组动作序列(其中包括变体)的描述，系统执行这些动作序列来为参与者产生一个可观察的结果值。在UML中用椭圆表示。

构件：是系统中实际存在的可更换部分，它实现特定的功能，符合一套接口标准并实现一组接口。构件代表系统中的一部分物理实施，包括软件代码(源代码、二进制代码和可执行代码)或其等价物(如脚本或命令文件)。在UML图中，构件表示为一个带有标签的矩形。

中间件：是一种独立的系统软件或服务程序。

传感器网络：是由许多在空间上分布的自动装置组成的一种计算机网络，这些装置使用传感器协作地监控不同位置的物理或环境状况(如温度、声音等)。

网络拓扑结构：是指用传输媒体互联各种设备的物理布局，就是用什么方式把网络中的计算机等设备连接起来。拓扑图给出网络服务器、工作站的网络配置和相互间的连接，它的结构主要有星型结构、环形结构、总线结构、分布式结构和树形结构等。

4）参考文献

[1] Grady Booch, James Rumbaugh, Ivar Jacobson. UML用户指南[M]. 2版. 北京：人民邮电出版社，2006.

[2] 李涛. 基于Android的智能家居APP的设计与实现[D]. 苏州大学，2014.

[3] 卫红春. UML软件建模教程[M]. 北京：高等教育出版社，2012.

2. 综合描述

1）产品介绍

本项目是一个基于物联网的家庭照明系统，利用先进的计算机技术、网络通信技术、综合布线技术将家庭生活中的照明设备集成，构建一个智能照明网络，通过统筹管理，将住宅内电灯的被动静止结构转变为具有智慧的新动态，提供丰富多变的照明效果，带来良好的节能效应，延长灯具寿命，减少维护成本，优化人们的生活方式。同时希望搭建一个高可扩展性和可定制性的智能照明平台，在今后的使用过程中能根据用户的需求进行扩展。

附图A.1所示为一个基本的智能照明系统结构，列举了典型的智能照明系统的组成，即灯具、传感器、家庭网关(硬件平台)、手机终端等。其中家庭网关是智能照明系统的通信管理单元和控制中心。由附图A.1知道，该系统的实施需要搭建硬件平台和软件平台。硬件平台一方面要对住宅中的所有照明设备进行统一的部署和管理；另一方面需要在硬件平台上部署传感器节点对照明设备的状态进行检测，同时对周围的环境状态(如光强、声音等)进行探测和反馈。软件平台方面需要接收并处理反馈信息，根据指定的策略对照明设备进行控制。同时需要开发一个用于控制智能照明设备的手机APP，用户可通过手机端实现对家中灯具的远程控制和场景切换等功能。

2）目标范围

本系统主要应用于家庭住宅，主要针对客厅和卧室这两个对照明需求较高的地点。目标用户为普通家庭成员，包括成人和小孩。考虑到应用成本和用户需求，在不降低用户体验的情况下应尽量选用价格便宜、使用寿命长、节能环保的灯具和传感器等器材。此外，本系统的设计应满足以下4个标准。

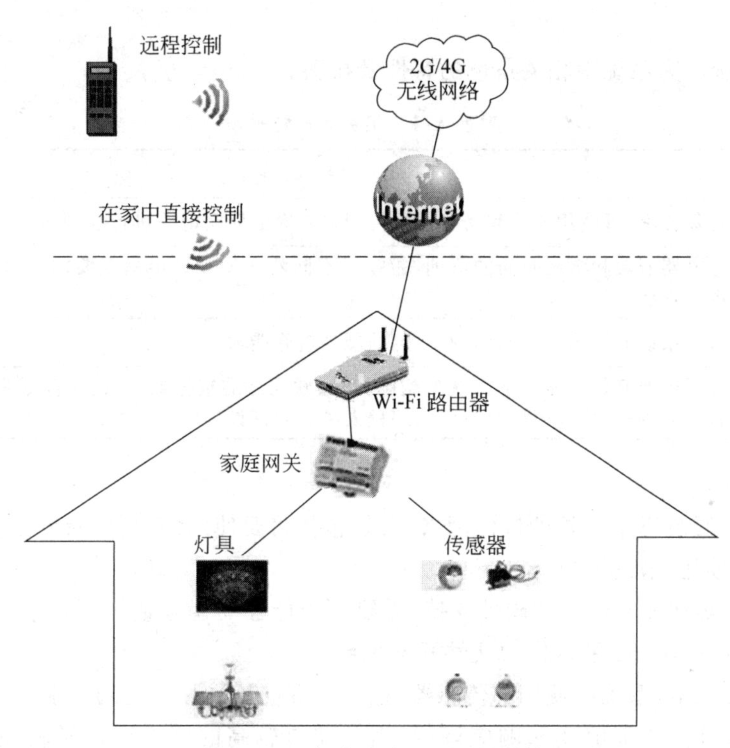

附图 A.1 智能家庭照明系统结构

(1) 节能。

在日常生活中,由于人们不随手关灯造成的电力资源的浪费是非常惊人的,所以本系统有必要实现一种节能的效果。例如,通过电磁调压和电子感应技术提高照明效率、减少额外功耗,通过软启动延长灯具寿命,或者系统检测到家中无人时,自动控制家中电灯全部关闭,或者用户也可以远程控制家中所有灯具一键关灯。另外,系统除了提供高性能体验的时间外,都应该处于一种简单的工作状态,如传感器的休眠等,以减少不必要的操作而增加能耗。

(2) 可靠。

由于家庭生活中的照明设备使用的频率较高,因此要求系统具备强大、实用的功能和健壮的稳定性,能快速地响应用户的指令。这要求照明设备的部署精巧、软件方面的稳健。当家中部分灯具损坏时,系统也能调用其他的灯具来照明,而不会陷入瘫痪。同时稳定的系统也使维修人员的升级维护等操作更易于进行。

(3) 普适性。

由于住宅内部的设计规划不尽相同,所以设计时可以选择一个方案作为模型,满足基础功能,同时附带扩展模块,使不同的用户可以在此基础上进行功能扩充,以满足不同的需求。

(4) 简单。

该系统满足的功能虽然多种多样,但其在设备的安装部署、APP 的使用上都应当尽量简单。使一般的安装人员经过培训后都能达到要求,从而减少系统的安装部署的人工成本。APP 方面则需要具备界面简洁、功能强大、易于操作等特点,使用户能够方便地使用。

3）用户特性

附表A.1所示为系统中相关角色的特性及权限。

附表 A.1　相关人员特性

角　色	特　性
系统使用者	无特殊要求，可使用账号和密码登录控制端对家庭照明电路进行控制
安装人员	经过电器安装和电线布局的培训，能针对不同的房型设计出满足要求的灯具的布局方案并进行安装
维护人员	经过本系统专门的维修培训，有一定的硬件检修能力
系统开发者	开发者中要有较高水准的系统架构师，精通软硬件的整体架构；还要有专业的硬件架构师和软件架构师；另外还需要专门的编程人员和硬件设计师

4）约定假设

约定假设是影响需求分析的假设因素，可能包括将要使用的组件、特殊的用户界面设计约定、产品预期使用频度等，具体如下。

(1) 产品的实现要有较高的硬件支持，需要一个能够支持起整个照明系统的硬件平台。在本系统中采用Arduino平台作为硬件开发平台。

(2) 为节省成本，系统所使用的传感器、存储器等应该满足一定的要求。

(3) 系统设计要求能够实时响应调度，因此需要较高的网络质量及较短的响应时间。这需要对系统架构和算法结构进行优化，以及休眠的传感器等能迅速唤醒。

(4) 系统的用户界面基于Android平台，需要用户凭借账号密码登录使用。界面包括基本操作（简单开关，不可更改）和自定义操作（可自行定义组合基本操作来实现定制场景），同时界面中不同按钮的布局可以由用户自行调整删改，以满足不同用户的需求。未来还可以开发iOS、Windows等多种平台的APP。

(5) 由于家电在住宅生活中的使用具有较高的频率和较长的时间，因此本系统应当具有一定时间的保修期以及足够长的使用年限。

(6) 系统要有一定的能耗标准。

(7) 系统需要遵循特定的行业标准、政府法规。

3. 用户需求

用户需求所描述的是用户对于该智能照明系统的目标，或用户要求该智能照明系统必须能完成的任务。在要开发的智能照明系统中，其最终面向的用户就是普通的家庭住宅小区或者复式别墅楼的户主，一般都是以家庭为单位。因此，需要围绕家庭用户来对智能照明系统进行用户需求分析，以便更好地设计该系统。

为了明确用户的需求，方便设计人员更加形象、生动地理解该智能照明系统所需要的或者所必备的功能与结构，绘制了用户需求的用例图模型，如附图A.2所示，将用户的需求主要分为软件服务和硬件服务两个方面来描述。在附图A.2中可以清楚地了解到家庭用户希望智能照明系统在软件服务和硬件服务这两个方面所能提供的功能，特别是在智能控制这一核心模块中及系统维护人员在该系统中所需要进行的维护工作。

这些功能的具体实现应由开发者在开发时就将各个控制模块打包封装，最终呈现在用

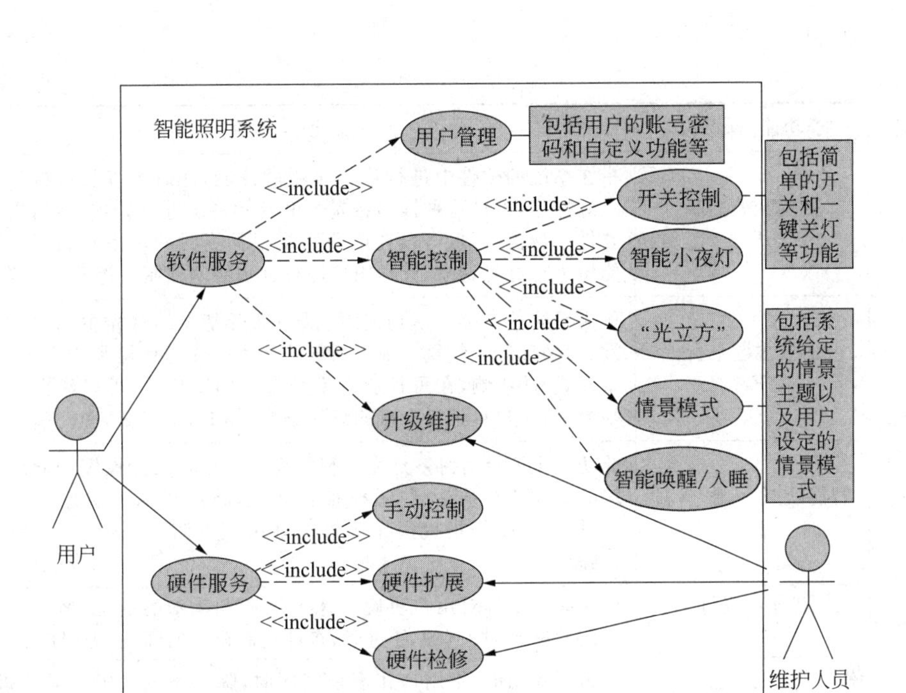

附图 A.2 用户需求用例图

户面前的是 APP 里的简单按钮指令。用户不需要专门的学习，即可方便地对家中照明设备进行操控。

4. 功能需求

1）系统功能需求

上面围绕家庭用户需求智能照明系统完成的功能进行了分析，将系统用例划分为硬件服务和软件服务两部分，得到了系统的用例图。从图中可以看到用户对照明控制方面的需求主要分为简单的开关控制和智能场景控制这两部分。其主要功能及说明如附表 A.2 所示。

附表 A.2 功能说明表

功 能	子功能/标识符	说 明
用户管理	A	用户可以维护自己的一些信息，包括设置个人账号和密码、保存自定义主题等
升级维护	B	系统维护人员开发出更新包，用户可以对软件系统进行手动或自动升级
手动控制	C	硬件平台对照明系统进行统一的供能和控制，同时为软件平台提供控制接口。但为了保证软件系统故障时，照明系统能维持基本的工作，硬件平台还需要为用户提供直接的简单控制端口，这类似于目前普通的开关，用户可直接手动控制灯光的开关
断电保护	D	意外断电造成系统中断时，系统应能保存当前的工作状态及各项数据，当供电恢复时，能恢复正常工作

续表

功　能	子功能/标识符	说　明
智能控制	智能开关控制 E1	指在系统的软件中进行住宅照明的控制，此时可以只执行简单的开关灯操作，不过这种操作会先经由智能系统进行处理，然后再下达给硬件平台执行；也可以让照明系统根据当时的环境和制定的策略智能地进行灯光调整，或是用户进行远程照明控制一键开灯和关灯等
	情景主题平台 E2	作为系统的一种扩展功能，提供一部分基本的灯光主题，如柔和、浪漫、明亮等灯光气氛。因为系统的行为受住宅环境和用户策略（即情景模式）的影响，在可扩展性系统架构的支持下，可以建立一个开放平台，由用户自定义丰富的灯光场景，如 KTV 模式、影院模式等
	智能唤醒/入眠控制 E3	此功能主要针对卧室灯光。智能唤醒是指在用户设定的起床时间前 20min，床头灯从暗到亮，模拟自然光，将用户从深层睡眠中逐渐唤醒；智能入眠是指夜间床头灯逐渐由亮变暗直到熄灭，使用户安稳入睡
	智能小夜灯 E4	此功能主要针对用户夜晚起床上厕所和喝水的情况，通过障碍物传感器检测到周围有人经过时，自动控制夜灯的开关，为用户照明
	“光立方” E5	此为创新功能，指用户在家中客厅时，除了通过手机端下达指令，还可以通过声音对灯光进行控制，比如拍一下手开灯，拍两下关灯；或者播放音乐时灯光随着旋律节奏的变化而闪烁等

其中控制功能的控制权限优先级应为 C＞A＞E1＞E2＝E3＝E4＝E5，即用户对照明电路的手动控制是不需要任何权限的，只需要用户在家中直接拨动灯具的实体开关即可，这个功能可作为系统故障时的补充方案，因此权限最高。而系统升级和智能控制的部分需要用户通过账号和密码登录获得权限后才能使用，因此用户管理的优先级高于智能控制。同时，在智能控制部分，其优先级也不尽相同，其中的智能开关控制功能应具有最高的权限，而其他的情景主题功能都应受总开关的控制。优先级最低的就是系统中的特殊功能，包括情景主题、智能唤醒/入睡、智能小夜灯、“光立方”等，这些功能本质上都属于针对特殊场景的扩展功能，往往需要多个传感器和灯具的协作才能正常工作，为用户带来极致的体验，除非用户通过手机下达了开启的指令，这些功能平时都处于关闭状态，并且不会主动开启，因此它们的优先级都相同，并且在整个系统中是较低的。而升级维护和断电保护都是被动进行的，不对照明设备起控制作用，因此不在讨论范围。

2）需求优先级

上述的各项功能需求是一个完备的智能照明系统所需要的。但考虑到在这次开发过程中的时间和预算，必须精简部分功能，先完成最核心的部分。本系统“智能”的关键还是在于智能控制模块，因此账户设置、升级维护、手动控制、断电保护等，可暂时先不考虑，将重点放在智能控制的功能上。

而在智能控制的各项子功能中，根据实现的难度和对系统功能的影响，基础控制功能和情景主题是必须要完成的，其余的创新功能可根据实际情况进行裁剪。比如智能唤醒功能，希望实现的是根据搜集到的用户的起床时间，系统自动调整早晨亮灯的时间，并且灯光的亮度还要由暗变亮，如何搜集并分析起床时间就是一个难题，而且此功能对灯泡的要求也比较高，因此可以适当舍弃。

综合以上考虑，将功能需求的优先级划分如附表 A.3 所示，从 1 到 4 共 4 级优先级，1 表示优先级最低，4 表示优先级最高。在实际开发过程中，首先应该满足优先级最高的功能。在有余力的情况下，再开发优先级较低的功能。

附表 A.3 功能需求优先级表

优先级	功能项	优先级	功能项
1(低)	B、C、D	3	E4、E5
2	A、E3	4(高)	E1、E2

3）系统结构需求

为了实现上述功能，需要对系统进行模式化设计。根据物联网的系统架构，可以把整个系统分为用户、软件平台、硬件平台、传感器和照明网络这 4 层，其工作过程如附图 A.3 所示。

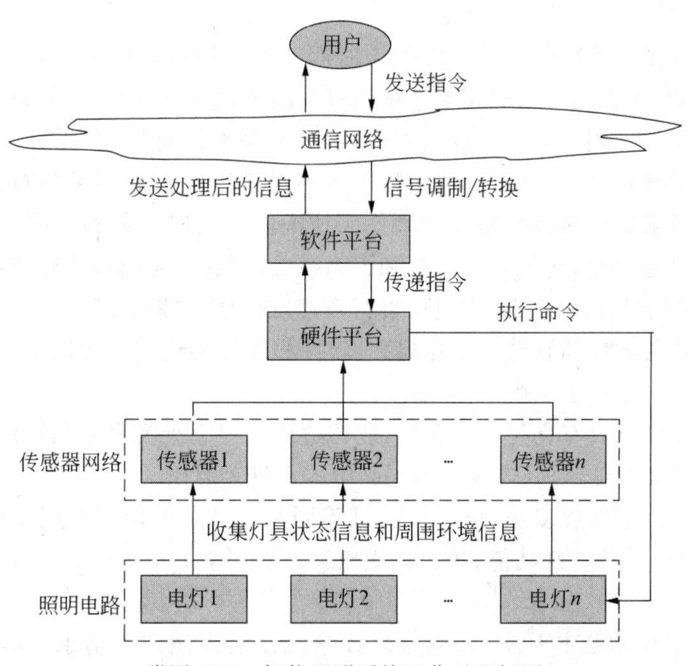

附图 A.3 智能照明系统工作过程框图

由附图 A.3 可知，需要为系统搭建 4 个主要的构件，即软件平台、硬件平台以及传感器和照明网络。其中软件平台是系统的控制中心，对上承担着接收用户指令、传递信息的任务，对下可以获取对硬件平台和照明电路的控制权限。硬件平台承载着实际电路，即所有灯具、传感器和终端设备的电路最终都会汇总到硬件平台上，硬件平台为用户提供照明控制，同时为软件平台提供服务，将所接收到的指令落实到照明控制上。传感器和照明网络为对灯具和传感器的部署。在这几个部分的协同作用下，可以构成一个完整的系统，完成系统所需的各项功能。具体的搭建过程在详细设计报告中体现。

4）数据需求

本系统针对家庭住宅，数据的存储量和处理量都不是太大。需要存储的数据主要有用户信息和传感器采集到的数据这两大类。其中用户信息包括账号密码、用户自定义情景主题等，占用的存储空间不大，这些数据需保存在数据库中，当用户手动更改删除时才会改变。而传感器的数据量就比较大了，一方面通过传感器的休眠来减少不必要的数据采集，另一方面可以通过定期删除数据来减少存储空间的占用。

5. 非功能需求

1）用户界面需求

因为智能照明系统针对的是家庭用户，家庭中不仅有成人还有小孩，所以 UI 界面应该尽量简洁明了、易于操作，让小孩也能够轻松控制。同时用户界面中应该对一些关键的功能设置童锁，防止小孩的误操作对系统造成影响。此外，UI 界面布局合理、美观大方也是提高用户体验的一种很重要的元素。

2）性能需求

(1) 性能最直接的反映就是系统的响应时间。如果用户请求一个功能，系统要在几秒后才开始做出反应，那么用户自然会对系统失望。因此，各种模式的转换以及系统的反应时间最好控制在 0.5～1s 内。为了节约成本，这需要尽量在系统架构和算法设计等方面下功夫。不断地优化系统的架构，纠正算法设计中效率不高环节，以满足用户对性能的需求。

(2) 各传感器采集到的数据和电灯的使用情况应当实时上传到云端，云端可设定为定期处理采集到的数据，分析出用户的喜好和行为模式(如起床时间和入睡时间等)，并将结果传回控制中心。对于数据的保存，用户可自行清理，或设定定期清理。

(3) 整个系统的软件和硬件应相互独立，软件和硬件的连接通过网络实现，若软件瘫痪或网络故障，用户可以手动控制各个电器。

(4) 整个系统应该具有良好的兼容性，能够适应市面上绝大多数品牌的电灯，实现智能系统和硬件的无缝对接。APP 应能在不同品牌的手机上通用。

(5) 系统需要能够实现多用户登录，并且不同家庭成员的使用权限不同。比如儿童登录时，就不可以使用某些特殊功能，防止造成损失。

3）可靠性需求

可靠性是对系统的基本要求，如果系统经常无法响应用户的请求，或者某些情况下崩溃，就不可能满足用户的需求。因此，在对软件进行测试的时候应该严格把关，尽可能地考虑到不同的使用情况，科学地设计测试方法，尽量将系统可能出现的问题解决在开发环节中。

系统内的照明设备、传感器等必须质量过硬，能够满足不同场景的变换需求而不至于损坏。同时，需要对不同设备之间的组网布局进行优化，当某些设备出现故障时，不会影响到其他设备的使用，从而一定程度上维持系统的稳定。

4）可扩展性需求

系统的可扩展性非常重要，这是决定系统长远发展和普及能力的重要因素。在本系统中，可扩展性主要体现在两个方面：一个是照明设备和传感器设备的增添(硬件方面)；另一个是自定义情景模式的更改、增删(软件方面)。为实现系统的可扩展性，需要对系统的框架进行精心的设计,不论是硬件还是软件,都要采用市面上流行的通用接口,并且预留一些接口用来扩展。在实际中需要采用构件组织系统,将不同的功能模块进行封装,通过接口连接各个构件,维持系统结构的可塑性。

5) 安全需求

本系统是针对住宅的照明系统,对安全性的要求并不太高。但考虑到用户的隐私问题,防止遭受黑客攻击导致照明系统不受控制的情况,对本产品的控制系统和用户手机的连接可采用特殊的协议进行通信的协议不公开,手机和控制系统的连接需要密码。同时用户私人的信息必须得到严密的保存,需凭借用户账号和密码才可以访问。

在搭建系统开放平台的时候,需要对开放的API(应用程序接口)进行严格的审核,确保构件的封闭性和安全性,防止黑客通过API对系统进行恶意攻击。另外,在开发第三方情景主题包扩展功能时,要对主题包的合法性和安全性进行严格的验证,确保系统的安全,防止情景主题破解,维护开发者和用户的权益。

6) 故障处理需求

智能照明系统的故障主要有两方面,一个是硬件故障,另一个是软件故障。

对于硬件故障,可以分为节点设备故障和硬件平台故障。节点设备故障即灯具或者传感器设备损坏,这种损坏一方面可以由用户主动发现,反馈给维修人员;另一方面,可由软件系统接收传感器节点反馈回来的信息,将提醒信息发送给用户。当灯具损坏时,需要有相应的传感器将问题报告给软件系统;而当传感器自身出现问题时,软件系统需要有相应的判断机制。而对于硬件平台故障,就目前而言,只能由用户发现。

对于软件故障,如果是软件平台崩溃可以从系统的架构上解决,用户可以通过重新下载安装包对软件系统进行重置,或将问题日志发送给系统维护人员。照明系统的硬件平台具备独立的对照明电路进行手动控制的能力(相反,对传感器的控制没有绝对的要求),当软件系统瘫痪时,软件系统丧失控制权限,可暂时由硬件平台接管对整个系统的控制,保证在系统修复前不影响用户的正常照明。不过这种控制要比软件的控制粗略得多,仅用于应急处理(包括开关灯等简单功能)。另外,系统还需要提供断电保护的功能,避免由于断电而引发软件系统错乱甚至导致用户财产损失的情况。

7) 产品质量需求

由于家电一般使用年限较长,因此该智能家电系统也要具有较长的使用年限,这就要求该系统足够稳定,并且能够定期更新,以适应用户日益增长的需求。

由于在家庭中电灯的种类和数目较多,因此该照明网络的节点数目较多,在根据用户的户型和需求进行组网时,需要分门别类,做好规划,尽量减少网络的负荷,防止系统出现故障。

8) 主流技术应用需求

智能照明系统的远程控制需要远程无线网络技术的支持,经常用到的远程无线网络技术是GPRS(General Packet Radio Service,通用无线分组业务)或3G/4G网络。

GPRS网络向用户提供了一种低成本、高效的无线分组数据业务,特别适用于家庭控制这种间断的、频繁的、突发性的、少量的数据传输,也适用于偶发的大数据量传输,就本系统而言,GPRS通信方式从成本、可靠性、性能等方面都可以满足应用的要求,而且GPRS通信方式可以和 Internet 进行无缝连接,用户在智能手机等移动终端上进行简单的配置即可接入到 Internet 与家庭网关进行通信,这将大大方便对智能照明系统的远程管理。

3G 是指第三代移动通信技术。相对第一代模拟制式手机(1G)和第二代 GSM、CDMA 等数字手机(2G),一般地讲,3G 是指将无线通信与国际互联网等多媒体通信结合的新一代移动通信系统。

4G(第四代移动电话移动通信标准,指的是第四代移动通信技术)是集 3G 与 WLAN 于一体,并能够快速传输数据、高质量、音频、视频和图像等。4G 能够以 100Mb/s 以上的速度下载,比目前的家用宽带 ADSL(4M)快 25 倍,并能够满足几乎所有用户对于无线服务的要求。

Arduino 是一款便捷灵活、方便上手的开源电子原型平台。包含硬件(各种型号的 Arduino 板)和软件(Arduino IDE)。它构建于开放原始码 Simple I/O 界面版,并且具有使用类似 Java、C 语言的 Processing/Wiring 开发环境。只要在 IDE 中编写程序代码,将程序上传到 Arduino 电路板后,程序便会告诉 Arduino 电路板要做些什么了。本项目可以使用 Arduino 电路板作为控制平台。

Wi-Fi 是一种允许电子设备连接到一个无线局域网(WLAN)的技术,具有较大的覆盖率和传输率,硬件平台和软件平台之间可以采用 Wi-Fi 进行通信。

附录B　家庭智能照明系统概要设计报告

1. 引言

1）编写目的

在该智能照明系统的需求分析阶段，已经将该系统所要实现的功能及在开发工作中所涉及的相关问题进行了约束。所以，在本阶段，将对该智能照明系统进行概要设计，主要解决该系统的程序模块设计问题，包括如何把该系统划分成若干个模块、决定各个模块之间的接口、模块之间传递的信息以及数据结构、模块结构的设计等。在以下的概要设计报告中将对在本阶段中对系统所做的所有概要设计进行详细说明。

通过此阶段的概要设计，在下一阶段的详细设计中，程序设计员可参考此概要设计报告，在概要设计对智能照明系统所做的模块结构设计的基础上，对系统进行详细设计。在以后的软件测试以及软件维护阶段也可参考此阶段的概要设计，以便于了解在概要设计过程中所设计完成的各模块设计结构，而且也方便在修改时找出在本阶段设计的不足或错误。

2）项目背景

随着计算机网络技术的不断革新与应用、社会经济的发展、生活质量的日益改善和生活节奏的不断加快，人们的生活日益信息化、智能化，人们对生活品质也越来越重视。在家庭生活中，除了满足最基本的生活需求，人们更希望利用智能化的设备来提高生活质量、丰富生活情趣。如何建立一个高效率、低成本的智能家居系统已经成为当今世界的一个热点问题。

而在智能家居系统中，有一个至关重要的部分就是家庭照明功能。在日常生活中，人们对照明的需求已经不仅仅是为了驱散黑暗。随着LED智能化技术不断改革与创新，LED智能照明系统功能更强大和多样化，特别是随着飞利浦的HUE、兆昌照明的FUTRE、小米的Yeelight等LED智能灯泡的出现，智能家居中的照明功能越来越多元化，用户可以按照自身的需求自定义场景模式，通过智能手机对灯具进行调光、遥控、控制光色等，随时改变环境色彩，制造浪漫，以达到烘托气氛、愉悦人心的目的。因此，需要一个智能的家庭照明系统，利用先进的通信设备、完备的信息终端、自动化和智能化的灯具、发达的通信网络等，通过对周围环境数据的收集，自动调整灯光到合适的状态，从而为人类提供一个营造方便舒适的生活环境。

3）术语定义

智能家居：是以住宅为平台，利用综合布线技术、网络通信技术、安全防范技术、自动控制技术、音/视频技术将家居生活有关的设施集成，构建高效的住宅设置与家庭日常事务的管理系统，提升家居安全性、便利性、舒适性、艺术性，并实现环保节能的居住环境。

智能照明：利用先进电磁调压及电子感应技术，对供电进行实时监控与跟踪，自动平滑地调节电路的电压和电流幅度，改善照明电路中不平衡负荷所带来的额外功耗，提高功率因数,降低灯具和线路的工作温度,达到优化供电目的的照明控制系统。

UML(Unified Modeling Language,统一建模语言)是一个支持模型化和软件系统开发的图形化语言,为软件开发的所有阶段提供模型化和可视化支持,包括由需求分析到规格、再到构建和配置。

用例:是对一组动作序列(其中包括变体)的描述,系统执行这些动作序列来为参与者产生一个可观察的结果值。在UML中用椭圆表示。

构件:是系统中实际存在的可更换部分,它实现特定的功能,符合一套接口标准并实现一组接口。构件代表系统中的一部分物理实施,包括软件代码(源代码、二进制代码和可执行代码)或其等价物(如脚本或命令文件)。在UML图中,构件表示为一个带有标签的矩形。

中间件:是一种独立的系统软件或服务程序。

传感器网络:是由许多在空间上分布的自动装置组成的一种计算机网络,这些装置使用传感器协作地监控不同位置的物理或环境状况(如温度、声音等)。

网络拓扑结构:是指用传输媒体互联各种设备的物理布局,就是用什么方式把网络中的计算机等设备连接起来。拓扑图给出网络服务器、工作站的网络配置和相互间的连接,它的结构主要有星型结构、环形结构、总线结构、分布式结构和树形结构等。

4) 参考文献

[1] Grady Booch, James Rumbaugh, Ivar Jacobson. UML用户指南[M]. 2版. 北京:人民邮电出版社,2006.

[2] 李涛. 基于Android的智能家居APP的设计与实现[D]. 苏州大学,2014.

[3] 卫红春. UML软件建模教程[M]. 北京:高等教育出版社,2012.

2. 总体设计

1) 需求规定

(1) 系统功能。

由上一阶段的需求分析,得到了系统所需的功能如附表B.1所示。

附表B.1 系统的功能需求

功能	子功能/标识符	说明
用户管理	A	用户可以维护自己的一些信息,包括设置个人账号和密码、保存自定义主题等
升级维护	B	系统维护人员开发出更新包,用户可以对软件系统进行手动或自动的升级
手动控制	C	硬件平台对照明系统进行统一的供能和控制,同时为软件平台提供控制接口。但为了保证软件系统故障时,照明系统能维持基本的工作,硬件平台还需要为用户提供直接的简单控制端口,这类似于目前普通的开关,用户可直接手动控制灯光的开关
断电保护	D	意外断电造成系统中断时,系统应能保存当前的工作状态及各项数据,当供电恢复时,能恢复正常工作

续表

功 能	子功能/标识符	说 明
智能控制	智能开关控制 E1	指在系统的软件中进行住宅照明的控制，此时可以只执行简单的开关灯操作，不过这种操作会先经由智能系统进行处理，然后再下达给硬件平台执行；也可以让照明系统根据当时的环境和制定的策略智能地进行灯光调整。或是用户进行远程照明控制一键开灯和关灯等
	情景主题平台 E2	作为系统的一种扩展功能，提供一部分基本的灯光主题，如柔和、浪漫、明亮等灯光气氛。因为系统的行为受住宅环境和用户策略(即情景模式)的影响，在可扩展性系统架构的支持下，可以建立一个开放平台，由用户自定义丰富的灯光场景，如KTV模式、影院模式等
	智能唤醒/入眠控制 E3	此功能主要针对卧室灯光。智能唤醒是指在用户设定的起床时间前20min，床头灯从暗到亮，模拟自然光，将用户从深层睡眠中逐渐唤醒；智能入眠是指夜间床头灯逐渐由亮变暗直到熄灭，使用户安稳入睡
	智能小夜灯 E4	此功能主要针对用户夜晚起床上厕所和喝水的情况，通过障碍物传感器检测到周围有人经过时，自动控制夜灯的开关，为用户照明
	"光立方" E5	此为创新功能，指用户在家中客厅时，除了通过手机端下达指令，还可以通过声音对灯光进行控制，比如拍一下手开灯，拍两下关灯；或者播放音乐时灯光随着旋律节奏的变化而闪烁等

其中控制功能的控制权限优先级应为C>A>E1>E2=E3=E4=E5，即用户对照明电路的手动控制是不需要任何权限的，只需要用户在家中直接拨动灯具的实体开关即可，这个功能可作为系统故障时的补充方案，因此权限最高。同时，在智能控制部分，其中的智能开关控制功能应具有最高的权限，而其他的情景主题功能都应受总开关的控制。优先级最低的就是系统中的特殊功能，包括情景主题、智能唤醒/入睡、智能小夜灯、"光立方"等，这些功能本质上都属于针对特殊场景的扩展功能，往往需要多个传感器和灯具的协作才能正常工作，为用户带来极致的体验，除非用户通过手机下达了开启的指令，这些功能平时都处于关闭状态，并且不会主动开启，因此它们的优先级都相同，并且在整个系统中是较低的。

(2) 系统性能。

① 性能最直接的反映就是系统的响应时间。如果用户请求一个功能，系统要在几秒后才开始做出反应，那么用户自然会对系统失望。因此各种模式的转换以及系统的反应时间最好控制在0.5～1s内。为了节约成本，这需要尽量在系统架构和算法设计等方面下功夫。不断地优化系统的架构，纠正算法设计中效率不高环节，以满足用户对性能的需求。

② 各传感器采集到的数据和电灯的使用情况应当实时上传到云端，云端可设定为定期处理采集到的数据，分析出用户的喜好和行为模式，并将结果传回控制中心。对于数据的保存，用户可自行清理，或设定定期清理。

③ 整个系统的软件和硬件应相互独立，软件和硬件的连接通过网络实现，若软件瘫痪或网络故障，用户可以手动控制各个电器。

④ 整个系统应该具有良好的兼容性，能够适应市面上绝大多数品牌的电灯，实现智能系统和硬件的无缝对接。APP应能在不同品牌的手机上通用。

⑤ 系统需要能够实现多用户登录，并且不同家庭成员的使用权限不同。比如儿童登录

时，就不可以使用某些特殊功能，防止造成损失。

2）运行环境

（1）硬件设备。

① Arduino UNO R3 开发板。一块基于开放原始代码的 Simple I/O 平台，并且具有使用类似 Java、C 语言的开发环境，可以快速使用 Arduino 语言与 Flash 或 Processing 等软件，作出互动作品。

② Arduino Ethernet 扩展板 W5100。一块内置 WizNet W5100 TCP/IP 微处理器的扩展板，能使 Arduino 控制器连接到因特网。

③ 路由器。

④ 全彩 LED 灯。

⑤ 普通 LED 灯。

⑥ Arduino 兼容传感器。

a. 声音传感器。检测周围环境声音大小，Arduino 可以通过模拟输入接口对其输出信号进行采集。

b. 光照传感器。光敏电阻器是利用半导体的光电导效应制成的一种电阻值随入射光的强弱而改变的电阻器，又称为光电导探测器。当入射光强时，电阻减小；当入射光弱时，电阻增大。可用来对周围环境光的强度进行检测，结合 Arduino 控制器可实现光的测量。

c. 红外传感器。传感器发射红外线，根据反射红外光探测前方障碍物，无障碍物时输出高电平，有障碍物时输出低电平，在信号输出同时有指示灯指示状态，无障碍物时 LED 灯为绿色，有障碍物时为红色。

（2）软件环境。

① 开发系统：Windows 10。

② Arduino 开发程序：Arduino IDE。

③ APP 开发程序：Android Studio。

④ APP 运行环境：Android 4.1 及以上。

3）基本设计概念和处理流程

这是一个基于物联网的家庭照明系统，利用先进的计算机技术、网络通信技术、综合布线技术将家庭生活中的照明设备集成，构建一个智能照明网络，通过统筹管理，将住宅内电灯的被动静止结构转变为具有智慧的新动态，提供丰富多变的照明效果，带来良好的节能效应，延长灯具寿命，减少维护成本，优化人们的生活方式。同时希望搭建一个高可扩展性和可定制性的智能照明平台，在今后的使用过程中能根据用户的需求进行扩展。

附图 B.1 所示为一个基本的智能照明系统结构，该图列举了典型的智能照明系统的组成，即灯具、传感器、家庭网关（硬件平台）、手机终端等。其中家庭网关是智能照明系统的通信管理单元和控制中心。由附图 B.1 知道，该系统的实施需要搭建硬件平台和软件平台。硬件平台一方面要对住宅中的所有照明设备进行统一的部署和管理；另一方面需要在硬件平台上部署传感器节点对照明设备的状态进行检测，同时对周围的环境状态（如光强、声音等）进行探测和反馈。软件平台方面需要接收并处理反馈信息，根据指定的策略对照明设备进行控制。同时需要开发一个用于控制智能照明设备的手机 APP，用户可通过手机端实现对家中灯具的远程控制和场景切换等功能。

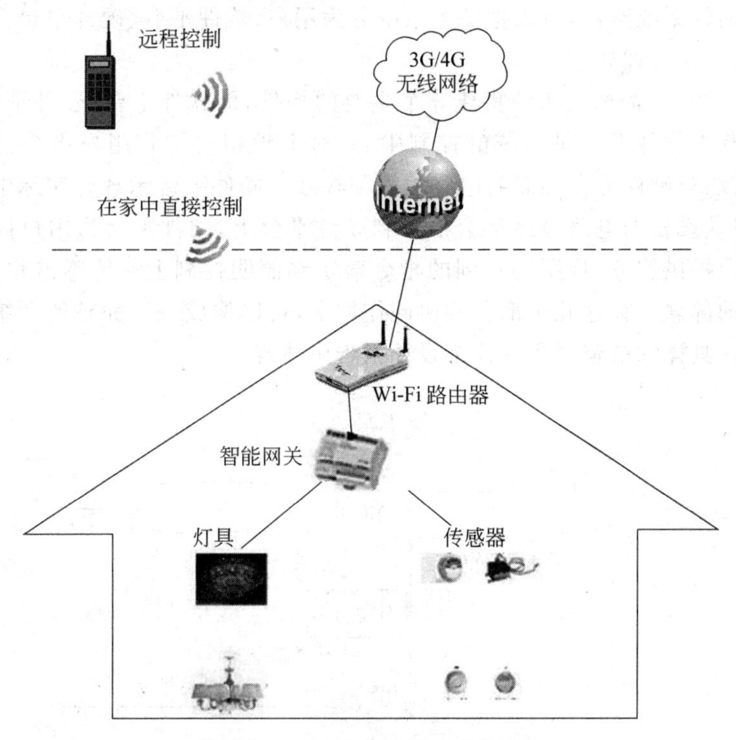

附图 B.1 智能家居照明系统结构

具体流程如附图 B.2 所示。

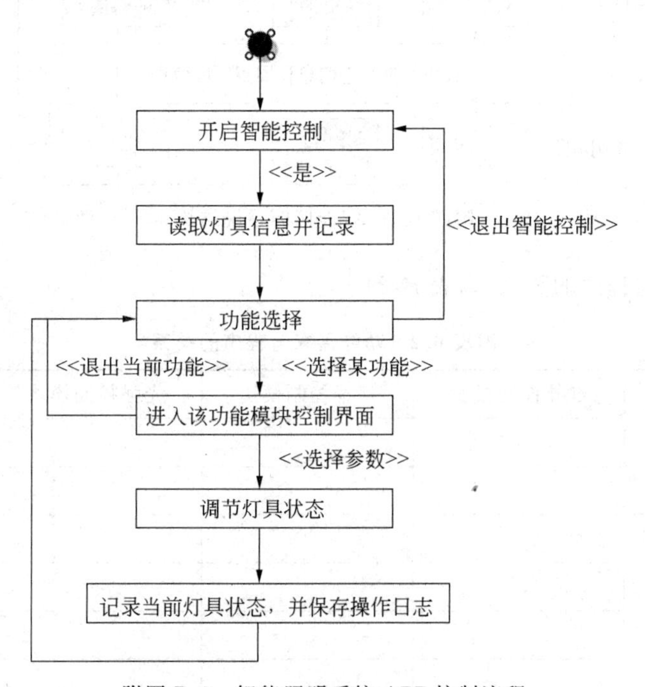

附图 B.2 智能照明系统 APP 控制流程

4）结构

根据物联网的系统架构，可以把整个系统分为用户、软件平台、硬件平台、传感器和照明网络这4层，其工作过程如下。

如附图B.3可知，需要为系统搭建3个主要的构件，即软件平台、硬件平台以及传感器和照明网络。其中软件平台是系统的控制中心，对上承担着接收用户指令、传递信息的任务，对下可以获取对硬件平台和照明电路的控制权限。硬件平台承载着实际电路，即所有灯具、传感器和终端设备的电路最终都会汇总到硬件平台上，硬件平台为用户提供照明控制，同时为软件平台提供服务，将所接收到的指令落实到照明控制上。传感器和照明网络为对灯具和传感器的部署。在这几个部分的协同作用下，可以构成一个完整的系统，完成系统所需的各项功能。具体的搭建过程在详细设计报告中体现。

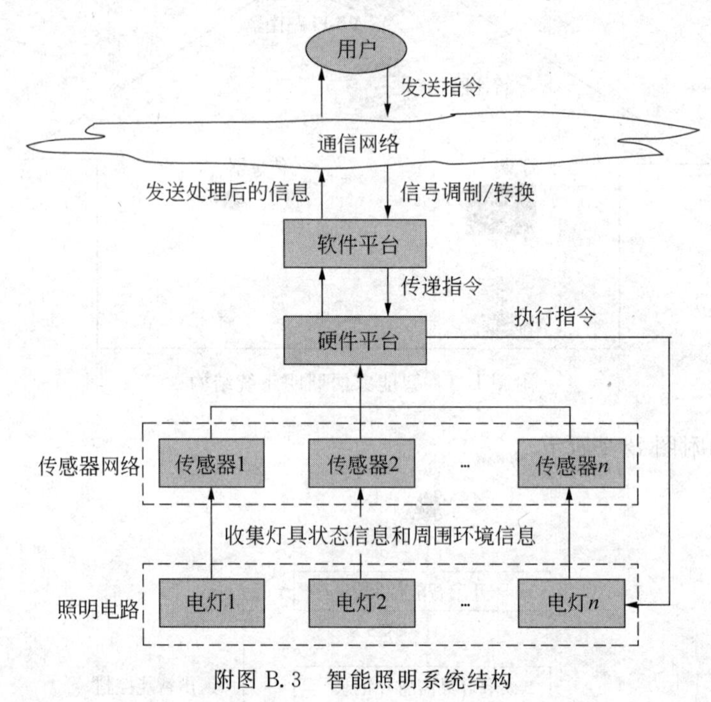

附图B.3 智能照明系统结构

5）功能需求与程序的关系（附表B.2）

附表B.2 功能需求与程序的关系

性　能	红外控制模块	声音控制模块	光强控制模块	程序控制模块
智能开关控制				√
情景主题平台				√
智能唤醒/入眠控制				√
智能小夜灯	√		√	
音乐彩灯		√		√
多彩RGB				√

3. 接口设计

1）用户接口

在该智能照明系统中，用户通过 APP 直接控制该智能照明系统，所以将该 APP 根据所控制的功能模块的不同分为不同的模块。

将该 APP 分为 6 个模块，分别实现以下 6 个功能，即智能开关控制、情景主题平台、智能唤醒/入眠控制、智能小夜灯、音乐彩灯和多彩 RGB 灯。

2）外部接口

（1）光照传感器、红外传感器和声音传感器等传感器以及各种 LED 灯通过杜邦线连接到 Arduino 开发板。

（2）Arduino 开发板连接扩展板 W5100。

（3）扩展板通过网线连接路由器。

（4）手机 APP 通过无线网络接入路由器，进而向 Arduino 开发板发送信号。

3）内部接口

无。

4. 运行设计

1）运行模块组合

（1）智能开关控制、情景主题平台、智能唤醒/入眠控制以及多彩 RGB 使用程序控制模块，通过改变程序状态来改变智能照明系统中各照明灯具的状态，包括开闭、亮度与色彩。

（2）智能小夜灯使用光照控制模块与红外控制模块统一控制，只有在光照传感器检测到当前光照强度较弱，并且红外传感器检测到有障碍物经过时，才会控制灯具打开，并在延时一段时间后关闭。

（3）音乐彩灯使用程序控制模块与声音控制模块统一控制，只有在程序开启音乐彩灯模式后，系统才能对通过声音传感器所接收到的信号进行处理，然后通过 RGB 灯实现灯光伴随着音乐进行闪烁与颜色变化。

2）运行控制

在该智能照明系统中，用户通过 APP 直接控制该智能照明系统，所以将该 APP 根据所控制的功能模块的不同分为不同的模块。

具体包含以下 6 个模块。

（1）智能开关控制。用户通过选择某个灯，然后点击“开启/关闭”按钮，实现该智能照明系统中的照明灯具的开闭的控制，具体流程如附图 B.4 所示。

（2）情景主题平台。用户通过选择预设好的情景模式，来实现该智能照明系统中的一个或多个照明灯具的统一开闭、亮度变化以及颜色变化，具体流程如附图 B.5 所示。

（3）智能唤醒/入眠控制。用户通过点击“智能唤醒/入眠控制”按钮，来实现卧室灯具的渐亮和渐暗，具体流程类似于情景模式控制。

（4）智能小夜灯。该智能照明系统在默认状态下，便是智能夜灯状态，系统通过读取光照传感器和红外传感器智能控制廊灯的开关，具体流程如附图 B.6 所示。

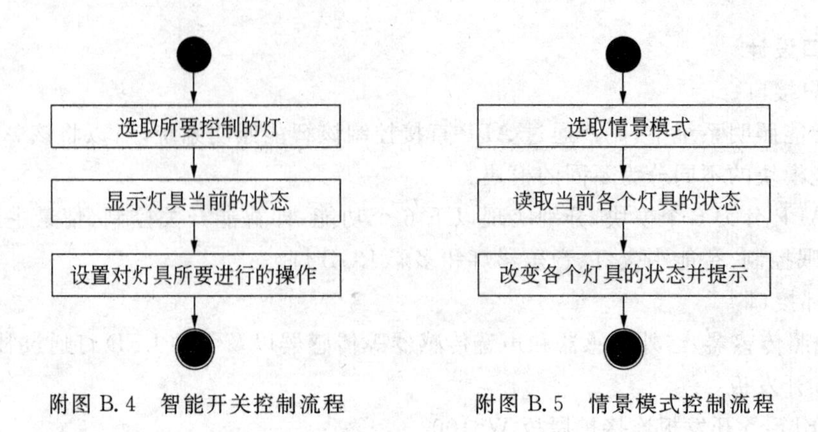

附图 B.4　智能开关控制流程　　附图 B.5　情景模式控制流程

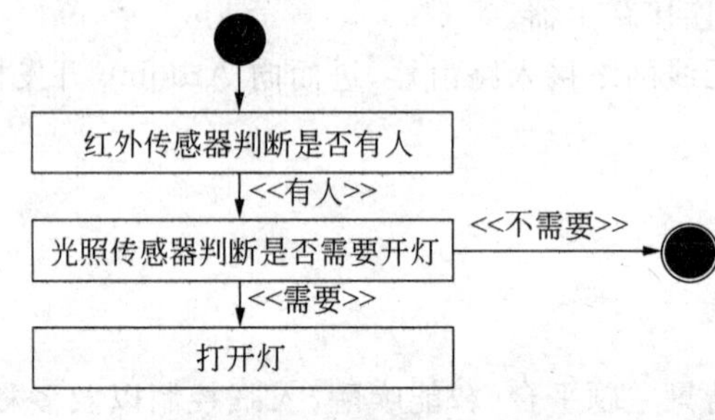

附图 B.6　智能夜灯控制流程

(5) 音乐彩灯。当用户点击音乐彩灯模块中的“开启”按钮，该智能照明系统进入音乐彩灯模式，RGB 彩灯会跟随音乐进行颜色的变换与灯光的闪烁，具体流程如附图 B.7 所示。

(6) 多彩 RGB 灯。当用户进入多彩 RGB 灯模式，用户通过调色盘，选择想要的颜色，然后点击确认按钮后，RGB 灯会变成选定颜色，具体流程如附图 B.8 所示。

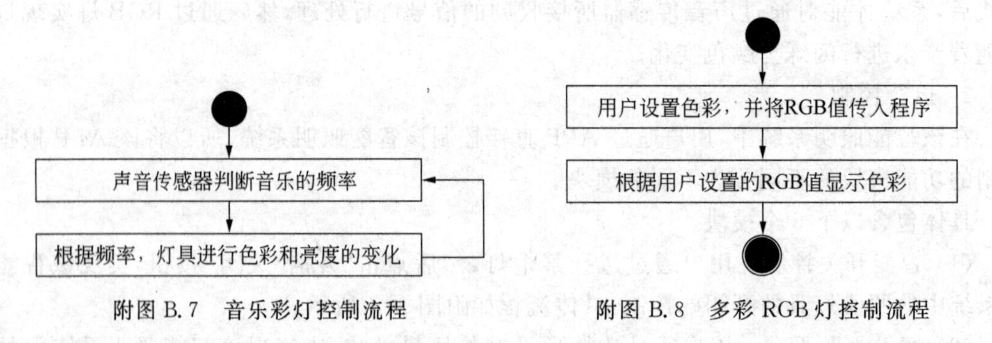

附图 B.7　音乐彩灯控制流程　　附图 B.8　多彩 RGB 灯控制流程

3）运行时间

在该智能照明系统中，智能夜灯功能模块一直在运行中，而其所控制的灯具一般只会在晚上的很短一段时间内打开。

其余功能模块只有在用户开启之后才会运行，其中智能唤醒/入眠控制一般只会在每天的早晚各运行 5～10min，其余功能模块的运行时间一般由用户决定。

4）逻辑结构设计要点

本智能照明系统中，用户通过移动端 APP 向 Arduino 处理器发送 Json 文件，处理器根据 Json 文件中的配置信息，改变系统中照明灯具的状态。

其中 Json 文件格式如附表 B.3 所示。

附表 B.3　Json 文件格式

name	情景模式的名字
style	情景模式的灯具的开闭方式，包括开闭、渐变、闪烁和跟随
pin	端口号，确定信号输出的端口
valus	输出值，确定每个端口的输出值
delay	延时，确定每个端口输出值变化的快慢
span	跨度，每个端口输出值变化的幅度

5）数据结构与程序的关系（附表 B.4）

附表 B.4　数据结构与程序的关系

性能	智能开关控制	情景主题平台	智能唤醒入眠控制	智能小夜灯	音乐彩灯	多彩 RGB
name	√	√	√		√	√
style	√	√	√		√	√
pin	√	√	√	√	√	√
valus	√	√	√	√	√	√
delay		√	√	√		
span		√	√			

附录 C　家庭智能照明系统详细设计报告

1. 引言

1）编写目的

详细设计的主要任务是对概要设计方案做完善和细化。在本智能照明系统的需求分析阶段，已经将该系统所要实现的功能模块进行了定义，明确了照明系统所需要的硬件、软件结构和数据库结构，确定了各个模块之间的结构和模块之间的数据传递方式。下面主要对系统进行过程化的描述，详细确认每个功能模块的实现方式、执行流程，为程序员编码提供依据。

2）背景

随着计算机网络技术的不断革新与应用、社会经济的发展、生活质量的日益改善和生活节奏的不断加快，人们的生活日益信息化、智能化，人们对生活品质也越来越重视。在家庭生活中，除了满足最基本的生活需求，人们更希望利用智能化的设备来提高生活质量、丰富生活情趣。如何建立一个高效率、低成本的智能家居系统已经成为当今世界的一个热点问题。

而在智能家居系统中，有一个至关重要的部分就是家庭照明功能。在日常生活中，人们对照明的需求已经不仅仅是为了驱散黑暗。随着 LED 智能化技术不断改革与创新，LED 智能照明系统功能更强大和多样化，特别是随着飞利浦的 HUE、兆昌照明的 FUTRE、小米的 Yeelight 等 LED 智能灯泡的出现，智能家居中的照明功能越来越多元化，用户可以按照自身的需求自定义场景模式，通过智能手机对灯具进行调光、遥控、控制光色等，随时改变环境色彩，制造浪漫，以达到烘托气氛、愉悦人心的目的。因此，需要一个智能的家庭照明系统，利用先进的通信设备、完备的信息终端、自动化和智能化的灯具、发达的通信网络等，通过对周围环境数据的收集，自动调整灯光到合适的状态，从而为人类提供一个营造方便舒适的生活环境。

3）术语定义

智能家居：是以住宅为平台，利用综合布线技术、网络通信技术、安全防范技术、自动控制技术、音/视频技术将家居生活有关的设施集成，构建高效的住宅设置与家庭日常事务的管理系统，提升家居安全性、便利性、舒适性、艺术性，并实现环保节能的居住环境。

智能照明：利用先进电磁调压及电子感应技术，对供电进行实时监控与跟踪，自动平滑地调节电路的电压和电流幅度，改善照明电路中不平衡负荷所带来的额外功耗，提高功率因数，降低灯具和线路的工作温度，达到优化供电目的的照明控制系统。

UML(Unified Modeling Language，统一建模语言)是一个支持模型化和软件系统开发的图形化语言，为软件开发的所有阶段提供模型化和可视化支持，包括由需求分析到规格、再到构建和配置。

用例：是对一组动作序列(其中包括变体)的描述，系统执行这些动作序列来为参与者产生一个可观察的结果值。在 UML 中用椭圆表示。

构件：是系统中实际存在的可更换部分，它实现特定的功能，符合一套接口标准并实现一组接口。构件代表系统中的一部分物理实施，包括软件代码（源代码、二进制代码和可执行代码）或其等价物（如脚本或命令文件）。在 UML 图中，构件表示为一个带有标签的矩形。

中间件：是一种独立的系统软件或服务程序。

传感器网络：是由许多在空间上分布的自动装置组成的一种计算机网络，这些装置使用传感器协作地监控不同位置的物理或环境状况（如温度、声音等）。

网络拓扑结构：是指用传输媒体互联各种设备的物理布局，就是用什么方式把网络中的计算机等设备连接起来。拓扑图给出网络服务器、工作站的网络配置和相互间的连接，它的结构主要有星型结构、环形结构、总线结构、分布式结构和树形结构等。

4）参考资料

[1] Grady Booch, James Rumbaugh, Ivar Jacobson. UML 用户指南[M]. 2 版. 北京：人民邮电出版社，2006.

[2] 李涛. 基于 Android 的智能家居 APP 的设计与实现. 苏州大学，2014.

[3] 卫红春. UML 软件建模教程[M]. 北京：高等教育出版社，2012.

2. 设计概述

1）需求概述

（1）功能需求。

该智能照明系统在照明控制方面的需求主要分为简单的开关控制和智能场景控制这两部分。其主要功能及说明如附表 C.1 所示。

附表 C.1 功能说明

功　能	子功能/标识符	说　　明
用户管理	A	用户可以维护自己的一些信息，包括设置个人账号和密码、保存自定义主题等
升级维护	B	系统维护人员开发出更新包，用户可以对软件系统进行手动或自动的升级
手动控制	C	硬件平台对照明系统进行统一的供能和控制，同时为软件平台提供控制接口。但为了保证软件系统故障时，照明系统能维持基本的工作，硬件平台还需要为用户提供直接的简单控制端口，这类似于目前普通的开关，用户可直接手动控制灯光的开关
断电保护	D	意外断电造成系统中断时，系统应能保存当前的工作状态及各项数据，当供电恢复时，能恢复正常工作
智能控制	智能开关控制 E1	指在系统的软件中进行住宅照明的控制，此时可以只执行简单的开关灯操作，不过这种操作会先经由智能系统进行处理，然后再下达给硬件平台执行；也可以让照明系统根据当时的环境和制定的策略智能地进行灯光调整。或是用户进行远程照明控制一键开灯和关灯等

续表

功 能	子功能/标识符	说 明
智能控制	情景主题平台 E2	作为系统的一种扩展功能,提供一部分基本的灯光主题,如柔和、浪漫、明亮等灯光气氛。因为系统的行为受住宅环境和用户策略(即情景模式)的影响,在可扩展性系统架构的支持下,可以建立一个开放平台,由用户自定义丰富的灯光场景,如KTV模式、影院模式等
	智能唤醒/入眠控制 E3	此功能主要针对卧室灯光。智能唤醒是指在用户设定的起床时间前20min,床头灯从暗到亮,模拟自然光,将用户从深层睡眠中逐渐唤醒;智能入眠是指夜间床头灯逐渐由亮变暗直到熄灭,使用户安稳入睡
	智能小夜灯 E4	此功能主要针对用户夜晚起床上厕所和喝水的情况,通过障碍物传感器检测到周围有人经过时,自动控制夜灯的开关,为用户照明
	“光立方” E5	此为创新功能,指用户在家中客厅时,除了通过手机端下达指令,还可以通过声音对灯光进行控制,比如拍一下手开灯,拍两下关灯;或者播放音乐时灯光随着旋律节奏的变化而闪烁等

(2) 性能需求。

① 性能最直接的反映就是系统的响应时间。如果用户请求一个功能,系统要在几秒后才开始做出反应,那么用户自然会对系统失望。因此各种模式的转换以及系统的反应时间最好控制在0.5~1s内。为了节约成本,这需要我们尽量在系统架构和算法设计等方面下功夫。不断地优化系统的架构,纠正算法设计中效率不高环节,以满足用户对性能的需求。

② 各传感器采集到的数据和电灯的使用情况应当实时上传到云端,云端可设定为定期处理采集到的数据,分析出用户的喜好和行为模式(如起床时间和入睡时间等),并将结果传回控制中心。对于数据的保存,用户可自行清理,或设定定期清理。

③ 整个系统的软件和硬件应相互独立,软件和硬件的连接通过网络实现,若软件瘫痪或网络故障,用户可以手动控制各个电器。

④ 整个系统应该具有良好的兼容性,能够适应市面上绝大多数品牌的电灯,实现智能系统和硬件的无缝对接。APP应能在不同品牌的手机上通用。

⑤ 系统需要能够实现多用户登录,并且不同家庭成员的使用权限不同。比如儿童登录时,就不可以使用某些特殊功能,防止造成损失。

2) 运行环境概述

(1) 硬件设备。

① Arduino UNO R3开发板。一块基于开放原始代码的Simple I/O平台,并且具有使用类似Java、C语言的开发环境,可以快速使用Arduino语言与Flash或Processing等软件,作出互动作品。

② Arduino Ethernet扩展板W5100。一块内置WizNet W5100 TCP/IP微处理器的扩展板,能使Arduino控制器连接到因特网。

③ 路由器。

④ 全彩LED灯。

⑤ 普通LED灯。

⑥ Arduino 兼容传感器。

a. 声音传感器：检测周围环境声音大小，Arduino 可以通过模拟输入接口对其输出信号进行采集。

b. 光照传感器：光敏电阻器是利用半导体的光电导效应制成的一种电阻值随入射光的强弱而改变的电阻器，又称为光电导探测器。当入射光强时，电阻减小；当入射光弱时，电阻增大。可用来对周围环境光的强度进行检测，结合 Arduino 控制器可实现光的测量。

c. 红外传感器：传感器发射红外线，根据反射红外光探测前方障碍物，无障碍物时输出高电平，有障碍物时输出低电平，在信号输出同时有指示灯指示状态，无障碍物时 LED 灯为绿色，有障碍物时为红色。

(2) 软件环境。

① 开发系统：Windows 10。

② Arduino 开发程序：Arduino IDE。

③ APP 开发程序：Android Studio。

④ APP 运行环境：Android 4.1 及以上。

3) 条件与限制

(1) APP 所在移动端需具有联网功能，并接入路由器。

(2) Arduino 控制器要保证不断电。

4) 详细设计方法与工具

(1) UML。统一建模语言，是始于 1997 年一个 OMG 标准，它是一个支持模型化和软件系统开发的图形化语言，为软件开发的所有阶段提供模型化和可视化支持，包括由需求分析到规格，再到构造和配置。

(2) 思维导图。这是表达发散性思维的有效的图形思维工具，它简单却又极其有效，是一种革命性的思维工具。思维导图运用图文并茂的技巧，把各级主题的关系用相互隶属与相关的层级图表现出来，把主题关键词与图像、颜色等建立记忆链接。思维导图充分运用左右脑的机能，利用记忆、阅读、思维的规律，协助人们在科学与艺术、逻辑与想象之间平衡发展，从而开启人类大脑的无限潜能。

3. 总体方案确认

1) 系统总体结构确认

在该智能照明系统中，用户通过移动端 APP 来实现对该系统中灯具的智能管理，如附图 C.1 所示。首先，由于智能夜灯的功能不用用户控制，所以在 APP 中不必给该功能模块提供界面，在其余的功能中，把用户界面分为 3 个部分，分别控制 RGB 调色、音乐彩灯和情景模式。

在 RGB 调色中，用户通过调色盘确定想要的颜色，然后点击确认之后，会将该颜色对应的 RGB 值发送到服务器，处理器处理该指令之后，改变对应端口的输出值，达到改变灯具颜色的目的。

在音乐彩灯中，用户通过点击界面上的开启按钮，开启音乐彩灯模式，在此模式下，服务器通过收集声音传感器的输出值，采集声音信号，通过计算，然后改变相应端口的输出值，达到灯光颜色与闪烁频率与音乐节奏相似的效果。

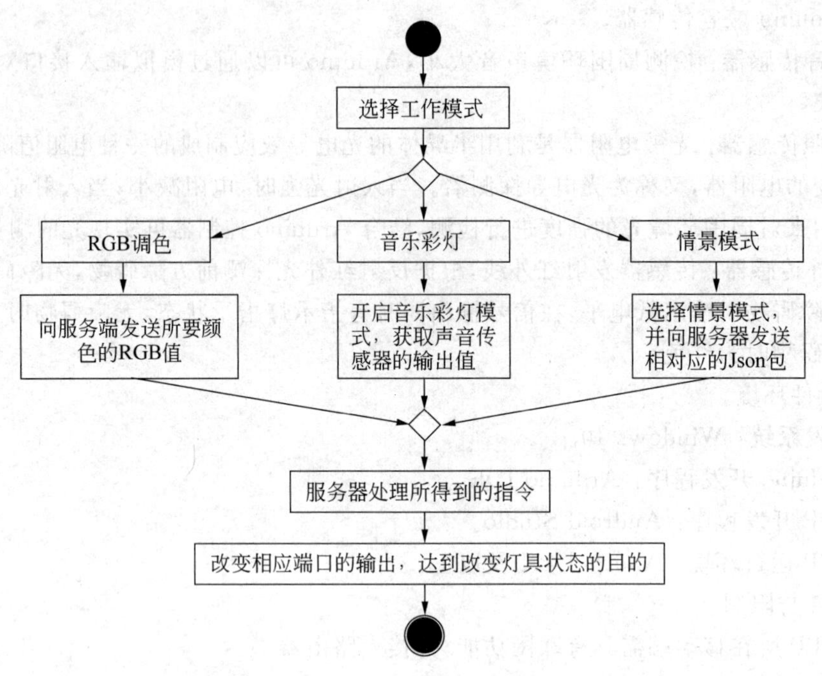

附图 C.1　系统总体活动框图

在情景模式中，用户在 APP 界面中的情景模式模块中选择喜欢的情景模式，然后 APP 会发送相对应的 Json 配置文件给服务器，服务器处理该指令后，得到相对应的情景模式的光强、延时以及颜色跨度等值，控制相对应端口的输出值，使该系统呈现出不同的情景模式。

2）系统详细界面划分

如附图 C.2 所示，系统要实现的界面主要有 RGB 调色界面、音乐彩灯界面和情景模式界面。其他界面为选做项或者提升项。

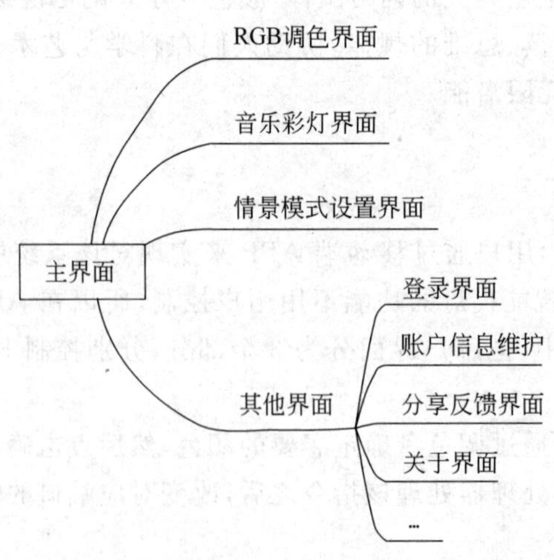

附图 C.2　界面划分

附表 C.2 所示为系统主要界面的功能说明。

附表 C.2 界面功能说明

界 面	功能说明
RGB 调色	在界面中直观地选择一种 RGB 颜色，然后点击确认将灯泡的颜色设置为这种 RGB 值
音乐彩灯	在界面中点击确认，让 RGB 灯的颜色随着音乐变幻
情景模式	可用 Json 自定义主题文件，APP 会读取主题文件，并将主题名显示出来。这时，用户可选取一种主题点击确认后将照明设置为这种主题

4. 系统详细设计

1）系统结构设计及子系统划分

（1）系统结构设计。

① 硬件结构。附图 C.3 所示为系统的部署，手机通过 Wi-Fi 连接路由器，Aduino 板子通过网线或者 Wi-Fi 连接路由器，这样便可建立起手机和 Arduino 板子之间的通信。将灯具（实际中用一些小灯泡作为灯具）和传感器连接在 Arduino 板子上，编写 Arduino 程序，烧录到板子上，在硬件平台上实现传感器数据的收集和处理、灯具的控制，同时接收手机端发送的指令，解析并执行指令。另外，编写一个手机 APP，实现用户界面，通过路由器向 Arduino 板子发送特定格式的 HTTP 请求。附图 C.4 所示为系统的实物。

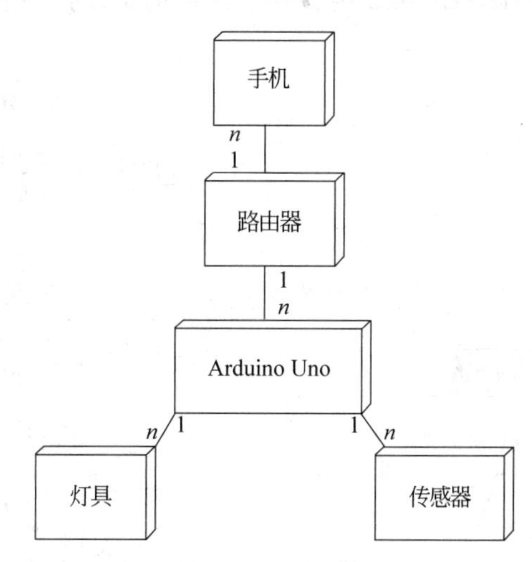

附图 C.3 系统部署

② 软件结构。系统的软件结构分为两部分：一部分是运行在 Arduino 板子上的程序；另一部分是手机 APP。

Arduino 程序实现的功能可以简单地分成两部分：一部分是接收手机 APP 发送的 HTTP 请求；另一部分是解析请求中 Json 部分的含义，并执行请求。

APP 是通过 Android Studio 编写的，一方面实现用户界面，按照需要实现的功能划分界面模块；另一方面，用户在图形界面中触发某个请求时，手机要向 Arduino 发送一个 HTTP 请求。

（2）子系统划分。

附图 C.5 所示为智能照明系统的思维导图，系统可以分为客户端和服务端。其中，手机

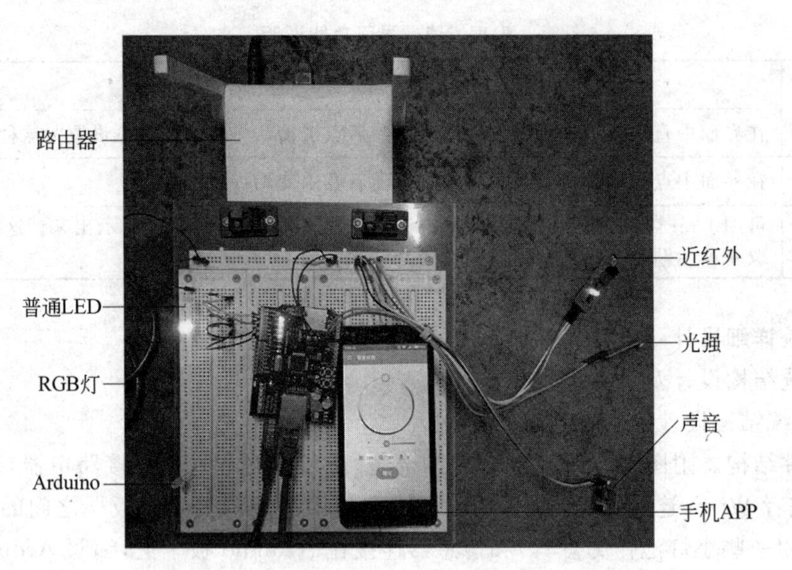

附图 C.4　系统实物

APP 作为客户端，Arduino 程序作为服务端。APP 通过 HttpClient 向服务端发送一个用 Json 组织内容的 HTTP 请求，Arduino 接收到客户端的请求后解析并完成请求，这就是系统整体上的工作模式。

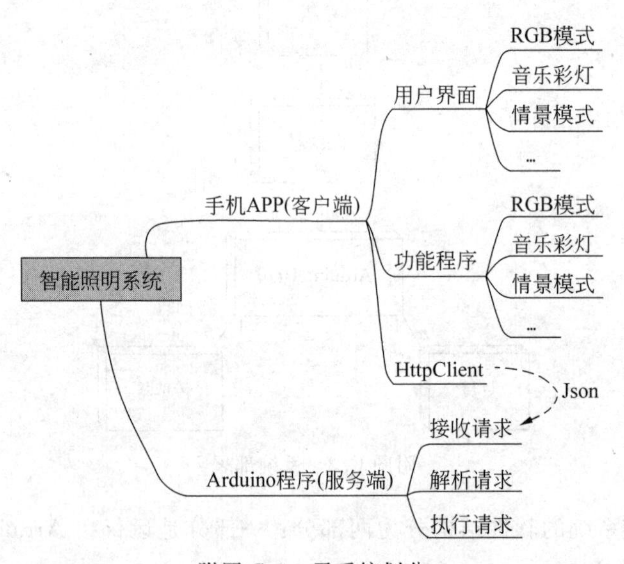

附图 C.5　子系统划分

另外，作为演示，系统实现了 3 个主要的功能，也就是说 3 种客户端发送的请求，包括 RGB 模式、音乐彩灯和情景模式，更详细的内容下面会有所描述。

2）系统功能模块详细设计

(1) 客户端。

① HttpClient。这是一个用于通信的类，客户端用这个类的实例向服务器发送 HTTP 请求。附图 C.6 所示为 HttpClient 的类图，HttpClient 继承自第三方的库 OkHttpClient。

在 HttpClient 类中要获取一个 OkHttpClient 的实例，然后实现一个 doRequest()方法，使用 OkHttpClient 的实例向目标 URL 发送一个 Json 格式的 HTTP 请求。

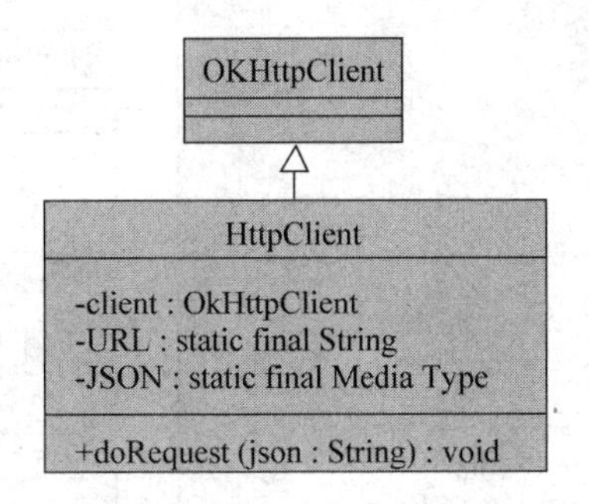

附图 C.6 HttpClient 类图

下面为方法 doRequest()的具体实现。

```
public void doRequest(String json){
    Log.d("Json", "Making request: "+json);
    Request req=new Request.Builder()
    .url(URL).post(RequestBody.create(JSON, json)).build();
    client.newCall(req).enqueue(new Callback(){
        @Override
        public void onFailure(Request request, IOException e){
        }
        @Override
        public void onResponse(Response response)throws IOException {
            if(response.isSuccessful()){
                Log.d("AA", "resp ["+response.body().string()+"]");
            }
        }
    });
}
```

② RGB 模式。RGB 模式是在用户界面中实现一个选取 RGB 颜色的界面，选取了颜色之后，点击确定按钮，APP 就会使用 HttpClient 的 doRequest()方法向服务端发送一个请求，将全彩 LED 灯的颜色设置为选定的 RGB 值。

附图 C.7 所示为 RGBFragment 的类图。实现 RGB 模块要使用一个第三方的部件库 holocolorpicker 来实现直观地选择 RGB 值的界面。实现方法 initial()对界面功能进行初始化，包括 color picker 的配置和确定按钮的触发事件等。UpdateET()方法的功能是实时地更新显示在界面中的 RGB 值，createRGBJson 是根据选择的 RGB 值创建一个发送到服务端的 Json 字符串。

其中，initial()的实现如下。在 initial 方法中，首先将相应的属性和部件绑定。然后对 color picker 进行配置，包括添加 SVBar 和动态更新显示的 RGB 值。最后定义确定按钮的触发事件，点击确认按钮后，获取 color picker 中选择的颜色，然后创建一个 Json 指令，将指

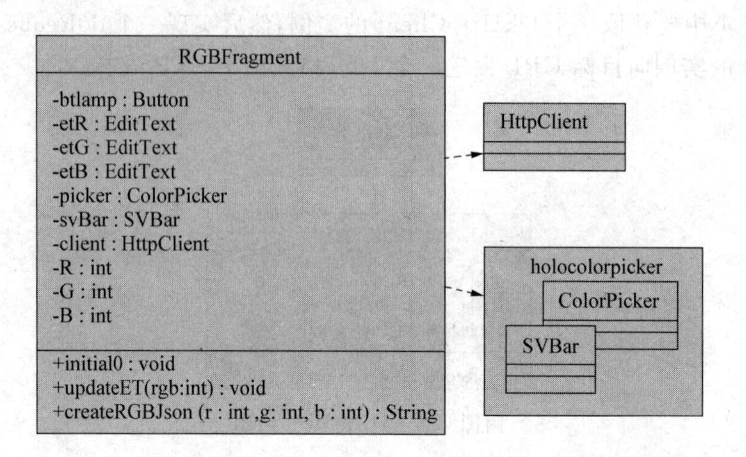

附图 C. 7　RGBFragment 类图

令通过 HttpClient 发送给服务器。

```
private void initial(){
    btLamp=(Button)getActivity().findViewById(R.id.btLamp);
    picker=(ColorPicker)getActivity().findViewById(R.id.picker);
    svBar=(SVBar)getActivity().findViewById(R.id.svbar);
    etR=(EditText)getActivity().findViewById(R.id.et_r);
    etG=(EditText)getActivity().findViewById(R.id.et_g);
    etB=(EditText)getActivity().findViewById(R.id.et_b);

    picker.addSVBar(svBar);
    updateET(picker.getColor());
    picker.setOnColorChangedListener(new ColorPicker.OnColorChangedListener(){
        @Override
        public void onColorChanged(int color){
            updateET(picker.getColor());
        }
    });
    btLamp.setOnClickListener(new View.OnClickListener(){
        @Override
        public void onClick(View v){
                picker.setOldCenterColor(picker.getColor());
                client.doRequest(createRGBJson(r, g, b));
        }
    });
}
```

updateET()的实现如下。从 color picker 中获取的是一个 24 位的 RGB 值，每 8 位对应一个通道值。在程序中，需要将 24 位的值拆成 3 个显示在界面中。

```
private void updateET(int rgb){
    if(rgb<0){
```

```
        rgb +=16777216;
    }
    r=rgb / 65536;
    int tmp=rgb %65536;
    g=tmp / 256;
    b=tmp %256;
    etR.setText(String.valueOf(r));
    etG.setText(String.valueOf(g));
    etB.setText(String.valueOf(b));
}
```

CreateRGBJson()方法的实现如下所示：

```
private String createRGBJson(int r, int g, int b){
    JSONObject root=new JSONObject();
    JSONArray value=new JSONArray();
    JSONArray pin=new JSONArray();
    value.put(r).put(g).put(b);
    pin.put(6).put(5).put(3);
    try {
        root.put("style","solid");
        root.put("pin",pin);
        root.put("value", value);

        return root.toString();
    } catch(JSONException e){
        e.printStackTrace();
    }
    return null;
}
```

发送的Json满足服务器与客户端通信的需求，下面为一个RGB模式的Json样例。键"style"表示灯的风格，值"solid"表示一成不变的显示；键"pin"为引脚的定义，其值为一个Json数组，数组的维数可变，比如要增加一个普通LED灯，引脚为11，这样就可以直接在数组中加一个11；键"value"为引脚的值，也是一个Json数组，维数应与"pin"维数保持一致，且元素与"pin"的引脚是一一对应的。即下面的255与6号引脚相对应，两个0分别与5号和3号引脚对应。这样如果RGB灯的3个引脚分别接在6、5、3，这样灯的颜色就显示为红色。

```
{
    "style": "solid",
    "pin": [6,5,3],
    "value": [255,0,0]
}
```

③ 音乐彩灯。附图C.8所示为音乐彩灯模块在客户端的类图。在客户端中指需要一个按钮来确定是否打开音乐彩灯模式，点击确认按钮后就创建一个Json指令，然后通过

HttpClient 发送到服务端。

MusicFragment
-btStart : Button -client : HttpClient
+initial() : void +createJson(flag : int) : String

附图 C. 8　MusicFragment 类图

其中，initial()方法的实现如下。

```
private void initial(){
    btStart=(Button)getActivity().findViewById(R.id.btStart);
    btStart.setOnClickListener(new View.OnClickListener(){
        @Override
        public void onClick(View v){
            client=new HttpClient();
            String request="";
            if(btStart.getText().equals("开启")){
                btStart.setText("关闭");
                try{
                    request=createJson(1);
                } catch(JSONException e){
                    e.printStackTrace();
                }
            }else{
                btStart.setText("开启");
                try{
                    request=createJson(0);
                } catch(JSONException e){
                    e.printStackTrace();
                }
            }
            client.doRequest(request);
        }
    });
}
```

在图形键面中，点击按钮，按钮的文字会在“开启”和“关闭”之间切换。点击“开启”时，程序会发送如下面的 Json 指令给服务器。其中，“style”的值“follow”表示伴随状态，暗指伴随音乐；“delay”表示每帧的延时，值越大表现为伴随的反应越迟钝；“span”表示伴随过程中颜色衰减的速度，值越大衰减得越快。此时，音乐节奏越快伴随效果越好；相反值越小越适合伴随越慢节奏的歌曲。

```
{
```

```
    "style": "follow",
    "delay": 0,
    "span": 2,
    "pin": [6,5,3],
}
```

当点击“关闭”时，发送的 Json 如下。此时服务端会处于初始的状态。

```
{
    "style": "default"
}
```

④ 情景模式。附图 C.9 所示为情景模式在客户端中实现的类图。情景模式实现的功能是从 APP 的 data/file/theme/目录下读取主题文件(文件的内容也是 Json 组织的)，并将这些主题的名称以单选框的形式陈列。用户使用时，可以选择一个主题，然后点击确定按钮，程序会将主题发送给服务器。服务器会根据收到的主题配置灯光效果。

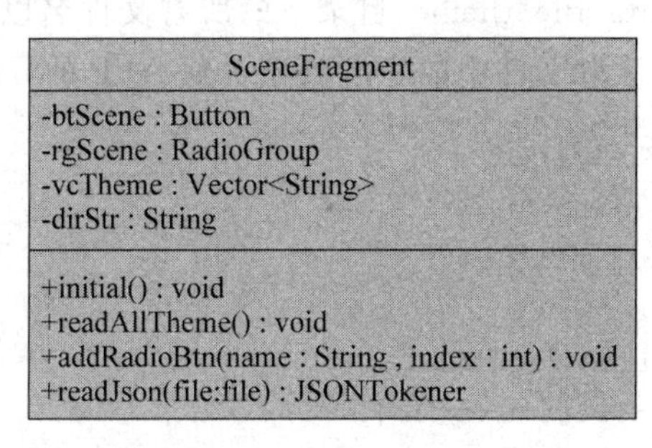

附图 C.9 SceneFragment 类图

其中，initial()的实现如下。Initial 方法实现的功能主要是配置图形界面，即界面创建时将主题显示出来。然后当点击确认按钮时，会将主题通过 HttpClient 发送给服务端。

```
private void initial(){
    vcTheme.clear();
    dirStr=getActivity().getExternalFilesDir(null)+"/theme";

    btScene=(Button)getActivity().findViewById(R.id.bt_scene);
    rgScene=(RadioGroup)getActivity().findViewById(R.id.rg_scene);
    readAllTheme();
    ((RadioButton)rgScene.getChildAt(0)).setChecked(true);
    btScene.setOnClickListener(new View.OnClickListener(){
        @Override
        public void onClick(View v){
            int checkedId = (rgScene.getCheckedRadioButtonId() - 1)% rgScene.
            getChildCount();
            Log.d("moilk",rgScene.getCheckedRadioButtonId()+"");
            File file=new File(dirStr+"/"+vcTheme.get(checkedId));
            try {
```

```
                JSONTokener tokener=readJson(file);
                JSONObject json=(JSONObject)tokener.nextValue();
                HttpClient client=new HttpClient();
                client.doRequest(json.toString());
            } catch(IOException e){
                e.printStackTrace();
            } catch(JSONException e){
                e.printStackTrace();
            }
        }
    });
}
```

ReadAllTheme()的实现如下。其实现的功能是将保存在手机中的情景主题读取出来，然后调用 addRadioBtn()方法将主题显示到界面上。具体过程是读取内存卡根目录下的 Android/data/<包名>/data/file/theme/目录下的所有文件名以.json 结尾的所有文件，将文件名保存到容器中，最后读取文件中的主题名显示到 APP 的界面上。

```
private void readAllTheme(){
    File dir=new File(dirStr);
    File[] files=dir.listFiles();

    for(int i=0; i <files.length; i++){
        if(!files[i].isDirectory()){
            String fileName=files[i].getName();
            if(fileName.trim().toLowerCase().endsWith(".json")){
                Log.d("addRadio", fileName);
                File file=new File(dir+"/"+fileName);
                try {
                    JSONTokener tokener=readJson(file);
                    JSONObject json=(JSONObject)tokener.nextValue();
                    String theme=json.getString("name");
                    addRadioBtn(theme,i+1);
                    Log.d("i",i+"");
                    if(i>vcTheme.size()-1){
                        vcTheme.add(fileName);
                    }else{
                        vcTheme.set(i,fileName);
                    }
                } catch(IOException | JSONException e){
                    e.printStackTrace();
                }
            }
        }
    }
```

```
}
```

(2) 服务端。

附图 C.10 所示为服务端的总体活动框图,服务端程序启动后一直处于一个循环中。不断地检测有没有客户端的请求,如果有则更新当前的请求;如果没有请求,则执行上一次接收的请求。

① 接收请求。附图 C.11 所示为 Arduino 上程序中实现接收请求的活动图。一个 HTTP 请求包括头部和内容,头部包含内容有多长的字段,头部和内容之间有一个空行。实际需要的是内容的部分,这部分也就是 Json 指令。

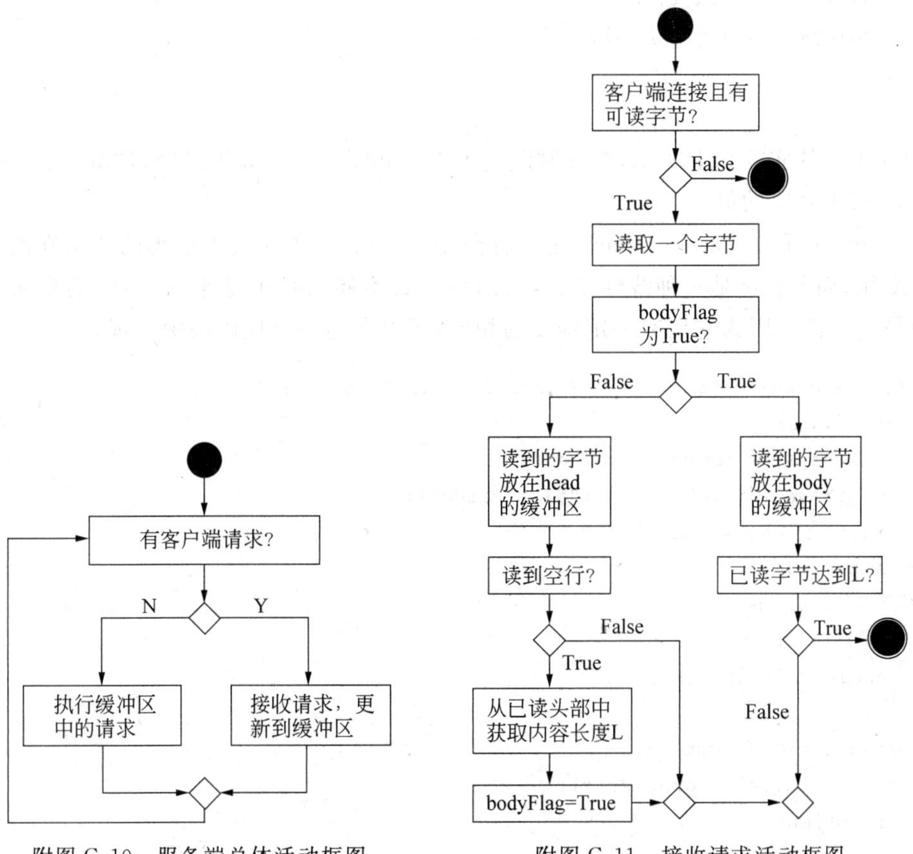

附图 C.10 服务端总体活动框图

附图 C.11 接收请求活动框图

② 解析请求。在 Arduino 官方库中没有解析 Json 的库,不过 Arduino 有很丰富的第三方库,通过搜索可以得到第三方的库 ArduinoJson,将下载的库解压到 Arduino 安装目录的 libraries 目录下即可使用。

```
StaticJsonBuffer<600>jsonBuffer;
JsonObject& root=jsonBuffer.parseObject(request);
String style=root["style"];
JsonArray& tmp=root["pin"];
int size=tmp.size();
```

如上所示，创建一个缓冲区用来保存 Json，然后用 parseObject()函数根据 Json 字符串创建一个 Json 对象的引用。之后，便可以用类似于访问数组的方法访问 Json 里边的键值。

③ 执行请求。执行保存到公共变量中的 Json 请求，首先要解析请求中的“style”，不同的“style”对应不同的操作。

a. solid。solid 是一种实模式，对引脚的赋值是静态的。用 solid 对引脚进行赋值后，引脚的值是一个固定的值，不会产生变化，具体到灯上就是灯的颜色和亮度一成不变。

```
if(style.equals("solid")){
  JsonArray& value=root["value"];
  for(int i=0; i <size; i++){
    analogWrite(pin[i], value[i]);
  }
}
```

solid 模式的实现如上所示，首先判断是不是 solid 的请求，如果是则将“pin”指令的引脚赋为“value”中对应的值。

b. gradient 和 linear。gradient 是一种渐变模式，在这种模式下引脚的值会在两个值之间来回变化；而 linear 是一种线性模式，与渐变模式不同的是不是来回变化，而是从一个值转变为另一个值。因为它们有一定程度的相似，所以在同一个代码块中实现。

```
if(style.equals("gradient")|| style.equals("linear")){
  int s, t, c;
  JsonArray& value=root["value"];
  JsonArray& distvalue=root["dist_value"];
  for(int i=0; i <size; i++){
    s=value[i];
    t=distvalue[i];
    c=s+(t -s) * cursor / 255;
    analogWrite(pin[i], c);
  }
  Serial.println(cursor);
  if(style.equals("gradient")){
    if(orien)
      cursor +=span;
    else
      cursor -=span;
    if(cursor <=0){
      cursor=0;
      orien=!orien;
    }
    if(cursor >=255){
      cursor=255;
      orien=!orien;
    }
```

```
    } else {
      cursor +=span;
      if(cursor >255){
        cursor=255;
      }
    }
}
```

如上所示,实现目标值在两个值之间均匀的变化可以使用游标 cursor。

$$tmp = src + (dist - src) \times \frac{cursor}{255} \tag{1}$$

如式(1)所示,游标在 0~255 之间以某种固定的增长速度变化,tmp 的值就会在 src 和 dist 之间均匀地变化。而 gradient 与 linear 之间的区别就是 gradient 中游标会在 0~255 之间来回地变化,而 linear 中游标到达 255 之后就固定在 255 处。

另外,这两种模式下还有一个"span"键,其作用是确定游标的变化跨度。当 span 小到为 1 时,引脚值的变化会非常均匀;而相反,当 span 大到为 255 时,引脚的值表现为在初值和目标值之间跳动,在灯光上的体现就是从渐变变成了闪烁;而当 span 的值为 100 左右时,表现为多个颜色的闪烁。

follow 是一种伴随状态,伴随目标一般是声音传感器采集到的值。

```
if(style.equals("follow")){
  static int valueArray[10];
  int sound=getSound();
  if(sound >=echo+10){
    echo=sound;
    valueDice(valueArray, size);
  }
  twinkle(pin, valueArray, size, echo);
  echo -=span;
  echo=echo <0 ?0 : echo;
  echo=echo >255 ?255 : echo;
}
```

如上所示,echo 表示上一次采集到的声音振幅,即余音。余音会衰减,所以 echo 每回减少一个 span 的大小。要想让灯光跟随声音的振幅变化,需要捕捉声音的突增点。就是到新采集的振幅大于余音到一定程度时,认为这时遇到的是一个突增点。因为余音会衰减,当余音衰减到一定程度时,新的声音必然会盖过余音,而实际中的突增点被这种算法采集到的概率也不小。当采集到新的突增点时,将突增点设为新的余音,也就是高的声音盖过低声。同时调用 valueDice 函数获得一组随机的引脚值,valueDice 可以看成是一种引脚值的骰子。然后调用 twinkle 函数将值写入引脚。

3) 系统界面详细设计

APP 开启时设计一个启动页面,如附图 C.12 所示。界面中显示一个灯泡的符号,灯泡的灯芯为文字 smart,为 APP 的图标,表示智能照明的意思,启动的过程中灯泡有晃动的动作。主题颜色为绿色,背景为白云青山,寓意绿色环保。

进入功能选择页面，如附图 C.13 所示。APP 使用 Android Studio 自带的 Navigation Drawer Activity 框架，左侧的 Navigation View 列出了一些子菜单项，其中主要实现的是“RGB 调色”“音乐彩灯”和“情景模式”。上方的风景插画来自 google now。

附图 C.12　APP 启动页面

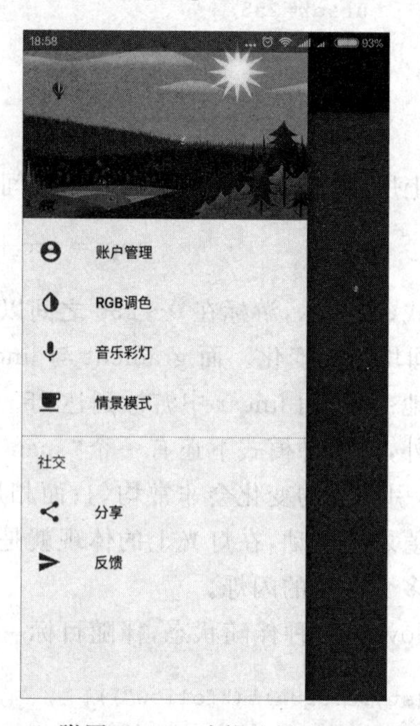

附图 C.13　功能选择页面

在 RGB 调色页面中，设计调色盘和 RGB 值显示模块，如附图 C.14 所示。该界面使用一个第三方的部件库 HoloColorPicker，滑动上方的游标，下方的 RGB 值会跟随变化，按下确定按钮后，APP 会向服务端发送一个 HTTP 请求。

进入音乐彩灯模块，可点击开启按钮，开启音乐彩灯模式，如附图 C.15 所示。

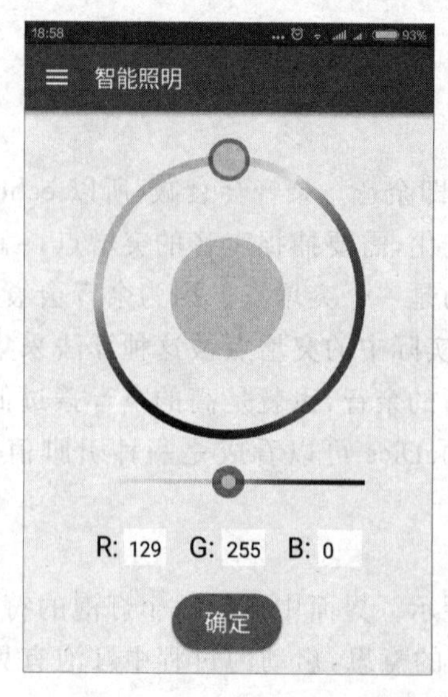

附图 C.14　RGB 调色页面

附图 C.15　音乐彩灯模式

情景模式选择模块,如附图 C.16 所示。进入该界面时,程序会读取手机中保存的主题文件,并将主题名显示为 RadioButton。这些 RadioButton 包含在一个 ScrollView 中,所以当主题很多时,这些 RadioButton 可以上下滑动。点击下方的确认按钮时,APP 将相应的 Json 指令发送给服务端。

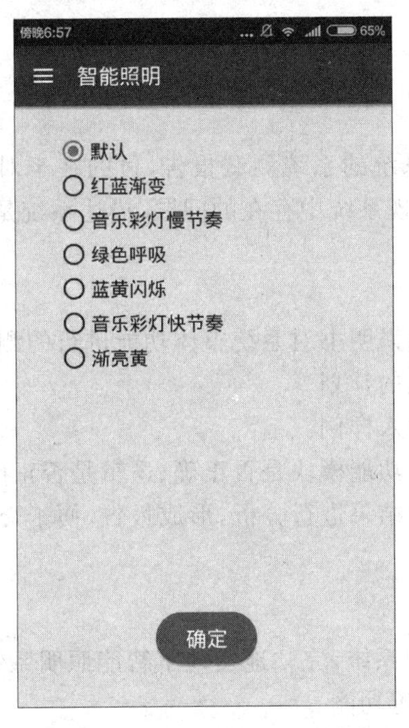

附图 C.16 情景模式选择模块

附录D 家庭智能照明系统测试报告

1. 引言

1）编写目的

本测试报告为智能照明系统的系统测试报告，目的在于对系统开发和实施后的结果进行测试以及测试结果分析，发现系统中存在的问题，描述系统是否符合项目需求说明书中规定的功能和性能要求。

2）术语解释

系统测试：按照需求规格说明书对系统整体功能进行的测试。

测试计划：如何进行测试的计划。

测试样例：用于测试的输入样例。

功能测试：测试软件各个功能模块是否正确、逻辑是否正确。

系统测试分析：对测试的结果进行分析，形成报告，便于交流和保存。

2. 测试概要

1）系统简介

本系统为原型版智能照明系统，完整地实现了智能照明系统的各项功能，可提供音乐彩灯、智能小夜灯和多彩呼吸灯等功能。

2）测试计划描述

测试分为功能测试和系统测试两部分。

功能测试覆盖各子系统中的功能模块，本测试针对在现有产品功能模块以及实施结果分别进行测试，测试整个系统是否达到需求规格说明书中要求实现的功能，以及测试系统的易用性、用户界面的友好性。

3）测试环境

系统的测试环境如附表D.1所示。

附表 D.1 测试环境

项目	外围设备	服务端	路由器	客户端
硬件	RGB灯1只 普通LED灯1只 声音传感器1个 近红外传感器1个 光照传感器1个 杜邦线若干 各值电阻若干 面包板1块	DFRduino Uno R3 DFRduino Ethernet Shield V2.1	小米路由器	红米2增强版
软件	无	Arduino平台 自制Arduino程序	无	Android5.0 自制Android APP

3. 测试计划及测试用例

1）制订测试计划

（1）测试范围：测试系统的所有功能模块以及在使用中会遇到的情况。

（2）测试方法：黑盒测试法。

（3）测试环境与辅助工具：为接近实际使用环境，选择在寝室内进行测试，并以遮光板和手机音乐播放器作为辅助工具。

（4）测试完成准则：测试结果是否符合功能要求、是否会出现系统宕机的情况。

（5）人员与任务表，如附表D.2所示。

附表 D.2 测试计划任务

任 务	人 员
测试小夜灯	霍亮
测试自定义 RGB 灯	张云远
测试音乐彩灯	常祥雨

2）设计测试用例

（1）小夜灯测试用例。

为检测小夜灯是否能在满足黑夜、有人经过两个条件下亮起，并且在其他情况下不工作，设计3个设计用例，即有光照、无光照且无遮挡物、无光照且有遮挡物。

（2）音乐彩灯模块设计用例。

为检测音乐彩灯模块灯的闪烁效果是否贴合音乐节拍，需要选用一首既有高亢部分又有低沉部分的歌曲作为测试用例，如选用歌曲《如烟》。

（3）多彩呼吸灯测试样例。

因为多彩呼吸灯是自定义的连续闪烁方案，不存在输入信号，故设计了几个数值产生方案作为测试用例。

4. 测试结果及分析

功能测试覆盖整个系统中的功能模块，是开发小组对所使用的多个产品进行充分整合后，为用户提供综合服务的能力。测试整个系统是否达到需求规格说明书中要求实现的各项功能。

以下按各个模块分别列出功能测试报告单。

1）智能小夜灯模块测试报告单

智能小夜灯模块的操作逻辑是在夜间有人经过时会亮起。在测试时，使用了白天、黑天无人经过、黑天有人经过3个样例，以光源模拟日光，以障碍物遮挡模拟人体经过，测试结果是系统可正确工作，在白天时未亮灯，在黑天没人经过时也未亮灯，在黑天且有人经过时亮灯，如附图D.1至图D.3所示。

2）音乐彩灯模块测试报告单

音乐彩灯是使用声音传感器采集的数据作为输入，产生一组灯光输出信号来驱动RGB

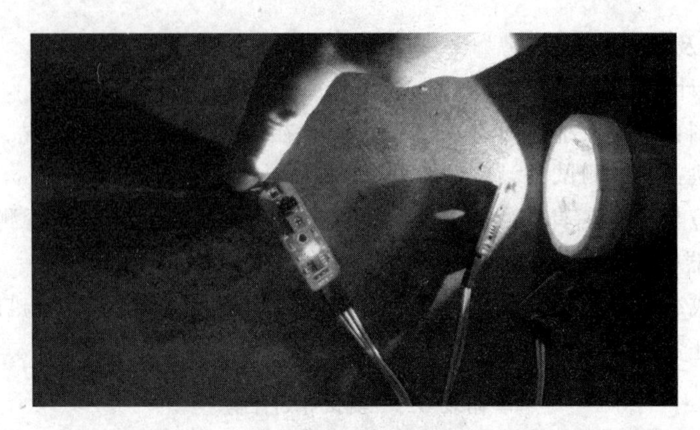

附图 D.1　光照环境下

附图 D.2　无光、无人经过

附图 D.3　无光、有人经过

灯，这里采用了一首既有欢快强烈部分又有低沉部分的歌曲作为测试样例，结果发现当声音足够大且节奏快时，闪烁频率接近节拍，而声音低沉时节拍会比灯的闪烁频率快很多（附图 D.4）。

3）多彩呼吸灯模块测试报告单

呼吸灯模块可根据 APP 自定义的颜色方案做出不同的呼吸效果，经过实际操作测试发

附图 D.4 正在随节拍闪烁的 RGB 灯

现呼吸灯可以实现多种呼吸效果。

5. 测试结论与建议

1) 测试结果分析

通过对该智能照明系统测试后,可以发现该智能照明系统基本上实现了在需求分析阶段所设计的系统功能,包括智能夜灯、RGB 调色、音乐彩灯和情景模式 4 个功能模块。

智能夜灯功能模块,可以做到在光线较暗的情况下,如果有人经过,可以准确地反应,并打开廊灯提供照明。

RGB 调色功能模块,可以实现当用户确定一个颜色后,RGB 灯可以变化到用户设定的颜色。但是,会存在灯具的颜色与设定的颜色存在些许色差的情况,而且,还会出现 Arduino 控制器对指令反应较慢的情况。

音乐彩灯功能模块,可以实现灯具的颜色随着音乐的频率变化并闪烁。但是,会出现颜色变化的频率与歌曲频率不符的状况。

情景模式功能模块,可以实现在用户确定情景模式后,服务器可以正确反应,将灯具状态调整至应有的状态,实现系统的情景模式。但是,存在情景模式较少且定制性不够强的缺陷。

2) 建议

该系统成功地实现了详细设计中确定的最终功能,实现了智能照明系统的 RGB 调色、音乐彩灯和情景模式的功能,而且满足了本次制定测试计划的基本要求。对于基本功能的实现,可以肯定。

然而,如前面所述,系统仍然存在很多问题,针对这些问题,提出以下建议。

(1) RGB 灯颜色不准。

建议使用高质量的 RGB 灯,或者通过程序弥补误差。

(2) 音乐彩灯跟随不准。

建议设计更加强大的算法,实现对音乐节拍更准确的跟随。比如通过算法统计振幅的变化,从而分析出节拍的频率特性。

(3) 情景主题可定制性不足。

建议丰富 Json 指令的键,扩展指令的可定制性。比如指令可以不只是一个单一的渐变动作,而是一些渐变、闪烁的组合,即一条指令可以包含多个动作。另外,风格也还可以增加得更多。

附录E　家庭智能照明系统课程设计总结报告

1. 引言

1）课程设计目的

本次课程设计是基于Arduino平台进行的智能照明系统开发。系统通过传感器采集环境数据(如光强、声音、红外检测等)，并利用采集到的数据智能控制家中的各类照明设备和实现通过手机端控制室内照明设备的两个功能。系统涉及传感器技术、数据库、物联网中间件、物联网应用系统设计等学科的知识，是个全面的综合性课程设计。

物联网应用设计课程讲述了智能家居系统的工程化开发过程，各个阶段都需要配有相应的设计文案以提供更加科学化、流程化、系统化的系统设计。而本次课程设计正是将理论知识与实践相结合的过程，提升了思考分析问题、实践动手能力和小组合作能力。

2）课程设计目标

(1）掌握工程化开发方法。

(2）熟悉物联网智能应用系统设计。

3）课程设计背景

随着计算机网络技术的不断革新与应用、社会经济的发展、生活质量的日益改善和生活节奏的不断加快，人们的生活日益信息化、智能化，人们对生活品质的也越来越重视。在家庭生活中，除了满足最基本的生活需求外，人们更希望利用智能化的设备来提高生活质量，丰富生活情趣。如何建立一个高效率、低成本的智能家居系统已经成为当今世界的一个热点问题。

而在智能家居系统中，有一个至关重要的部分就是家庭照明功能。在日常生活中，人们对照明的需求已经不仅仅是为了驱散黑暗。随着LED智能化技术不断改革与创新，LED智能照明系统功能更强大和多样化，特别是随着飞利浦的HUE、兆昌照明的FUTRE、小米的Yeelight等LED智能灯泡的出现，智能家居中的照明功能越来越多元化，用户可以按照自身的需求自定义场景模式，通过智能手机对灯具进行调光、遥控、控制光色等，随时改变环境色彩，制造浪漫，以达到烘托气氛、愉悦人心的目的。因此，需要一个智能的家庭照明系统，利用先进的通信设备、完备的信息终端、自动化和智能化的灯具、发达的通信网络等，通过对周围环境数据的收集，自动调整灯光到合适的状态，从而为人类提供一个营造方便舒适的生活环境。

智能家居：是以住宅为平台，利用综合布线技术、网络通信技术、安全防范技术、自动控制技术、音/视频技术将家居生活有关的设施集成，构建高效的住宅设置与家庭日常事务的管理系统，提升家居安全性、便利性、舒适性、艺术性，并实现环保节能的居住环境。

智能照明：利用先进电磁调压及电子感应技术，对供电进行实时监控与跟踪，自动平滑地调节电路的电压和电流幅度，改善照明电路中不平衡负荷所带来的额外功耗，提高功率因数，降低灯具和线路的工作温度，达到优化供电目的的照明控制系统。

UML(Unified Modeling Language,统一建模语言)是一个支持模型化和软件系统开发的图形化语言,为软件开发的所有阶段提供模型化和可视化支持,包括由需求分析到规格、再到构建和配置。

用例：是对一组动作序列(其中包括变体)的描述,系统执行这些动作序列来为参与者产生一个可观察的结果值。在 UML 中用椭圆表示。

构件：是系统中实际存在的可更换部分,它实现特定的功能,符合一套接口标准并实现一组接口。构件代表系统中的一部分物理实施,包括软件代码(源代码、二进制代码和可执行代码)或其等价物(如脚本或命令文件)。在 UML 图中,构件表示为一个带有标签的矩形。

中间件：是一种独立的系统软件或服务程序。

传感器网络：是由许多在空间上分布的自动装置组成的一种计算机网络,这些装置使用传感器协作地监控不同位置的物理或环境状况(如温度、声音等)。

网络拓扑结构：是指用传输媒体互联各种设备的物理布局,就是用什么方式把网络中的计算机等设备连接起来。拓扑图给出网络服务器、工作站的网络配置和相互间的连接,它的结构主要有星型结构、环形结构、总线结构、分布式结构和树形结构等。

4）参考文献

[1] Grady Booch,James Rumbaugh,Ivar Jacobson. UML 用户指南[M]. 第 2 版. 北京：人民邮电出版社,2006.

[2] 李涛. 基于 Android 的智能家居 APP 的设计与实现[D]. 苏州大学,2014.

[3] 卫红春. UML 软件建模教程[M]. 北京：高等教育出版社,2012.

2. 智能家居系统

1）系统设计过程

(1) 确定系统功能并分配任务。

根据课设题目确定设计的系统内容,小组讨论设计本系统应具有的功能。将系统划分为模块,确定各模块的功能和作用,并根据模块分配设计任务,明确组员的工作内容,制定开发进度。确定需要的硬件支持并统一采买所需设备。

(2) 撰写文档。

根据设计好的系统功能编写需求分析报告,进而根据需求分析确定系统的整体架构,设计其中的硬件结构、软件结构和数据结构。随着系统设计的进度及时编写概要设计文档、详细设计文档、测试文档和总结文档,使设计过程有参照,减少不必要的错误。

(3) 系统设计实现。

根据模块的功能进行分开编写,再将模块整合。根据测试文档对整合后的系统进行测试,分析出现的问题并逐个解决。重复测试直至系统能达到需求分析文档中预期的结果。

2）设计所用硬件设备

(1) Arduino UNO R3 开发板。

一块基于开放原始代码的 Simple I/O 平台,并且具有使用类似 Java、C 语言的开发环境,可以快速使用 Arduino 语言与 Flash 或 Processing 等软件,作出互动作品。

(2) Arduino Ethernet 扩展板 W5100。

一块内置 WizNet W5100 TCP/IP 微处理器的扩展板,能使 Arduino 控制器连接到因特网。

(3) 路由器。

(4) 全彩 LED 灯。

(5) 普通 LED 灯。

(6) Arduino 兼容传感器。

① 声音传感器。检测周围环境声音大小,Arduino 可以通过模拟输入接口对其输出信号进行采集。

② 光照传感器。光敏电阻器是利用半导体的光电导效应制成的一种电阻值随入射光的强弱而改变的电阻器,又称为光电导探测器。当入射光强时,电阻减小;当入射光弱时,电阻增大。可用来对周围环境光的强度进行检测,结合 Arduino 控制器可实现光的测量。

③ 红外传感器。传感器发射红外线,根据反射红外光探测前方障碍物,无障碍物时输出高电平,有障碍物时输出低电平,在信号输出的同时有指示灯指示状态,无障碍物时 LED 灯为绿色,有障碍物时为红色。

3) 系统运行环境

(1) 开发系统:Windows 10。

(2) Arduino 开发程序:Arduino IDE。

(3) APP 开发程序:Android Studio。

(4) APP 运行环境:Android 4.1 及以上。

4) 系统设计结果

(1) 智能开关控制。

实现用户通过手机端选择某个灯点击"开启/关闭"按钮就可以对该灯进行开闭控制。用户可以将本功能作为远程控制的一部分,若出门时忘记关灯就可以通过本功能实现家中照明的关闭,从而达到节能减排的目的;回家前操作开灯也可以减少孤独感。

(2) 智能小夜灯。

智能小夜灯此功能主要针对用户夜晚起床上厕所和喝水的情况,通过障碍物传感器检测到周围有人经过且光强传感器检测到当前环境光不足,系统就自动控制夜灯的开关为用户照明。为用户夜间行动提供便利,减少在夜间摸索灯开关的麻烦。

(3) 情景模式控制。

用户通过选择预设好的情景模式,来实现该智能照明系统中的一个或多个照明灯具的统一开闭、亮度变化及颜色变化,如"智能唤醒模式""红蓝渐变模式"等。后期用户也可以根据自身需求通过设计简单的 Json 文件来自定义情景模式,使系统更具可扩充性与个性化。

(4) 多彩 REG 灯。

当用户进入多彩 RGB 灯模式,用户通过调色盘,选择想要的颜色,然后点击确认按钮后,RGB 灯会变成选定颜色。让用户以色环这种直观的方式进行室内灯光的颜色改变,也可以通过输入 RGB 值直接设置所需的颜色,丰富了室内灯光的选择性与可变性。

(5) 音乐彩灯。

当用户点击音乐彩灯模块中的"开启"按钮时,该智能照明系统进入音乐彩灯模式,RGB彩灯会跟随音乐进行颜色的变换与灯光的闪烁。本模式用声音传感器采集到的声音振幅数据来决定 RGB 灯的颜色与亮度。当用户进行歌曲外放时采用本模式可以加强音乐的动感,营造更好的环境氛围。

3. 特色与创新

本系统在追求核心目标"可靠与稳定"的情况下,在设计中体现出了以下特色。

1) Wi-Fi 通信

针对本设计所面向的家庭智能照明控制,经过讨论后决定采用 Wi-Fi 通信模块来实现数据的传输,而不是蓝牙模块。主要考虑到 Wi-Fi 模块的可扩展性更强,可支持多台设备的连接,而手机蓝牙模块一般只能一对一连接。而且搭载 Wi-Fi 模块后,用户还可以进行远程控制,使本系统的实用性更高。

2) 基础功能构件

为了满足不同用户的需求,系统需要有自定义情景模式的功能。而为了使普通用户也能方便地操作,将系统需要实现的基础功能,如开关灯操作、多彩 RGB 灯控制等封装成基础功能构件,用户操作的界面是比较友好的,只需点击不同的按钮对不同基础功能进行组合,便可以得到符合自己需求的灯光控制场景了。

3) 音乐彩灯

这里使用了声音传感器来采集环境中的声音信息,通过振幅来判断乐曲的节拍,然后让彩灯进行符合节奏的变色闪烁,可以营造贴合气氛的灯光场景。此为该系统的创新功能很符合物联网的"智能"要求。

4. 心得

本次课程涉及很多知识,如传感器技术、数据库、物联网中间件、物联网应用系统设计等学科,是个全面的综合性课程设计。从课设的选题到功能设计都是组员一起商量讨论出来的,不仅要考虑创新性,还要兼顾功能的可行性。再对组员进行分工,每个人都积极地参与其中。

本次课设采取的是工程化的设计方法,先编写好需求报告文档明确本次设计要实现的功能,概要设计、详细设计、测试文档让我们在设计之前先进行全局性的思考,为之后的系统设计实现提供了明确的方向指引。

由于课设的时间与期末考试时间有冲突,因此整个任务的进行较为仓促,还有一部分功能没有实现,如用户账号登录、远程控制等功能,这些后续有时间还可以继续做。有些创新功能也省略了,如之前想过做声控操作的,拍一下手控制开灯、拍两下手控制关灯、拍三下灯光闪烁等,这些都属于趣味性功能,实现起来也并不困难,具体控制跟音乐彩灯差不多。

已经实现的部分完成度还是很高的,小夜灯、多彩 RGB 灯(情景模式的重点)、呼吸灯(可应用于智能唤醒、智能入睡控制)等,有了这些基础功能,再进行扩展也能让系统功能足够丰富。在一个月的时间内做到这种程度,对这个结果还是很满意的。

整个项目进行下来,每个人都学到了不少知识,对我们来说,这算是一次正式的物联网应用系统的项目开发了,从前期小组讨论项目目标时还有些许茫然,到现在驾轻就熟地对系统进行评估优化,我们也伴随着项目一起成长了。从需求分析到概要设计,再到详细设计和具体实现功能测试,按照系统设计的步骤一步一步走来,我们才切身体会到每一个步骤的必要性。在这个过程中,没有一个步骤是多余的,正是因为这些步骤把任务一点一点的细分,才能从细枝末节中领会系统的各项组成和功能,把这个看似困难重重的目标完成了。现在到了总结的时候,想到这一个月的每一次进步和努力,这段经历大概是每一个人都难以忘怀的珍贵时光吧。看到智能照明系统从一开始脑袋里面模模糊糊的构想,到真正做出了实物展现在面前,这种激动和喜悦难以言表。

通过本次实验对课程上学习的工程化设计方法有了更加深入具体的理解,也对智能照明系统有了更加具象化的认识。作为物联网专业的学生已经有 3 年的之久,但是从未尝试设计一个完整的物联网应用系统,这次课设可谓是对我们 3 年所学知识的一次综合运用。系统实现的过程中虽然遇到了很多问题,但是经过不断的思考与尝试都得以解决。让我们知道纵然学习过再多的知识,也没有动手实践将知识化为实际成品来得有意义,不仅锻炼了我们独立思考创新与动手操作的能力,也提升了小组合作能力。

5. 程序附录

1) Arduino 上的程序

```
#include <ArduinoJson.h>
#include <Ethernet.h>
#include <SPI.h>



#define REDPIN 6
#define GREENPIN 5
#define BLUEPIN 3
#define LEDPIN 2
#define MAXPIN 10

boolean reqUpdate=true;                          //有新指令
EthernetServer server(80);
String request="";
int echo=0;
bool orien=true;
int cursor=0;

void setup(){
  pinMode(LEDPIN, OUTPUT);

  byte mac[]={0xDE, 0xAD, 0xBE, 0xEF, 0xFE, 0xED};
  IPAddress ip(192, 168, 31, 177);
  Ethernet.begin(mac, ip);
  server.begin();
```

```
  Serial.begin(9600);
  while(!Serial);
 }

void loop(){
  StaticJsonBuffer<600>jsonBuffer;
  EthernetClient client=server.available();
  if(client){                                    //如果有客户端请求
    echo=0;
    orien=true;
    cursor=0;
    request=getReq(client);
  } else {
    JsonObject& root=jsonBuffer.parseObject(request);
    String style=root["style"];
    JsonArray& tmp=root["pin"];
    int size=tmp.size();
    int pin[MAXPIN];
    int span=root["span"];
    for(int i=0; i <size; i++){
      pin[i]=tmp[i];
    }
    if(style.equals("solid")){
      JsonArray& value=root["value"];
      for(int i=0; i <size; i++){
        analogWrite(pin[i], value[i]);
      }
    } else if(style.equals("gradient") || style.equals("linear")){
      int s, t, c;
      JsonArray& value=root["value"];
      JsonArray& distvalue=root["dist_value"];
      for(int i=0; i <size; i++){
        s=value[i];
        t=distvalue[i];
        c=s+(t -s) * cursor / 255;
        analogWrite(pin[i], c);
      }
      Serial.println(cursor);
      if(style.equals("gradient")){
        if(orien)
          cursor +=span;
        else
          cursor -=span;
        if(cursor <=0){
```

```
          cursor=0;
          orien=!orien;
        }
        if(cursor >=255){
          cursor=255;
          orien=!orien;
        }
      } else {
        cursor +=span;
        if(cursor >255){
          cursor=255;
        }
      }
    } else if(style.equals("follow")){
      static int valueArray[10];
      int sound=getSound();
      if(sound >=echo+10){
        echo=sound;
        valueDice(valueArray, size);
      }
      twinkle(pin, valueArray, size, echo);
      echo -=span;
      echo=echo <0 ?0 : echo;
      echo=echo >255 ?255 : echo;
    } else {
      //TODO
    }
    executeDFT();
    delay(root["delay"]);
  }
}

/**
  接收请求,以字符串的形式返回
*/
String getReq(EthernetClient client){
  boolean currentLineIsBlank=true;
  boolean isBody=false;
  String header="";
  String reqData="";
  int contentLen=0;
  int contentSize=-1;

  while(client.connected()&& client.available()){     //如果客户端连接且有可读的字节
```

```
    char c=client.read();
    if(isBody){                                  //如果是 body
      reqData +=c;
      contentLen++;
    } else {                                     //如果是头部
      header +=c;
    }
    if(contentSize ==contentLen){                //读取完毕,退出
      reqUpdate=true;
      client.stop();
      return reqData;
    }
    if(c =='\n' && currentLineIsBlank){          //如果遇到空行,说明首部读完
      isBody=true;
      int pos=header.indexOf("Content-Length: ");
      String tmp=header.substring(pos, header.length());
      int pos1=tmp.indexOf("\r\n");
      contentSize=tmp.substring(16, pos1).toInt();       //获取 body 长度
    }
    if(c =='\n'){                                //判断当前行是不是空行
      currentLineIsBlank=true;
    } else if(c !='\r'){
      currentLineIsBlank=false;
    }
  }

  client.stop();
  return "";
}

/**
   获取音量
 */
int getSound(){
  int sensorValue=0;
  int now=0;
  int i=0;
  int count=0;
  for(i=0; i <20; i++){
    sensorValue=analogRead(A0);
    if(sensorValue >2){
      now +=sensorValue;
      count++;
      if(count >=3){
```

```
          break;
        }
        delay(10);
      }
    }
    now /=3;

    return now;
}

/**

 */
void twinkle(int* pin, int* value, int size, int power){
  power=power >255 ?255 : power;
  for(int i=0; i <size; i++){
    analogWrite(pin[i], value[i] * power / 255);
  }
}

/**
   获取随机 rgb
 */
void valueDice(int *valueArray, int size){
  for(int i=0; i <size; i++){
    valueArray[i]=random(255);
  }
}

void executeDFT(){
  int light=analogRead(A1);
  int infrare=analogRead(A2);

  if(light <=300){
    if(infrare <=500){
      digitalWrite(LEDPIN, HIGH);
    } else {
      digitalWrite(LEDPIN, LOW);
    }
  } else {
    digitalWrite(LEDPIN, LOW);
  }
}
```

2) APP 核心程序

(1) SplashActivity. java。

```
package com.moilk.arduinoapp;

import android.app.Activity;
import android.content.Intent;
import android.os.Bundle;
import android.os.Handler;
import android.util.Log;
import android.view.animation.Animation;
import android.view.animation.AnimationUtils;
import android.widget.ImageView;

import java.io.File;
import java.io.FileOutputStream;
import java.io.IOException;
import java.io.InputStream;
import java.io.OutputStream;

public class SplashActivity extends Activity {
    @Override
    protected void onCreate(Bundle savedInstanceState){
        super.onCreate(savedInstanceState);
        setContentView(R.layout.activity_splash);
        try{
            createFile();
        } catch(IOException e){
            e.printStackTrace();
        }
        new Handler().postDelayed(new Runnable(){
            public void run(){
                ImageView logo=(ImageView)findViewById(R.id.splash_logo);
                Animation animation=AnimationUtils.loadAnimation(SplashActivity.
                this,R.anim.logo_amin);
                logo.startAnimation(animation);
            }
        }, 1500);
        new Handler().postDelayed(new Runnable(){
            public void run(){
                Intent mainIntent=new Intent(SplashActivity.this,
                        CoverActivity.class);
                SplashActivity.this.startActivity(mainIntent);
                SplashActivity.this.finish();
```

```
            }
        }, 3000);
    }

    private void createFile()throws IOException {
        String path=this.getExternalFilesDir(null)+"/theme";
        String fileName="default.json";
        String filePath=path+"/"+fileName;
        File dir=new File(path);
        if(!dir.exists()){
            if(dir.mkdirs()){
                File file=new File(filePath);
                if(!file.exists()){
                    file.createNewFile();
                    InputStream inputStream=this.getAssets().open("default.json");
                    OutputStream outputStream=new FileOutputStream(file);
                    byte[] buffer=new byte[512];
                    int len=inputStream.read(buffer);;
                    while(len>0){
                        outputStream.write(buffer,0,len);
                        len=inputStream.read(buffer);
                    }
                    outputStream.flush();
                    inputStream.close();
                    outputStream.close();
                }
            }
        }
    }
}
```

(2) CoverActivity.java。

```
package com.moilk.arduinoapp;

import android.os.Bundle;
import android.support.design.widget.NavigationView;
import android.support.v4.view.GravityCompat;
import android.support.v4.widget.DrawerLayout;
import android.support.v7.app.ActionBarDrawerToggle;
import android.support.v7.app.AppCompatActivity;
import android.support.v7.widget.Toolbar;
import android.view.MenuItem;

import layout.AccountFragment;
```

```
import layout.ToDoFragment;
import layout.MusicFragment;
import layout.RGBFragment;
import layout.SceneFragment;

public class CoverActivity extends AppCompatActivity
        implements NavigationView.OnNavigationItemSelectedListener {
    private RGBFragment rgbFragment;
    private ToDoFragment toDoFragment;
    private MusicFragment musicFragment;
    private SceneFragment sceneFragment;
    private AccountFragment accountFragment;

    @Override
    protected void onCreate(Bundle savedInstanceState) {
        super.onCreate(savedInstanceState);
        setContentView(R.layout.activity_cover);
        Toolbar toolbar= (Toolbar) findViewById(R.id.toolbar);
        setSupportActionBar(toolbar);

        DrawerLayout drawer= (DrawerLayout) findViewById(R.id.drawer_layout);
        ActionBarDrawerToggle toggle=new ActionBarDrawerToggle(
                this, drawer, toolbar, R.string.navigation_drawer_open, R.string.
                navigation_drawer_close);
        drawer.setDrawerListener(toggle);
        toggle.syncState();

        NavigationView navigationView= (NavigationView) findViewById(R.id.nav_view);
        navigationView.setNavigationItemSelectedListener(this);

        toDoFragment=new ToDoFragment();
        getFragmentManager().beginTransaction().replace(R.id.content,
        toDoFragment).commit();
    }

    @Override
    public void onBackPressed() {
        DrawerLayout drawer= (DrawerLayout) findViewById(R.id.drawer_layout);
        if(drawer.isDrawerOpen(GravityCompat.START)) {
            drawer.closeDrawer(GravityCompat.START);
        } else {
            super.onBackPressed();
        }
    }
```

```
@Override
public boolean onOptionsItemSelected(MenuItem item){
    //Handle action bar item clicks here. The action bar will
    //automatically handle clicks on the Home/Up button, so long
    //as you specify a parent activity in AndroidManifest.xml.
    int id=item.getItemId();

    //noinspection SimplifiableIfStatement
    if(id ==R.id.action_settings){
        return true;
    }

    return super.onOptionsItemSelected(item);
}

@SuppressWarnings("StatementWithEmptyBody")
@Override
public boolean onNavigationItemSelected(MenuItem item){
    //Handle navigation view item clicks here.
    int id=item.getItemId();

    if(id ==R.id.nav_rgb){
        if(rgbFragment ==null){
            rgbFragment=new RGBFragment();
        }
        getFragmentManager().beginTransaction().replace(R.id.content,
        rgbFragment).commit();
    } else if(id ==R.id.nav_music){
        if(musicFragment ==null){
            musicFragment=new MusicFragment();
        }
       getFragmentManager().beginTransaction().replace(R.id.content,musicFragment).
       commit();
    } else if(id ==R.id.nav_scene){
        if(sceneFragment ==null){
            sceneFragment=new SceneFragment();
        }
       getFragmentManager().beginTransaction().replace(R.id.content,sceneFragment).
       commit();
    } else if(id ==R.id.nav_account){
        if(accountFragment ==null){
            accountFragment=new AccountFragment();
        }
       getFragmentManager().beginTransaction().replace(R.id.content,accountFragment).
```

```
                commit();
            } else {
                if(toDoFragment ==null){
                    toDoFragment=new ToDoFragment();
                }
                getFragmentManager().beginTransaction().replace(R.id.content,
                toDoFragment).commit();
            }

            DrawerLayout drawer= (DrawerLayout)findViewById(R.id.drawer_layout);
            drawer.closeDrawer(GravityCompat.START);
            return true;
        }
    }
```

(3) HttpClient.java。

```
package com.moilk.arduinoapp;

import android.util.Log;

import com.squareup.okhttp.Callback;
import com.squareup.okhttp.MediaType;
import com.squareup.okhttp.OkHttpClient;
import com.squareup.okhttp.Request;
import com.squareup.okhttp.RequestBody;
import com.squareup.okhttp.Response;

import java.io.IOException;

/**
 * Created by Moilk on 2016/5/23.
 */
public class HttpClient extends OkHttpClient{
    private OkHttpClient client;
    private static final String URL="http://192.168.31.177";
    public static final MediaType JSON=MediaType.parse("application/json;charset
    =utf-8");

    public HttpClient(){
        client=new OkHttpClient();
    }

    public void doRequest(String json){
        Log.d("Json","Making request: "+json);
```

```
        Request req=new Request.Builder()
                .url(URL).post(RequestBody.create(JSON,json)).build();
        client.newCall(req).enqueue(new Callback(){
            @Override
            public void onFailure(Request request, IOException e){

            }

            @Override
            public void onResponse(Response response)throws IOException {
                if(response.isSuccessful()){
                    Log.d("AA","resp ["+response.body().string()+"]");
                }
            }
        });
    }
}
```

(4) RGBFragment.java。

```
package layout;

import android.app.Fragment;
import android.os.Bundle;
import android.util.Log;
import android.view.LayoutInflater;
import android.view.View;
import android.view.ViewGroup;
import android.widget.Button;
import android.widget.EditText;

import com.larswerkman.holocolorpicker.ColorPicker;
import com.larswerkman.holocolorpicker.SVBar;
import com.moilk.arduinoapp.HttpClient;
import com.moilk.arduinoapp.R;

import org.json.JSONArray;
import org.json.JSONException;
import org.json.JSONObject;

public class RGBFragment extends Fragment {
    private Button btLamp;
    private EditText etR;
    private EditText etG;
    private EditText etB;
```

```
private ColorPicker picker;
private SVBar svBar;
private HttpClient client;
int r;
int g;
int b;

@Override
public View onCreateView(LayoutInflater inflater, ViewGroup container,
                        Bundle savedInstanceState){
    //Inflate the layout for this fragment
    return inflater.inflate(R.layout.fragment_rgb, container, false);
}

@Override
public void onActivityCreated(Bundle savedInstanceState){
    super.onActivityCreated(savedInstanceState);
    client=new HttpClient();
    initial();
}

@Override
public void onCreate(Bundle savedInstanceState){
    super.onCreate(savedInstanceState);
    Log.d("MOILK", "RGBFragment created!");
}

private void initial(){
    btLamp=(Button)getActivity().findViewById(R.id.btLamp);
    picker=(ColorPicker)getActivity().findViewById(R.id.picker);
    svBar=(SVBar)getActivity().findViewById(R.id.svbar);
    etR=(EditText)getActivity().findViewById(R.id.et_r);
    etG=(EditText)getActivity().findViewById(R.id.et_g);
    etB=(EditText)getActivity().findViewById(R.id.et_b);

    picker.addSVBar(svBar);
    updateET(picker.getColor());
    picker.setOnColorChangedListener(new ColorPicker.OnColorChangedListener(){
        @Override
        public void onColorChanged(int color){
            updateET(picker.getColor());
        }
    });
    btLamp.setOnClickListener(new View.OnClickListener(){
```

```
            @Override
            public void onClick(View v){
                picker.setOldCenterColor(picker.getColor());
                client.doRequest(createRGBJson(r, g, b));
            }
        });
    }

    /**
     * 将 RGB 值显示到界面上
     *
     * @param rgb
     */
    private void updateET(int rgb){
        if(rgb <0){
            rgb +=16777216;
        }
        r=rgb / 65536;
        int tmp=rgb %65536;
        g=tmp / 256;
        b=tmp %256;
        etR.setText(String.valueOf(r));
        etG.setText(String.valueOf(g));
        etB.setText(String.valueOf(b));
    }

    private String createRGBJson(int r, int g, int b){
        JSONObject root=new JSONObject();
        JSONArray value=new JSONArray();
        JSONArray pin=new JSONArray();
        value.put(r).put(g).put(b);
        pin.put(6).put(5).put(3);
        try {
            root.put("style","solid");
            root.put("pin",pin);
            root.put("value", value);

            return root.toString();
        } catch(JSONException e){
            e.printStackTrace();
        }
        return null;
    }
}
```

(5) MusicFragment.java。

```
package layout;

import android.os.Bundle;
import android.app.Fragment;
import android.view.LayoutInflater;
import android.view.View;
import android.view.ViewGroup;
import android.widget.Button;

import com.moilk.arduinoapp.HttpClient;
import com.moilk.arduinoapp.R;

import org.json.JSONArray;
import org.json.JSONException;
import org.json.JSONObject;

public class MusicFragment extends Fragment {
    Button btStart;
    HttpClient client;

    @Override
    public View onCreateView(LayoutInflater inflater, ViewGroup container,
                             Bundle savedInstanceState){
        return inflater.inflate(R.layout.fragment_start,container,false);
    }

    @Override
    public void onCreate(Bundle savedInstanceState){
        super.onCreate(savedInstanceState);
    }

    @Override
    public void onActivityCreated(Bundle savedInstanceState){
        super.onActivityCreated(savedInstanceState);
        initial();
    }

    private void initial(){
        btStart=(Button)getActivity().findViewById(R.id.btStart);
        btStart.setOnClickListener(new View.OnClickListener(){
            @Override
            public void onClick(View v){
                client=new HttpClient();
```

```
                String request="";
                if(btStart.getText().equals("开启")){
                    btStart.setText("关闭");
                    try{
                        request=createJson(1);
                    } catch(JSONException e){
                        e.printStackTrace();
                    }
                }else{
                    btStart.setText("开启");
                    try{
                        request=createJson(0);
                    } catch(JSONException e){
                        e.printStackTrace();
                    }
                }
                client.doRequest(request);
            }
        });
    }

    private String createJson(int flag)throws JSONException {
        JSONObject root=new JSONObject();
        if(flag==1){
            JSONArray pin=new JSONArray();
            pin.put(6).put(5).put(3);
            root.put("style","follow").put("delay",0).put("span",1).put("pin",pin);

            return root.toString();
        }
        root.put("style","default");
        return root.toString();
    }
}
```

(6) SceneFragment.java。

```
package layout;

import android.app.Fragment;
import android.os.Bundle;
import android.util.Log;
import android.view.LayoutInflater;
import android.view.View;
import android.view.ViewGroup;
```

```
import android.widget.Button;
import android.widget.RadioButton;
import android.widget.RadioGroup;

import com.moilk.arduinoapp.HttpClient;
import com.moilk.arduinoapp.R;

import org.json.JSONException;
import org.json.JSONObject;
import org.json.JSONTokener;

import java.io.File;
import java.io.FileInputStream;
import java.io.IOException;
import java.util.Vector;

/**
 * A simple {@link Fragment} subclass.
 */
public class SceneFragment extends Fragment {
    Button btScene;
    RadioGroup rgScene;
    Vector<String> vcTheme;
    String dirStr;

    public SceneFragment(){
        //Required empty public constructor
        vcTheme=new Vector<>();
    }


    @Override
    public View onCreateView(LayoutInflater inflater, ViewGroup container,
                             Bundle savedInstanceState){
        Log.d("create","onCreateView");
        return inflater.inflate(R.layout.fragment_scene, container, false);
    }

    @Override
    public void onActivityCreated(Bundle savedInstanceState){
        super.onActivityCreated(savedInstanceState);
        Log.d("create","onActivityCreated");
        initial();
    }
```

```
private void initial(){
    vcTheme.clear();
    dirStr=getActivity().getExternalFilesDir(null)+"/theme";

    btScene=(Button)getActivity().findViewById(R.id.bt_scene);
    rgScene=(RadioGroup)getActivity().findViewById(R.id.rg_scene);
    readAllTheme();
    ((RadioButton)rgScene.getChildAt(0)).setChecked(true);
    btScene.setOnClickListener(new View.OnClickListener(){
        @Override
        public void onClick(View v){
            int checkedId=(rgScene.getCheckedRadioButtonId()-1)%rgScene.
            getChildCount();
            Log.d("moilk",rgScene.getCheckedRadioButtonId()+"");
            File file=new File(dirStr+"/"+vcTheme.get(checkedId));
            try {
                JSONTokener tokener=readJson(file);
                JSONObject json=(JSONObject)tokener.nextValue();
                HttpClient client=new HttpClient();
                client.doRequest(json.toString());
            } catch(IOException e){
                e.printStackTrace();
            } catch(JSONException e){
                e.printStackTrace();
            }
        }
    });
}

private void readAllTheme(){
    File dir=new File(dirStr);
    File[] files=dir.listFiles();

    for(int i=0; i<files.length; i++){
        if(!files[i].isDirectory()){
            String fileName=files[i].getName();
            if(fileName.trim().toLowerCase().endsWith(".json")){
                Log.d("addRadio", fileName);
                File file=new File(dir+"/"+fileName);
                try {
                    JSONTokener tokener=readJson(file);
                    JSONObject json=(JSONObject)tokener.nextValue();
                    String theme=json.getString("name");
                    addRadioBtn(theme,i+1);
```

```
                        Log.d("i",i+"");
                        if(i>vcTheme.size()-1){
                            vcTheme.add(fileName);
                        }else{
                            vcTheme.set(i,fileName);
                        }
                    } catch(IOException | JSONException e){
                        e.printStackTrace();
                    }
                }
            }
        }
    }

    private void addRadioBtn(String name,int index){
        RadioButton radioButton;
        int n=rgScene.getChildCount();
        Log.d("n",n+", "+index);
        if(index>rgScene.getChildCount()){
            radioButton=new RadioButton(getActivity());
            radioButton.setText(name);
            radioButton.setTextSize(18);
            radioButton.setTextColor(0xff537009);
            rgScene.addView(radioButton);
        }else{
            radioButton=(RadioButton)rgScene.getChildAt(index);
            radioButton.setText(name);
        }
    }

    private JSONTokener readJson(File file)throws IOException {
        FileInputStream inputStream=new FileInputStream(file);
        byte[] b=new byte[inputStream.available()];
        inputStream.read(b);
        String json=new String(b);

        return new JSONTokener(json);
    }
}
```

(7) AndroidMainfest. xml。

```
<?xml version="1.0" encoding="utf-8"?>
<manifest xmlns:android="http://schemas.android.com/apk/res/android"
    package="com.moilk.arduinoapp">
```

```
    <uses-permission android:name="android.permission.INTERNET" />
    <uses-permission android:name="android.permission.WRITE_EXTERNAL_STORAGE"/>
    <uses - permission  android: name =" android. permission. MOUNT _ UNMOUNT _
    FILESYSTEMS"/>
    <application
        android:allowBackup="true"
        android:icon="@mipmap/ic_dark"
        android:label="@string/app_name"
        android:supportsRtl="true"
        android:theme="@style/AppTheme">
        <activity
            android:name=".SplashActivity"
            android:theme="@style/SplashTheme">
            <intent-filter>
                <action android:name="android.intent.action.MAIN" />

                <category android:name="android.intent.category.LAUNCHER" />
            </intent-filter>
        </activity>
        <activity
            android:name=".CoverActivity"
            android:label="@string/app_name"
            android:theme="@style/AppTheme.NoActionBar"/>
    </application>
</manifest>
```

参考文献

[1] 马寅．物联网技术特点与应用．办公自动化，2012.6：7-9.

[2] 张鸿涛，徐连明，张一文．物联网关键技术及应用系统．北京：机械工业出版社，2011.

[3] 谢金龙，邓子云．物联网工程设计与实施．大连：东软电子出版社，2012.

[4] http://news.wamexbuy.com/index.php/dianshangketang/2014/09-10/ 2794.html.

[5] 任永昌．软件工程．北京：清华大学出版社，2012.

[6] 李涛．基于 Android 的智能家居 APP 的设计与实现．苏州大学硕士学位论文，2014.4.

[7] http://blog.csdn.net/lovelion/article/details/6226377.

[8] 鄂旭，高学东，任永昌．软件项目开发与管理．北京：清华大学出版社，2013.

[9] 张海藩，吕云翔．实用软件工程．北京：人民邮电出版社，2015.

[10] 张凯．物联网软件工程．北京：清华大学出版社，2014.

[11] 桂劲松．物联网系统设计．北京：电子工业出版社，2013.

[12] 武建佳，赵伟．WInternet：从物网到物联网．计算机研究与发展，2013，50(6)：1127-1134.

[13] Alan Shalloway James R. Trott. 设计模式解析．2 版．徐言声译．北京：人民邮电出版社，2013.

[14] 施奈德曼．用户界面设计．北京：电子工业出版社，2010.

[15] 俞建峰．物联网工程开发与实践．北京：人民邮电出版社，2013.

[16] 陈明明．基于 Android 的物联网家居系统研究与实现，西安电子科技大学硕士学位论文，2014，12.

[17] 张学，陆桑璐，陈贵海．无线传感器网络的拓扑控制．软件学报，2007，18(4)：943-954.

[18] 王营冠，王智．无线传感器网络．北京：电子工业出版社，2012.

[19] 高莉．基于 IPv6 的无线传感网络协议一致性测试技术研究．南京邮电大学硕士学位论文，2014，4.

[20] 汪永鹏．物联网感知层智能网关及开放服务接口的研究与实现．北京邮电大学硕士学位论文，2013，1.

[21] 王琳琳．基于 6LoWPAN 的智能照明监控系统的设计与实现．郑州大学硕士学位论文，2016，5.

[22] 董新平．物联网产业成长研究．华中师范大学博士学位论文，2012.

[23] 李晓丽．异构数据集成技术在物联网中的研究与应用．北京邮电大学硕士学位论文，2012，12.

[24] 何文正．基于物联网的商品车港口运输供应链信息管理研究．北京交通大学硕士学位论文，2012，6.

[25] http://www.cnblogs.com/Jackc/archive/2009/02/24/1397433.html.

[26] http://blog.sina.com.cn/s/blog_6b4f33b20100y1lb.html.

[27] http://www.51testing.com/html/72/n-226472.html.

[28] 杨海川．基于物联网的智能家居安防系统设计与实现．上海交通大学硕士学位论文，2013.1.

[29] 黄旭．无线传感器网络性能测试与智能故障诊断技术研究．山东大学博士学位论文，2014，5.